Thierry Caillot

Synthèses microondes et caractérisation de nanoparticules métal/oxyde

I0131503

Thierry Caillot

Synthèses microondes et caractérisation de nanoparticules métal/oxyde

Presses Académiques Francophones

Mentions légales / Imprint (applicable pour l'Allemagne seulement / only for Germany)
Information bibliographique publiée par la Deutsche Nationalbibliothek: La Deutsche Nationalbibliothek inscrit cette publication à la Deutsche Nationalbibliografie; des données bibliographiques détaillées sont disponibles sur internet à l'adresse http://dnb.d-nb.de.
Toutes marques et noms de produits mentionnés dans ce livre demeurent sous la protection des marques, des marques déposées et des brevets, et sont des marques ou des marques déposées de leurs détenteurs respectifs. L'utilisation des marques, noms de produits, noms communs, noms commerciaux, descriptions de produits, etc, même sans qu'ils soient mentionnés de façon particulière dans ce livre ne signifie en aucune façon que ces noms peuvent être utilisés sans restriction à l'égard de la législation pour la protection des marques et des marques déposées et pourraient donc être utilisés par quiconque.

Photo de la couverture: www.ingimage.com

Editeur: Presses Académiques Francophones est une marque déposée de
Südwestdeutscher Verlag für Hochschulschriften GmbH & Co. KG
Heinrich-Böcking-Str. 6-8, 66121 Sarrebruck, Allemagne
Téléphone +49 681 37 20 271-1, Fax +49 681 37 20 271-0
Email: info@presses-academiques.com

Produit en Allemagne:
Schaltungsdienst Lange o.H.G., Berlin
Books on Demand GmbH, Norderstedt
Reha GmbH, Saarbrücken
Amazon Distribution GmbH, Leipzig
ISBN: 978-3-8381-7012-1

Imprint (only for USA, GB)
Bibliographic information published by the Deutsche Nationalbibliothek: The Deutsche Nationalbibliothek lists this publication in the Deutsche Nationalbibliografie; detailed bibliographic data are available in the Internet at http://dnb.d-nb.de.
Any brand names and product names mentioned in this book are subject to trademark, brand or patent protection and are trademarks or registered trademarks of their respective holders. The use of brand names, product names, common names, trade names, product descriptions etc. even without a particular marking in this works is in no way to be construed to mean that such names may be regarded as unrestricted in respect of trademark and brand protection legislation and could thus be used by anyone.

Cover image: www.ingimage.com

Publisher: Presses Académiques Francophones is an imprint of the publishing house
Südwestdeutscher Verlag für Hochschulschriften GmbH & Co. KG
Heinrich-Böcking-Str. 6-8, 66121 Saarbrücken, Germany
Phone +49 681 37 20 271-1, Fax +49 681 37 20 271-0
Email: info@presses-academiques.com

Printed in the U.S.A.
Printed in the U.K. by (see last page)
ISBN: 978-3-8381-7012-1

A Angélique,

A Charles et Juliette,

A mes parents,

A Céline et Régis,

A Andrée et Gabriel

Le travail présenté dans ce mémoire a été réalisé au Laboratoire de Recherches sur la Réactivité des Solides de l'Université de Bourgogne. Que Monsieur le Professeur G. Bertrand, Directeur du Laboratoire, trouve ici l'expression de ma gratitude pour m'avoir accueilli au sein de celui-ci.

Je remercie vivement Monsieur JC. Mutin, Directeur de Recherches à l'Université de Bourgogne, de m'avoir fait l'honneur de juger ce travail et d'avoir présidé mon jury de thèse.

Je tiens à exprimer toute ma reconnaissance à Monsieur JM. Grenèche, Directeur de Recherches à l'Université du Maine, pour les études en spectrométrie Mössbauer, pour l'intérêt qu'il a porté à cette étude conduisant à des discussions toujours fructueuses et pour avoir accepté de juger mon manuscrit en tant que rapporteur.

Que Monsieur H. Mutin, Directeur de Recherches à l'Université de Montpellier II, trouve ici le témoignage de ma gratitude pour m'avoir fait l'honneur de juger et de rapporter mon travail.

Que Monsieur R. Lebourgeois, Ingénieur de Recherches au Laboratoire Central de Recherches de Thalès, soit assuré de ma reconnaissance pour les mesures électromagnétiques effectuées sur mes échantillons et pour sa participation à mon jury de thèse.

Je tiens à remercier très vivement G. Pourroy, Directeur de Recherches à l'Institut de Physique et de Chimie des Matériaux de

Strasbourg, pour les mesures magnétiques et les études de morphologie par microscopie électronique à transmission, pour sa collaboration permanente tout au long de la thèse, pour sa compétence dans de nombreux domaines et pour sa participation au jury de thèse.

Le présent travail est le fruit d'une étroite collaboration entre l'équipe « Matériaux à Grains Fins » et le « Groupe d'Etudes et de Recherches sur les Microondes ».

Je remercie Monsieur le Professeur JC. Niepce, animateur de l'équipe « Matériaux à Grains Fins » pour l'intérêt qu'il a porté à mon travail et pour son soucis permanent de maintenir une atmosphère chaleureuse au sein de l'équipe.

Ce travail doit beaucoup à la compétence de Monsieur le Professeur D. Stuerga qui a codirigé ce travail. J'ai appris énormément à ces côtés que ce soit dans le domaine scientifique ou sur le plan humain. Qu'il trouve, ici, toute ma reconnaissance.

Je remercie également Monsieur D. Aymes, Maître de Conférences à l'Université de Bourgogne, d'avoir codirigé ce travail, de m'avoir laissé prendre des initiatives et pour ses remarques pertinentes.

Que Monsieur B. Gillot trouve ici toute ma sympathie et qu'il soit remercié pour la connaissance des ferrites qu'il a su me communiquer.

Je remercie Monsieur le Professeur F. Bernard et Monsieur le Docteur J. Lorimier de m'avoir fait bénéficier de leur connaissance approfondie de la diffraction des rayons X et des affinements de Rietveld.

Je tiens à exprimer toute ma reconnaissance aux services techniques, aux ingénieurs d'études et aux techniciens du laboratoire pour leur grande efficacité. En particulier, je remercie JF. Mazué à titre posthume pour la réalisation et les nombreuses remises en état du système RAMO.

Je remercie Thomas, Sandrine, Matthieu, Johan, Christophe G, Frédéric, Frédérique, Cyril, Nadia, Vincent, Karine, Christophe L, Nicole, Sébastien… pour leur bonne humeur, les aides qu'ils m'ont apporté et tous les bons moments passés ensemble.

Enfin, je voudrais remercier particulièrement toute ma famille et tous mes amis qui m'ont supporté au cours de ces années.

Sommaire général

Introduction : Contexte scientifique et problématique générale

Ces travaux s'inscrivent dans le cadre d'une collaboration entre deux composantes du Laboratoire de Recherches sur la Réactivité des Solides (LRRS) dirigé par le Professeur Gilles Bertrand :

* l'équipe Matériaux à Grains Fins (MGF),
* le Groupe d'Etudes et de Recherches sur les Microondes (GERM).

1) Objectifs et problématique générale

La thématique Chimie Microondes est une des opérations transversales du Laboratoire de Recherches sur la Réactivité des Solides. Cette thématique, à vocation transdisciplinaire, a pour objectif l'étude des couplages entre les processus physiques et chimiques intervenant lors de tout traitement utilisant la conversion thermique de l'énergie microondes. Ces processus mis en jeu sont les processus électromagnétiques, les processus thermiques, les processus hydrodynamiques et les processus chimiques. L'ensemble des couplages entre tous ces processus est signalisé par des doubles flèches sur le schéma de la **Figure 1**. La problématique centrale, autour de laquelle s'articule la thématique des microondes, est la mise en œuvre raisonnée de la technologie microondes. En particulier, l'objectif est d'optimiser la conversion thermique de l'énergie électromagnétique, pour un procédé donné, tout en considérant avec rigueur l'ensemble des couplages entre ces processus physiques et chimiques.

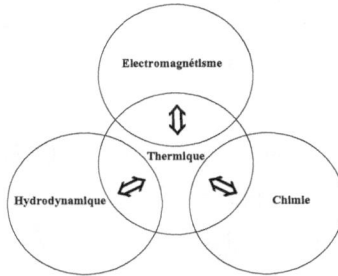

Figure 1 : Couplages entre les processus physiques et chimiques mis en jeu lors de tout traitement utilisant la conversion thermique de l'énergie microondes.

L'objectif des travaux présentés dans ce mémoire est de montrer tout l'intérêt du chauffage microondes en élaboration de nanomatériaux. En effet, dans les pays industrialisés, la conjoncture économique et les problèmes d'environnement induisent de plus en plus une substitution graduelle de la Chimie lourde par la Chimie fine. L'enjeu est de réduire les coûts et les rejets polluants. L'une des répercussions dans l'industrie chimique est la mise en place de processus ultra performants dont les rendements sont proches de 100% et qui nécessitent le développement de synthèses de plus en plus sélectives (un seul produit non contaminé par des produits secondaires). Cette nouvelle stratégie permettrait de réduire les procédures de séparation et d'isolation coûteuses en énergie et génératrices d'effluents polluants dont le traitement et le recyclage ne permettent plus de rentabiliser les anciens procédés.

L'objectif de cette thématique « chimie Microondes », est de prouver que le chauffage microondes est capable de répondre, au moins partiellement, à cette problématique d'actualité.

2) Les travaux antérieurs au sein du GERM : Thèse de K. Bellon [1]

L'objectif était d'explorer la voie de synthèse, par hydrolyse forcée sous conditions hydrothermales et sous microondes, de sols et de poudres d'oxydes métalliques nanométriques de zirconium (IV) et de fer (III) en se focalisant sur la compréhension du processus d'élaboration des nanoparticules et, plus particulièrement, sur l'évolution de la distribution en taille des sols synthétisés.

2.1) Le modèle cinétique

L'obtention de sols et de poudres à partir de composés de coordination en solution aqueuse recouvre des phénomènes complexes. La compréhension des différentes étapes du processus de précipitation est essentielle pour maîtriser les caractéristiques chimiques, structurales et morphologiques lors de la préparation de sols et de poudres d'oxydes métalliques par hydrolyse forcée.

Il a été proposé un modèle cinétique qui a permis de tester l'influence de la sursaturation et de la température sur le taux de noyaux générés. Cette étude a montré que le chauffage permet de limiter la dépendance temporelle de la concentration en noyaux. En effet, le chauffage entraîne une production explosive des noyaux pendant les premières secondes, puis aucun nouvel ensemencement n'est observé. La croissance et/ou l'agrégation des noyaux est alors possible à partir des précurseurs disponibles dans la solution. Ce modèle laisse penser que de telles conditions opératoires doivent permettre d'élaborer des sols ou des poudres dont la distribution en taille sera contrôlée.

Cet effet remarquable de la température s'explique par la double influence de cette dernière : influence équivalente à celui du logarithme de la sursaturation et influence au niveau de l'argument des constantes cinétiques.

2.2) Les résultats sur les oxydes de fer (III)

A température ambiante, par les méthodes classiques d'ajout de base (augmentation du pH), l'hydrolyse des solutions aqueuses de fer (III) conduit à la formation d'espèces polymériques (hydroxydes et oxyhydroxydes) qui ne conduiront aux oxydes qu'après chauffage. Dans un premier temps, l'hydrolyse forcée microondes induit la formation d'entités d'environ 20 nm constituées de sphérules de ferrihydrite de taille inférieure à 10 nm. Dans un deuxième temps, les centres métalliques au cœur de ces sphérules de taille inférieure à 10 nm se rapprochent par un processus d'olation-oxolation impliquant une densification au sein des entités de 20 nm. De manière concomitante, ces entités de 20 nm s'associent entre elles. A ce stade, les liaisons sont suffisamment fortes pour que les ultrasons ne puissent pas casser les amas de particules de ferrihydrite. Dans un troisième temps, la ferrihydrite se transforme en hématite et nous observons une sédimentation de plus en plus importante au fur et à mesure que le temps de synthèse augmente. Un processus d'agglomération des particules conduit à

13

une augmentation progressive de la taille des agglomérats constitués de cristallites monocristallins d'hématite. Ces agglomérats sont dissociés par l'application des ultrasons. Selon la teneur en précurseur et l'acidité de la solution, des sols ou des poudres constitués de nanoparticules de distribution en taille contrôlée (de 10 nm au micron, monocristallines ou polycristallines) sont obtenus.

2.3) Les résultats sur les oxydes de zirconium (IV)

L'hydrolyse des solutions aqueuses de zirconium (IV) conduit à la formation d'espèces polymériques de degré de condensation d'autant plus élevé que le pH est basique. Là encore, par les méthodes classiques d'ajout de base (augmentation du pH), on aboutit à un gel qui ne conduira à l'oxyde qu'après chauffage. Les conditions opératoires (solutions acides) limitent considérablement la tendance naturelle du zirconium à former des gels. L'hydrolyse forcée microondes induit, dans un premier temps, la formation d'espèces polymériques de degré de condensation modéré (phase 1). Dans un second temps, la température du milieu provoque l'effondrement du réseau complexe de ces espèces conduisant à l'apparition de nanoparticules d'oxyde de zirconium (phase 2). Aucune phase d'agglomération de ces nanoparticules n'a été détectée. En effet, les distributions en taille de ces nanoparticules n'évoluent plus en fonction du temps (phase 3) alors que la teneur en nanoparticules augmente. Toutefois, la spectroscopie infrarouge révèle des changements nanostructuraux au cours de cette troisième étape. Selon la teneur en précurseur, des sols ou des poudres constitués de nanoparticules (30 nm) sont obtenus. Ces particules sont constituées d'unités bien définies de quelques nanomètres. Pour les sols, l'augmentation du

14

temps de traitement thermique permet de contrôler la teneur en nanoparticules du sol produit.

3) Les travaux antérieurs au sein de l'équipe matériaux à grains fins

Les thématiques de recherches de l'équipe matériaux à grains fins portent essentiellement sur la compréhension et la maîtrise des propriétés physiques et chimiques granulo-dépendantes. En effet, les propriétés des matériaux composés de grains de taille nanométrique deviennent très fortement dépendantes des dimensions des grains. Dans le but d'étudier ces propriétés, il est nécessaire de travailler sur des matériaux modèles pour lesquels il convient de maîtriser à la fois la taille et la composition des grains de poudre. Pour les études de ce type, il est donc nécessaire de synthétiser et de caractériser parfaitement ces matériaux modèles. Parmi ceux-ci, on peut distinguer les oxydes mixtes de structure pérovskite qui ont fait l'objet de nombreux travaux [2-4] et les ferrites de structure spinelle qui nous intéressent plus particulièrement dans le cadre de ce travail.

3.1) Synthèse de ferrites par chimie douce

L'introduction de la chimie douce a permis de réaliser une grande variété de ferrites dérivés de la magnétite. En effet, ce type de synthèse permet de substituer le fer au sein des deux sous réseaux octaédriques et tétraédriques de la structure par différents métaux de transition. Cette voie de préparation permet d'obtenir des composés avec des tailles de grains allant de quelques nanomètres à quelques dizaines de nanomètres à opposer avec la taille micronique des grains obtenus par voie solide. De plus, cette méthode aboutit à des composés de grande pureté dont la morphologie des grains peut

15

être contrôlée. Par exemple, N. Guigue-Millot [5] a synthétisé des matériaux modèles de ferrite de titane en mettant l'accent à la fois sur la maîtrise de la taille et de la composition des grains de poudre et V. Nivoix [6] a synthétisé des ferrites de vanadium en se focalisant sur la régulation de la pression d'oxygène afin d'obtenir la stœchiométrie voulue.

3.2) Caractérisation

L'association de la diffraction des rayons X, des mesures de surface spécifique et de la microscopie électronique permettent de déterminer la taille des grains, la morphologie, la répartition granulométrique et de mettre en évidence les phénomènes d'agglomération au sein des échantillons. Les propriétés physico-chimiques des ferrites dépendent à la fois de tous ces facteurs mais aussi de la nature des cations substituant le fer, de leurs quantités et de leur valence. La distribution des cations dans les différents sites est aussi très importante et sa connaissance lors de traitements oxydoréducteurs sous pression d'oxygène contrôlée permet de mieux évaluer son impact sur les propriétés. B. Gillot a pu mettre en œuvre une méthode de caractérisation par thermogravimétrie différentielle utilisée au cours de différents travaux [6-7]. Cependant, cette technique, bien que très efficace, ne permet pas de remonter à la distribution d'un état donné lors d'une oxydation. C'est pourquoi d'autres techniques comme la diffraction résonnante ont du être envisagées afin de suivre in situ l'évolution de la distribution des cations [8].

En résumé, l'équipe Matériaux à grains fins possède un grand savoir faire en matière de synthèse et de caractérisation de ferrites. Celui-ci a permis d'entreprendre de nombreuses études fondamentales sur les ferrites comme l'évolution de la microstructure en fonction de l'adsorption [9], l'étude des phénomènes de surface [5] et de détermination de la distribution cationique dans des spinelles à valence mixte et à fort taux de lacunes cationiques [6].

4) Notre travail et nos objectifs

Sous champ microondes, les travaux précédents étaient focalisés sur l'élaboration par thermohydrolyse de nanoparticules d'oxydes simples et particulièrement d'hématite [1,10]. Cet oxyde simple est composé uniquement de fer à la valence III. Cette valence est particulièrement adaptée au processus de thermohydrolyse car elle se condense par olation et oxolation comme nous le verrons au cours des rappels bibliographiques (partie A, chapitre II).

L'élaboration d'oxydes simples avec un élément à la valence IV (zirconium, titane étain) est en cours [1,11]. L'objectif de nos travaux était d'étudier les potentialités d'élaboration sous champ microondes d'oxydes contenant un élément à la valence II.

4.1) Objectifs fondamentaux

L'objectif principal de nos travaux était d'élaborer sous champ microondes des oxydes mixtes associés éventuellement au métal libre. Compte tenu du savoir faire sur l'élément fer au sein du GERM (élaboration d'hématite) et de MGF (élaboration et caractérisation de ferrites), nous nous sommes intéressés particulièrement à la valence II de cet élément.

17

L'association de la valence II et de la valence III conduit à la magnétite. Les potentialités de dismutation de l'ion ferreux devraient permettre d'élaborer des mélanges associant les valences 0, II et III.

Cet objectif impose d'associer les valences II et III du fer dans un processus de thermohydrolyse. Le fer à la valence II n'est pas favorable au processus de thermohydrolyse en solution aqueuse car il se condense uniquement par olation comme nous le verrons au cours des rappels bibliographiques (partie A, chapitre II). De plus, les conditions pH-métriques de précipitation de ces deux valences sont très différentes. Il est donc impossible d'associer l'ion ferreux et l'ion ferrique en solution aqueuse dans un processus de condensation inorganique contrôlée. L'idée est de proposer des conditions opératoires microondes originales pour amorcer thermiquement en solution un processus de condensation inorganique associant les valences 0, II et III au sein d'un oxyde mixte associé à une phase métallique. La définition de telles conditions opératoires permettra de s'affranchir totalement des limites des processus de thermohydrolyse en solution aqueuse, particulièrement des incompatibilités des conditions pH-métriques de précipitation. Ce nouveau protocole de synthèse microondes devrait permettre, à terme, d'élaborer des oxydes mixtes substitués. Nous examinerons particulièrement le cas des ferrites substitués.

Les objectifs fondamentaux de notre travail sont l'élaboration :

♣ d'oxydes mixtes de fer,

♣ d'oxydes mixtes de fer associés à une phase métallique,

♣ d'oxydes mixtes de fer substitués au cobalt, nickel, manganèse et zinc associés à une phase métallique.

4.2) Objectifs finalisés

L'objectif de ces travaux impose de définir un nouveau protocole de synthèse microondes. Soucieux de ne pas limiter l'éventuelle transposition industrielle de ce protocole, nous nous sommes imposés des contraintes supplémentaires. Ces contraintes doivent conférer une relative rusticité à nos conditions opératoires, particulièrement une facilité de mise en œuvre du protocole.

Ces travaux ont bénéficiés du soutien du CNRS par le biais du programme matériaux et plus spécifiquement dans le cadre du projet de recherche n° 154 (thème 11a) intitulé matériaux magnétiques doux nanostructurés dont la proposition et le rapport final sont présentés en annexes (annexe VIII et IX). Ce projet de recherche a permis de développer un axe de collaboration avec G. Pourroy du Groupe des Matériaux Inorganiques (GMI) de l'Institut de Physique et de Chimie des matériaux de Strasbourg (IPCMS).

5) Le mémoire

Le mémoire est composé de quatre parties :

La première partie (A) présente une analyse bibliographique des méthodes de synthèses de nanoparticules par chimie douce et par microondes.

La seconde partie (B) est consacrée aux différents composés du fer (oxydes, (oxy)hydroxydes, métal et composites métal oxyde) susceptibles d'être rencontrés lors de nos travaux.

Dans les parties C et D, nous décrivons les résultats obtenus respectivement par traitement microondes de solutions d'ions ferreux et de solutions associant cet ion à d'autres cations (Cobalt, Nickel, Manganèse, Zinc). Les méthodes de caractérisation mises en œuvre sont la diffraction des rayons X associée à des méthodes d'affinement, la microscopie électronique à transmission, la spectrométrie Mössbauer. Les caractérisations magnétiques et électriques seront également décrites.

Chacune des quatre parties est composée de chapitres indépendants dans leur présentation. Chacun comporte sa propre bibliographie. La numérotation des figures précise la partie, le chapitre et le numéro au sein de ce dernier.

Le mémoire se terminera par une conclusion qui résumera tous les principaux résultats de cette étude et par les perspectives que les travaux effectués permettent d'envisager. Enfin, les techniques de caractérisation utilisées au cours de ce travail seront décrites en annexe ainsi que la valorisation de ces travaux.

Bibliographie

[1] K. Bellon, Elaboration de sols et de poudres nanométriques par hydrolyse forcée microondes. Application aux oxydes de fer (III) et de zirconium (IV), thèse de doctorat, Université de Bourgogne : Dijon, 2000.

[2] C. Valot, Diffraction des rayons X et microstructure en domaines ferroélectriques : cas de $BaTiO_3$, Thèse de doctorat, Université de Bourgogne : Dijon, 1996.

[3] P. Sarrazin, Evolutions structurale et microstructurale d'une poudre lors de l'élaboration de pièces céramiques crues : cas de $BaTiO_3$, thèse de doctorat, Université de Valenciennes, 1995.

[4] F. Perrot-Sipple, Maîtrise de la taille de nanograins d'oxydes de structure pérovskite pour applications électrocéramiques : synthèse par chimie douce, broyage par attrition, thèse de doctorat, Université de Bourgogne : Dijon, 1999.

[5] N. Guigue-Millot, Synthèse et propriétés de ferrites nanométriques : influence de la taille des grains et de la nature de la surface sur les propriétés structurales et magnétiques de ferrites de titane synthétisés par chimie douce et mécanosynthèse, thèse de doctorat, Université de Bourgogne : Dijon, 1998.

[6] V. Nivoix, Spinelles nanométriques à valence mixte et à fort taux de lacunes cationiques : Transferts électroniques dans un ferrite de molybdène $Fe_{2,47}Mo_{0,53}O_4$. De la synthèse aux propriétés magnétiques dans le système fer-vanadium $Fe_{3-X}V_XO_4$ ($0 \leq X \leq 2$), Thèse de doctorat, Université de Bourgogne : Dijon, 1997.

[7] B. Domenichini, Etude de la réactivité vis à vis de l'oxygène des ferrites de molybdène de formule $Fe_{3-x}Mo_xO_4$ ($0 \leq x \leq 1$) en relation avec la

distribution des cations dans la structure spinelle, Thèse de doctorat, Université de Bourgogne : Dijon, 1994.

[8] J. Lorimier, Problématique des valences mixtes dans les ferrites nanométriques : possibilités offertes par la diffraction résonnante des rayons X, Thèse de doctorat, Université de Bourgogne : Dijon, 2001.

[9] T. Belin, Thèse de doctorat, Université de Bourgogne : Dijon, en cours.

[10] P Rigneau, R.A.M.O et procédé flash : application à l'élaboration de poudres nanométriques. Contrôle et maîtrise des distributions en morphologie et en taille, thèse de doctorat, Université de Bourgogne : Dijon, 1999.

[11] E. Michel, thèse de doctorat, Université de Bourgogne : Dijon, en cours.

Partie A : Chimie douce et synthèses microondes : état de l'art

Introduction

L'objectif de cette partie est de fournir un certain nombre d'éléments bibliographiques relatifs au chauffage microondes, aux processus de condensation inorganiques en solution et aux méthodes de synthèse par chimie douce et par microondes.

Le premier chapitre rappelle les principes de base de la conversion de l'énergie électromagnétique en chaleur. Les conditions d'utilisation des solvants et des solides sont évoquées ainsi que les problèmes rencontrés pour la mise en œuvre de mesures thermiques. Enfin, les différents dispositifs microondes disponibles (fours domestiques, appareils commerciaux et systèmes originaux) sont présentés.

Le second chapitre présente les différentes étapes des processus de condensation qui conduisent à partir des espèces en solution à la précipitation d'hydroxydes et/ou d'oxydes métalliques. La nature des espèces en solution, les différentes étapes des réactions de condensation ainsi que les processus de nucléation et de croissance sont décrits. Les techniques d'amorçage de la réaction d'hydrolyse sont analysées.

Le troisième chapitre décrit les différentes techniques de synthèse par chimie douce (méthode des précurseurs, voie hydrothermale, thermohydrolyse et hydrolyse forcée).

Le quatrième chapitre propose un bilan le plus exhaustif possible sur les techniques de synthèse microondes de nanoparticules de composés inorganiques à partir de solutions contenant les cations métalliques.

Chapitre I : Le chauffage microondes

1) Principe

1.1) Conversion de l'énergie électromagnétique en chaleur

Les microondes utilisent la capacité de liquides et de solides, possédant des pertes diélectriques (ε''), à transformer l'énergie électromagnétique en chaleur. En effet, lorsque un champ électrique est appliqué sur ces substances, il se produit un phénomène de polarisation dipolaire ou diélectrique, c'est à dire que le moment dipolaire s'oriente colinéairement au champ. Si la substance possède des pertes diélectriques, il apparaît un déphasage entre le champ électrique et la polarisation dipolaire car la fréquence de relaxation est du même ordre de grandeur que la fréquence microondes (300 MHz à 300 GHz). C'est ce phénomène de relaxation diélectrique qui conduit à une conversion d'une partie de l'énergie électromagnétique sous forme thermique [1].

La puissance dissipée au sein d'un objet est donnée par l'équation suivante :

$$P_{diss} = \iiint_{matériau} \omega\varepsilon''|E|^2 \, dv$$

ε'' : pertes diélectriques

ω : pulsation

$|E|$: module de l'amplitude du champ électrique

La puissance dissipée est donc proportionnelle au produit du carré de l'amplitude du champ électrique par les pertes diélectriques. Cette équation met en évidence la participation active du milieu irradié et la nécessité que ce milieu possède des pertes diélectriques. Cette nécessité est la "condition microondes". Les conditions opératoires usuelles correspondent à une fréquence de 2.45 GHz imposée pour des raisons de compatibilité électromagnétique.

1.2) Influence des pertes diélectriques

Les pertes diélectriques évoluent avec la température. Le chauffage microondes se réalise donc obligatoirement à énergie dissipée variable [2]. La **figure A.I.1** montre les deux types de comportement possibles selon le signe de la dépendance thermique des propriétés diélectriques en comparaison avec l'énergie dissipée constante correspondant à un chauffage conventionnel (sans échanges de chaleur). Si ces pertes diélectriques sont décroissantes avec la température, le chauffage est autorégulé. Si les pertes diélectriques sont croissantes avec la température, il y a une accélération du chauffage, voire des emballements très impressionnants jusqu'à l'ébullition pour les liquides ou la fusion pour les solides.

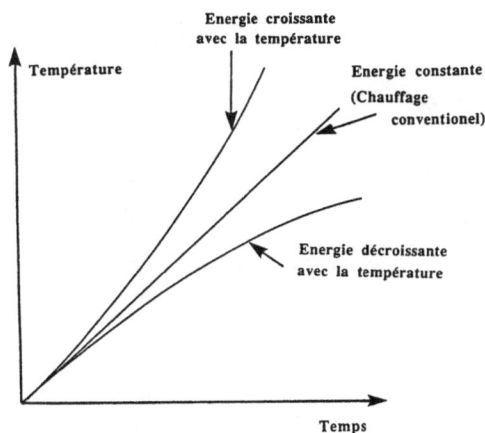

Figure A.I.1 : Evolution qualitative comparée des courbes d'échauffement à énergies croissante, décroissante et constante avec la température [2]

Nous allons maintenant analyser différents types de milieux (solvants et supports solides) afin de proposer une sélection de solides et de liquides vérifiant la condition microondes et donc susceptibles de convertir l'énergie électromagnétique en chaleur.

1.1.1) Les solvants

Parmi les solvants usuels de la chimie organique, seuls certains vont vérifier la condition microondes. Les autres possèdent des temps de relaxation trop faibles correspondant à des fréquences de relaxation supérieures à la fréquence de travail de 2.45 GHz. Pour assurer le chauffage de tous les solvants organiques, une fréquence de travail de 20 GHz serait nécessaire. On notera que la polarité de la molécule est une condition nécessaire mais pas suffisante pour assurer des échauffements sous irradiation microondes. Par exemple, l'acétone est une molécule polaire qui s'échauffe très faiblement sous irradiation microondes. Les solvants vérifiant la condition microondes sont donc des solvants possédant de grandes pertes diélectriques. Le plus utilisé est bien sûr l'eau distillée, mais d'autres comme les alcools (méthanol, éthanol, propanol, butanol), le diméthylformaldéhyde, le diméthylsulfoxyde et les glycols vérifient la condition microondes.

1.1.2) Les solides

Pour les solides conducteurs ou semi-conducteurs [3], la présence de charges libres assure des pertes par conduction suffisantes pour assurer un échauffement maximal. Toutefois, trop de conduction nuit à la pénétration des ondes électromagnétiques au sein du matériau. Pour les solides à propriétés magnétiques, la présence simultanée de pertes diélectriques et magnétiques assure une interaction onde matériau des plus importantes [4]. Pour les solides non conducteurs, la présence de molécules polaires adsorbées peut leur conférer un caractère dissipatif (pertes par orientation) plus ou moins affirmé. La **figure A.I.2** décrit de manière générale l'évolution pertes diélectriques avec la température (**figure A.I.2a**) et l'échauffement associé (**figure A.I.2b**), pour les cas des solides sans ou avec adsorbat. Dans ce dernier cas, les deux courbes en pointillés décrivent respectivement, pour des températures inférieures à la température critique, la contribution des pertes par orientation et pour des températures supérieures, celle des pertes par conduction. Le chauffage va provoquer la désorption des espèces adsorbées et induire une réduction quasi-totale des pertes, l'échauffement va alors plafonner. Si l'on maintient l'irradiation, la température va s'élever lentement jusqu'à une valeur critique (T_{crit}) pour laquelle apparaîtra un emballement thermique conduisant très brutalement à la fusion. L'origine de cet emballement est l'accroissement naturel de la conduction de tout solide avec la température. On notera que l'utilisation de solides pulvérulents comme le carbone peut se révéler très intéressante pour chauffer des liquides sans pertes diélectriques. En effet, le chauffage sélectif du solide assure par transfert l'échauffement du liquide [5].

Dans le cas de la nucléation d'un solide à partir d'une solution, on peut se demander si les germes chauffent indépendamment de la solution. La longueur d'onde du rayonnement en espace libre est égale à 12,24 centimètres. En conséquence, les ondes électromagnétiques interagirons spécifiquement avec la solution au travers de ces propriétés diélectriques et ignorerons la présence éventuelle de nanoparticules. On peut donc logiquement conclure que l'interaction sélective du champ électrique sur les nanoparticules formées semble négligeable par rapport à son effet sur le solvant à fortes pertes diélectriques.

1.3) Influence de l'amplitude du champ électrique

Comme vu auparavant, la puissance dissipée est proportionnelle au carré de l'amplitude du champ électrique. Cette amplitude dépend naturellement de l'amplitude du champ excitateur, mais aussi de la position de ce champ par rapport à l'objet irradié. En effet, le simple fait de placer un tube d'eau parallèlement ou perpendiculairement au champ excitateur donne des courbes de montée en températures très différentes [6]. De plus, la répartition du champ électrique dans un objet dépend de la géométrie de ce dernier. Une variation de quelques millimètres du diamètre d'un tube d'eau change complètement les profils de montée en température comme le montre la **figure A.I.3**. Cette figure met également en évidence la validité du modèle théorique mis en place dans ce travail. L'étude de la répartition du champ électromagnétique dans un objet dépend donc de nombreux facteurs et est donc très difficile à mettre en évidence. Cependant, la connaissance de cette répartition est primordiale afin d'optimiser le chauffage microondes d'un objet.

En conclusion, il y a donc juxtaposition entre l'évolution des propriétés diélectriques avec la température et la répartition du champ au sein du matériau lors d'un chauffage microondes [7]. Seule la connaissance de ces deux paramètres permettra donc de prévoir un emballement thermique ou une autorégulation lors de ces traitements.

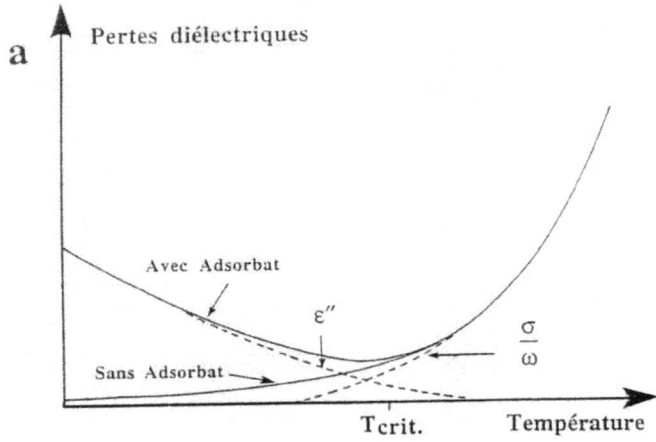

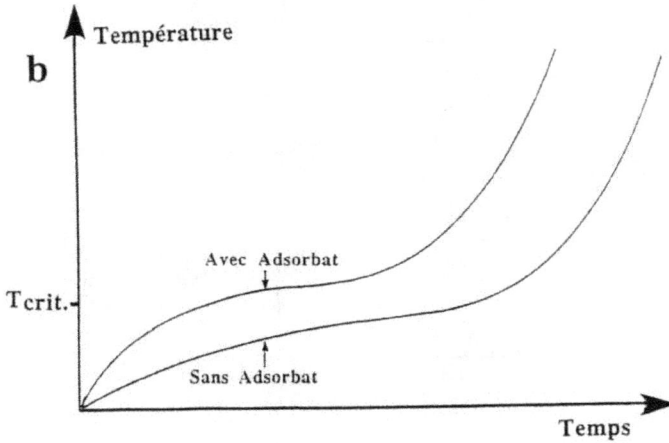

Figure A.I.2 : Evolution thermique des pertes diélectriques des solides (a)
Echauffement de solides irradiés avec ou sans solvant (b)

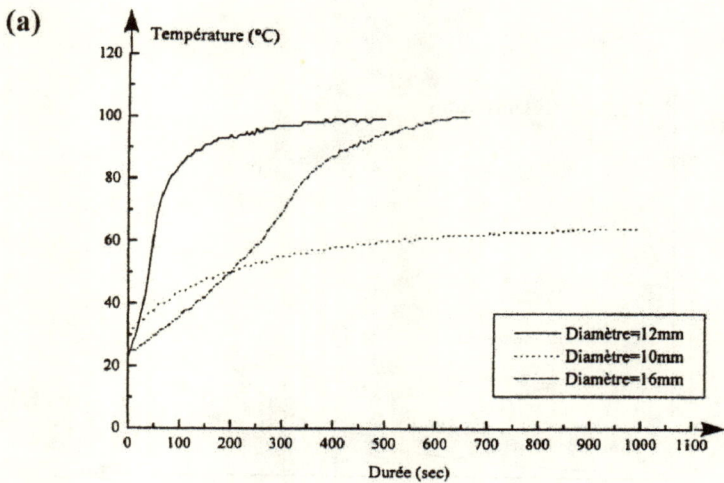

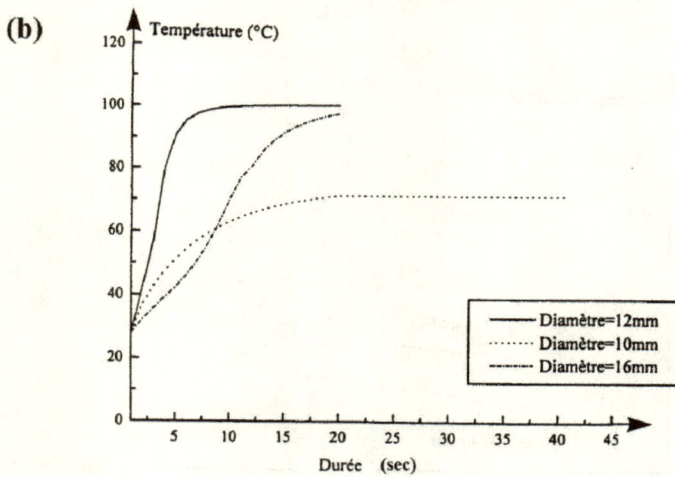

Figure A.I.3 : Courbes de chauffage théoriques (a) et expérimentales (b) de tubes d'eau de 10, 12 et 16 mm de diamètre [6]

1.4) Caractère volumique du chauffage microondes

La puissance dissipée dépend donc des pertes diélectriques et de l'amplitude du champ électrique. Ces propriétés sont des propriétés de volume et non de surface. Le chauffage microondes présente donc un caractère volumique affirmé [1] par rapport à un chauffage classique (chauffage par conduction). Ce chauffage à cœur permet d'obtenir des montées en température de plusieurs degrés par seconde qui peuvent induire des comportements particuliers comme des surchauffes très importantes lors de l'ébullition de solvants [2]. Ceci est dû principalement aux densités de puissance utilisées qui sont de l'ordre du kilowatt pour quelques dizaines de centimètres cubes.

2) Mesures thermiques sous microondes
2.1) Problème de compatibilité

La totalité des capteurs de température classique (thermocouples, thermistances...) nécessite une liaison conductrice (fil électrique) avec le système de traitement des données. Les liaisons électriques jouant un rôle d'antenne, l'utilisation de ces techniques est impossible dans une enceinte microondes en raison des problèmes de compatibilité électromagnétique. Un positionnement particulier des sondes par rapport à la direction du champ électrique peut réduire ces interférences mais en aucun cas de manière totale. De plus, l'échauffement du thermocouple lui-même peut fausser considérablement les mesures [8]. Il est donc indispensable, sous champ microondes, d'utiliser des techniques de mesure de température qualifiées de

37

non-interférentes par opposition aux précédentes. Ces techniques sont présentées maintenant.

2.2) Les techniques de mesure compatibles électromagnétiquement
2.2.1) La thermographie infra-rouge

La matière émet et absorbe en permanence des rayonnements électromagnétiques. Le processus d'émission est lié à l'agitation moléculaire interne de la matière, génératrice de transitions radiatives pour les particules élémentaires porteuses de charges électriques. Les lois fondamentales de la théorie électromagnétique classique montrent que si la charge subit une accélération, il apparaît une énergie libérée sous la forme de rayonnement électromagnétique. Une élévation de température accroît l'agitation moléculaire et favorise donc l'accélération des particules porteuses de charges électriques génératrices du rayonnement. L'énergie libérée sous forme radiative conditionne la longueur d'onde d'émission et les domaines d'émission de la matière aux températures usuelles correspondent au spectre infrarouge. De plus, les corps rayonnent de manière appréciable à ces températures [9].

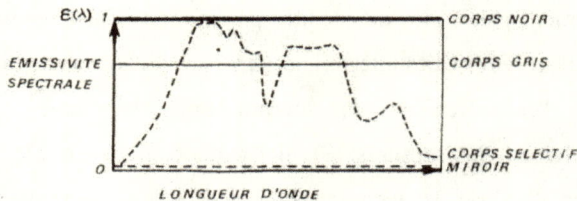

Figure A.I.4 : Emissivité en fonction de la longueur d'onde

L'émissivité spectrale d'une surface est définie comme le rapport de l'émittance spectrale de cette surface et l'émittance spectrale du corps noir à la même température. Elle dépend de la longueur d'onde, de la direction d'observation par rapport à la surface rayonnante, de la température et de l'état de surface. Elle peut varier de 0 à 1. La **figure A.I.4** présente l'évolution de l'émissivité en fonction de la longueur d'onde pour différents types de corps. Les corps réels dits sélectifs présentent une réponse différente selon les longueurs d'ondes.

Il existe deux catégories d'instrument :
♣ Les radiomètres à visée unidirectionnelle qui n'apportent qu'une seule information sur la température du point visé. Ils sont constitués d'une optique et d'un détecteur.
♣ Les thermographes capables de donner une image visible. Ils sont constitués d'un radiomètre infrarouge associé à un système de balayage et à un dispositif de restitution de l'image. Ils permettent ainsi l'acquisition de paramètres liés à la distribution spatiale et à l'évolution temporelle de température.

2.2.2) La thermométrie par fibre optique

Afin d'éliminer les problèmes d'interférences, la liaison conductrice est remplacée par une fibre optique totalement non-interférente envers les champs électromagnétiques. Le principe général repose sur la sensibilité thermique d'un capteur placé à l'extrémité d'une fibre optique. Un laser va exciter le capteur, et à partir de la connaissance de la dépendance thermique de la réponse à ce signal, la température sera déterminée. La fibre optique transmet à la fois le pulse d'excitation et retourne le signal fluorescent contenant l'information thermique [10]. Quatre types de détections ont été mis en œuvre [11]. L'on pourra se reporter aux travaux de Gaillard [1] pour une présentation synthétique des différentes technologies.

Ce système est le plus approprié pour mesurer la température dans un réacteur sous champ microondes. Cependant, il revient très coûteux et est très fragile surtout dans des conditions de pression et de pH extrême. C'est pourquoi peu d'auteurs l'utilisent comme nous le verrons lors de la discussion portant sur l'état de l'art en chimie microondes (Chapitre IV).

Nous allons maintenant présenter les appareillages microondes les plus utilisés par les auteurs pour la synthèse de poudres minérales. Pour chacun d'eux, nous nous attacherons à présenter le système de mesure de température quand il existe.

3) Les systèmes microondes

Les systèmes permettant le chauffage microondes peuvent être classés en trois types qui feront l'objet des trois paragraphes de cette partie : les fours domestiques, les appareils commerciaux et des systèmes originaux fabriqués par les auteurs eux-mêmes.

3.1) Les fours domestiques

Quelques auteurs utilisent ces systèmes associés ou non avec un plateau tournant. Les cavités multimodes qui équipent ces appareils présentent des inconvénients très importants à ces systèmes. En effet, de nombreuses distributions de champs, différentes, irrégulières et non reproductibles sont obtenues.

Comme nous l'avons vu précédemment, la position, la forme, la taille, l'orientation et les propriétés diélectriques du réacteur et de la solution influent beaucoup sur le couplage de la source excitatrice avec la cavité. En conséquence, dans ce type de système, les récipients doivent être placés rigoureusement de la même façon pour chaque expérice. De plus, un contrôle précis de la puissance appliquée n'est pas possible car le magnétron fonctionne toujours à débit d'énergie. La puissance est ajustée en fonction des cycles d'excitation.

Il ressort de ce paragraphe que les systèmes microondes domestiques ne permettent pas un contrôle rigoureux du mode de chauffage nécessaire pour la reproductibilité des conditions de synthèse, en particulier au niveau de la distribution des champs.

3.2) Les appareils commerciaux

La majorité des synthèses sont effectuées dans des appareils commerciaux appelés "digesters". Ces appareils étaient prévus initialement pour la minéralisation d'échantillons pour l'analyse et fonctionnent sous reflux ou sous conditions hydrothermales.

Les appareils les plus utilisé sont les suivants :

3.2.1) Les installations Milestone [12-14]

L'Ethos MR ou Ethos 1600 présenté **figure A.I.5** est constitué d'une cavité multimode très proche du four domestique avec des niveaux de sécurité supplémentaires. Des réacteurs en verre ou en polymères peuvent être utilisés. La puissance disponible n'est que de 1 kW. Le détecteur optique de température est immergé dans le réacteur pour une réponse rapide jusqu'à 250°C et un capteur infrarouge peut être ajouté au dispositif. Un système de reflux peut aussi être installé. Le Ethos CFR est une variante du précédent avec un travail en flux continu.

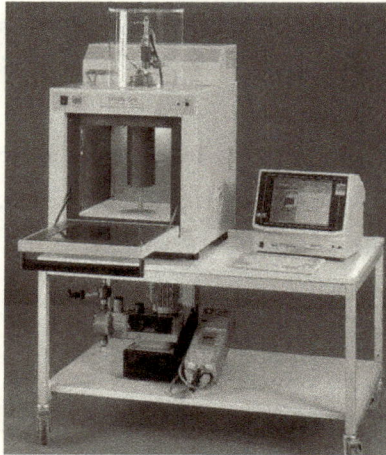

Figure A.I.5 : Vue générale de l'appareil Ethos MR

3.2.2) Les installations CEM [15-18]

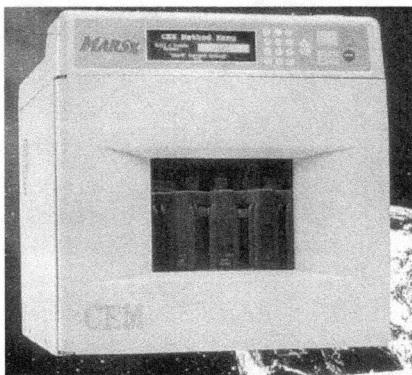

Figure A.I.6 : Vue générale de l'appareil MARS5

Le MARS 5 (**figure A.I.6**) présente les mêmes caractéristiques que l'Ethos MR. De plus, un système d'ajouts de réactifs est disponible afin d'améliorer les conditions de travail et il est possible d'utiliser un plateau tournant pour les petits volumes.

Le Discover (**Figure A.I.7**) est un nouveau système mis au point pour la synthèse organique et/ou minérale. Le constructeur prétend disposer d'un applicateur monomode afin de focaliser les micoondes. Cependant, si l'on examine la notice technique, l'applicateur est constitué de deux cavités cylindriques avec une ouverture assurant le couplage. Il peut travailler à pression atmosphérique ou sous pression en réacteur scellé. La pression, la température et le brassage peuvent être contrôlés.

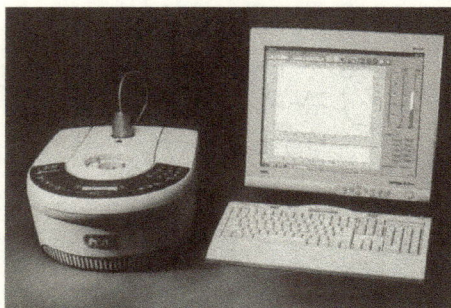

Figure A.I.7 : Vue générale de l'appareil Discover

Le Star 100 est spécifique pour les extractions difficiles à effectuer sous chauffage traditionnel. Il se présente comme une variante du Discover.

3.2.3) Les installations Prolabo [18-20]

Depuis la fermeture de Prolabo France, ces produits ne sont plus en vente et le service après vente est assuré par CEM [18]. Cependant, nous décrivons ces systèmes car ils sont encore beaucoup utilisés dans les laboratoires. Maxidigest présente les mêmes caractéristiques que les systèmes précédents. Sa puissance maximale est de 800 Watts et quatre réacteurs peuvent être traités simultanément. L'inconvénient majeur de ce système consiste en son mode de fonctionnement uniquement sous reflux.

Le système le plus évolué est Synthewave 402 de Prolabo, présenté **figure A.I.8**. Différents réacteurs contenant de 12 à 250 mL peuvent être utilisés. Ce système est capable de travailler sous reflux et sous vide

44

primaire. Des systèmes de vannes permettent l'ajout de réactifs ou de gaz et un dispositif permet l'aspiration de gaz. Les avantages de cet appareillage à cavité monomode sont dus à la concentration des microondes sur l'échantillon et au contrôle de la puissance de 0 à 100%. De plus, la température est contrôlée in-situ par un pyromètre infra-rouge et le système peut travailler jusqu'à 450°C. Enfin, une fenêtre spéciale est installée pour permettre l'observation de l'échantillon pendant le traitement et la température est ajustable par ordinateur. Par contre, la puissance maximale du générateur n'est que de 300 W.

Enfin, le Soxwave 100 est une variante mise au point pour les extractions difficiles. Le tube d'extraction est surmonté d'une colonne de refroidissement et des contrôles de température pendant l'extraction peuvent être ajoutés à l'appareil de base.

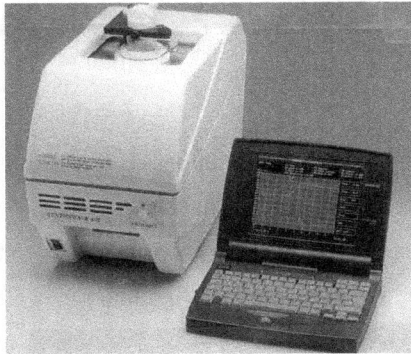

Figure A.I.8 : Vue générale de l'appareil Synthewave 402

45

Ces systèmes sont livrés avec des réacteurs en quartz. Cependant, dans la plupart des cas, les auteurs changent ces réacteurs par des réacteurs en polyetherimide ou en polytetrafluoroethylene chemisé téflon (réacteurs mis sur le marché par la compagnie d'instruments Parr [21]). Le téflon présente le double avantage d'être inerte chimiquement et transparent au rayonnement microondes. Les polymères utilisés sont aussi transparents aux microondes et présentent de bonnes propriétés mécaniques nécessaires lors d'un travail sous pression.

3.3) Les systèmes originaux

Quelques groupes ont fabriqué eux mêmes leurs propres systèmes pour la synthèse sous microondes en voie humide. Pour des raisons de confidentialité, aucun de ces systèmes n'est décrit précisément. Nous allons, dans cette partie, présenter les principaux réacteurs mis au point à l'échelle du laboratoire et industriellement avant de décrire le système que nous utilisons mis au point par Stuerga et al. : le système RAMO (Réacteur Autoclave Microondes) et Coconut.

3.3.1) Le réacteur microondes supercritique

Ce réacteur a été mis au point par M. Delmotte et al. [22] et est présenté **figure A.I.9**. L'applicateur microondes et le réacteur sont identiques afin de maîtriser les contraintes mécaniques induite par la haute pression dans le liquide. C'est le plus grand intérêt de ce système où le tube cylindrique est simultanément un guide d'ondes et un réacteur. Il peut atteindre des pressions allant jusqu'à 30 Mpa grâce à un générateur microondes pouvant

46

fournir au maximum une puissance de 6 kW, ce qui est suffisant pour passer au delà du point critique de l'eau (374°C, 22 10^6 Pa).

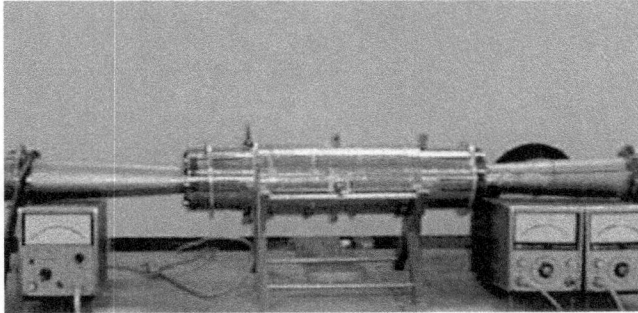

Figure A.I.9 : Le réacteur applicateur microondes supercritique. Les deux cônes sont des guides cylindriques.

3.3.2) Le système Pulsar

Les systèmes industriels sont généralement mis en œuvre en flux continu. Il en existe un seul, à notre connaissance travaillant en réacteur fermé. Il s'agit d'une variante adaptée au chauffage microondes de la turbosphère utilisée principalement en pharmacologie présentée **figure A.I.10** [23]. Le système Pulsar, le premier appareil industriel produit par la compagnie MES (Microondes Energie et Système) en flux continu est destiné au séchage [24-25]. Il peut aussi être utilisé pour des réactions en phase solide sur des poudres grâce à un convoyeur diélectrique capable de contenir une couche de poudre (**Figure A.I.11**). Ce convoyeur passe devant plusieurs applicateurs de géométrie parallélépipédique, chacun de ces applicateurs étant relié à un ou deux générateurs.

47

Figure A.I.10 : Vue générale de la turbosphère

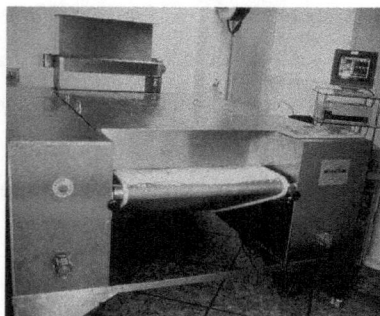

Figure A.I.11 : Vue générale du système Pulsar

3.3.3) Le système Thermostar

Le système Thermostar a aussi été mis au point par la société MES [24]. Il est constitué de réacteurs cylindriques associés à des applicateurs parallelépipédiques. La **figure A.I.12a** montre le système pour les liquides et les gaz alors que la **figure A.I.12b** met en évidence l'adaptation à des réactants solides qui sont déplacés par une vis dans le conduit. Les réactants se déplacent du bas vers le haut où les températures sont les plus élevées.

Figure A.I.12 : Vue générale du système Thermostar composé de six applicateurs en position verticale (a) ou horizontale (b)

3.3.4) Le système RAMO

La figure **A.I.13** présente le système RAMO. Il est composé :

♣ d'un générateur de la société MES fonctionnant à 2.45 GHz à puissance variable ajustable pouvant fournir jusqu'à 2kW de puissance,

♣ d'un coupleur constitué d'un guide d'ondes à fentes rayonnantes muni d'un piston d'accord et d'un isolateur,

♣ d'une cavité résonnante dérivée des cavités surdimensionnées [27],

♣ d'un milliwattmètre afin de pouvoir mesurer l'intensité de la puissance réfléchie et accorder le système de façon à ce qu'un maximum d'énergie soit transféré du générateur vers la cavité résonnante,

♣ d'un autoclave placé dans la cavité résonnante qui contient le milieu réactionnel. Celui-ci est constitué de polyetherimide enfermant une enveloppe en téflon. Le téflon et le polyetherimide sont utilisés pour les avantages cités précédemment.

Généralement, l'autoclave est relié au système de suivi en pression mais il est possible d'avoir aussi une mesure in situ de la température grâce à la thermométrie fluorooptique. Quelques exemples de trajectoire thermique seront donnés dans le chapitre I de la partie C décrivant le protocole opératoire de nos synthèses et dans le Chapitre IV de cette partie décrivant l'état de l'art en chimie microondes. De plus, un gaz inerte comme l'argon peut être introduit dans le réacteur afin de maîtriser les risques avec les solvants inflammables.

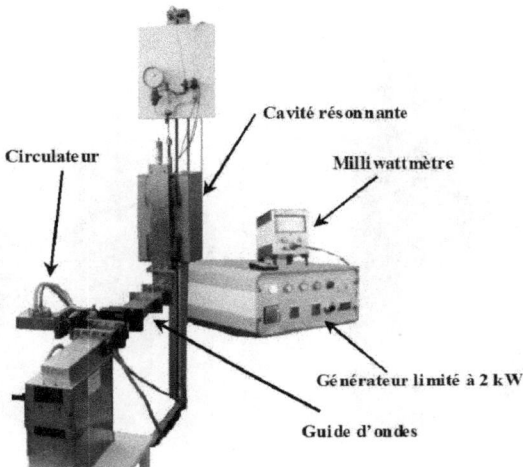

Figure A.I.13 : Le dispositif expérimental RAMO [26]

Le réacteur peut être de symétrie cylindrique (RAMO) ou de symétrie ovoïde (Coconut), comme le montre la figure **A.III.14**. Le réacteur RAMO est celui qui a été utilisé pour les travaux présentés dans le cadre de ce mémoire. Le réacteur Coconut a été mis au point plus récemment par D. Stuerga et P. Pribetich. L'origine de la mise au point de ce réacteur provient de l'observation de l'explosion d'un œuf chauffé sous microondes. En effet, un réacteur de forme ovoïde permet de focaliser au maximum l'énergie électromagnétique dans la partie centrale. Cette focalisation permet d'atteindre des vitesses de chauffage cinq fois plus grandes qu'avec le réacteur RAMO (environ $35°C.s^{-1}$ pour l'eau seule).

Figure A.I.14 : Le système RAMO (a) et le réacteur Coconut (b)

4) Conclusion

Le chauffage microondes se distingue des autres types de chauffage par son caractère volumique. Il permet donc de s'affranchir des problèmes de diffusion de la chaleur au travers des parois. En conséquence, il permet d'obtenir des vitesses de chauffage très conséquentes. La nécessité d'utiliser des systèmes adaptés, très fragiles et très coûteux, pour les mesures thermiques reste l'inconvénient majeur de ce mode de chauffage. Souvent, les mesures de température ne sont pas effectuées in situ comme nous le verrons dans le dernier chapitre de cette partie.

Bibliographie

[1] P. Gaillard, Microondes et chimie : des trajectoires thermiques et du concept de synthèses anisothermes aux oscillations thermochimiques, thèse de doctorat, Université de Bourgogne : Dijon, 1996.

[2] D. Stuerga, L'avenir des microondes thermiques : les défis de l'homogénéité thermique, des résonances dimensionnelles et des sélectivités hydrodynamique et chimique, Mémoire d'habilitation, Université de Bourgogne : Dijon, 1994.

[3] M. Gasnier, A. Loupy, A. Petit et H. Jullien, New developments in the field of energy transfer by means of monomode microwaves for various oxides and hydroxides, J. All. Comp., 925, p1, 1993.

[4] J. C. Badot, J. Ravez et N. Baffier, Origins of the dielectric absorption in ceramics, Microwave processing of ceramic systems, Editions N. Baffier et P. Bloch, 21, 2, p89, 1996.

[5] A. Breccia, A. Fini, G. Feroci, A. M. Grassi, S. Dellonte et R. Mongiorgi, Coupled systems dielectric/Microwave to improve thermal effects, JMPEE, 30, 1, p3, 1995.

[6] N. Pinto-Gateau, Chauffage microondes et résonance dimensionnelle. Des concepts aux applications en géométrie cylindrique, thèse de doctorat, Université de Bourgogne : Dijon, 1995.

[7] I. Zahreddine, Bistabilité en chauffage microondes, réalité et conséquences, thèse de doctorat, Université de Bourgogne : Dijon, 1993.

[8] R.R. Bowman, A probe for measuring temperature in Radio-Frequency-Heated material, IEEE Trans. MTT, 1, p43, 1976.

[9] G. Gaussorgues, La thermographie infrarouge, Editions Technique et documentation, 1981.

[10] T.C. Rozzell, C.C. Johnson, C.H. Dumey, J.L. Lords et R.G. Olsen, Non-perturbing temperature sensor for measurements in electromagnetic fields, J. of microwave Power, 9, 3, p241, 1994.

[11] F. X. Desforges et H.C. Lefèvre, Fiber-optic sensing of pressure, temperature and index of refraction, Analysis magazine, 22, 3, pM36, 1994.

[12] Milestone s.r.l. via Fatebenefratelli, 1/5 24010 Sorisole (BG), Italy, www.milestonesci.com.

[13] W. Lautenschlager, Method of monitoring and controlling a chemical process heated by microwave radiation, Brevet européen, 0916399, 1999.

[14] W. Lautenschlager, Method and apparatus for measuring pressure in microwave heating vessels, Brevet US 59 81924, 1999.

[15] D. P. Manchester, W. P. Hargett et E. D. Neas, Improved microwave heating system, Brevet européen 04 55513, 1991.

[16] B. W. Renoe, E. E. King et D. A. Yurkovich, Control of continuous microwave digestion process, Brevet européen 06 04970, 1994.

[17] W. E. Jennings, E. E. King, D. A. Barclay and D. P. Manchester, Microwave apparatus for controlling power levels in individual multiple cells, Brevet US 57 96080, 1998.

[18] CEM Corporation, PO Box 200 Matthews, NC 28106-0200, USA, www.cem.com. ou www.cemsynthesis.com

[19] E. Quentin, N. Kouznetozoff et B. Cerdan, Apparatus for applying microwave with temperature measurement, Brevet fr, 27 01112, 1994.

[20] P. Jacquault et B. Cerdan, Microwave oven, in particular for rapid heating to high temperature, Brevet US, US54 20401, 1994.

[21] Parr instrument company, 211 fifty third street, Moline, Illinois 61265-9984, USA, www.parinst.com.

[22] M. Delmotte, Y. Trabelsi, J.P. Petitet et J.P. Michel, Agencement de chauffage d'un produit diélectrique par microondes, Brevet fr, 99 03749, 1999.

[23] Pierre Guerin SA, 179 grand'rue, 79210 Mauzé sur le Mignon, France, www.pierreguerin.com.

[24] MES SA, 10-12 rue A. Perret, ZAC la Petite Bruyère, 94808 Villejuif, France, www.m-e-s.net.

[25] A. J. Berteaud, R Clément, C Merlet et C. Leclercq, Procédés et dispositifs de traitement par microondes de produits en feuilles, Brevet fr, 82 04398, 1982.

[26] K. Bellon, Elaboration de sols et de poudres nanométriques par hydrolyse forcée microondes. Application aux oxydes de fer (III) et de zirconium (IV), thèse de doctorat, Université de Bourgogne : Dijon, 2000.

[27] A. Germain, A. J. Berteaud et G. Galtier, Applicateur microondes pour l'échauffement rapide et homogène de produits polaires, Brevet fr, 86 01104, 1986.

Chapitre II : La précipitation d'oxydes métalliques à partir de solutions aqueuses

1) Les espèces en solution

Afin de comprendre les mécanismes de la précipitation, il est important de connaître sous quelle forme se présentent les entités dissoutes dans une solution aqueuse.

Un solide de type ionique se dissous dans l'eau et libère des cations et des anions en solution. Dans le cas des sels de métaux alcalins (MX), quel que soit le pH du milieu, la dissolution se limite à la simple dispersion des ions solvatés sous la forme :

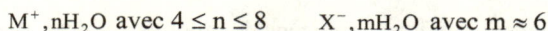

$$M^+, nH_2O \text{ avec } 4 \leq n \leq 8 \qquad X^-, mH_2O \text{ avec } m \approx 6$$

En revanche, les métaux de transition conduisent à des cations de plus forte charge qui retiennent fermement un certain nombre de molécules d'eau pour former les aquo-complexes.

Dans ce cas, les molécules d'eau sont de véritables ligands car, aux interactions dipolaires eau-cation, vient s'ajouter un effet donneur de l'oxygène vers les orbitales vides du métal. Ces cations dans leur sphère de coordination peuvent être représentés selon :

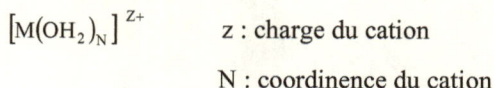

$$\left[M(OH_2)_N\right]^{Z+} \qquad z : \text{charge du cation}$$
$$N : \text{coordinence du cation}$$

Cependant, malgré la sphère de coordination, le contre-ion reste souvent proche du cation, ce qui pourra affecter la future précipitation. Un exemple bien connu est relatif à la formation d'hématite à partir de solutions de nitrates ou de chlorures ferriques. Avec le nitrate, un passage par la goethite est observé alors qu'un passage par l'akaganéïte est mis en évidence avec le chlorure pour les mêmes conditions de synthèse [1].

2) Les réactions de condensation

Le processus de précipitation peut se diviser en quatre étapes que nous allons présenter dans cette partie. On peut, dès à présent, noter que c'est le contrôle de la cinétique de ces quatre étapes qui permettra de maîtriser la taille, la morphologie et la distribution des poudres obtenues.

2.1) Obtention d'un précurseur de charge nulle par condensation

La condensation des cations en solution aqueuse est très complexe car elle recouvre des phénomènes correspondant à de véritables réactions de polymérisation (polycondensation inorganique) qui varient beaucoup avec la nature des cations. Cependant, il est indispensable de comprendre les différentes étapes de ces processus présentées ici au sens de Jolivet [2] pour pouvoir maîtriser les caractéristiques du produit élaboré.

2.1.1) Initiation

Pour initier le processus, il est indispensable qu'une réaction d'hydrolyse ait lieu. Il s'agit d'une substitution nucléophile d'un ligand aquo par un ligand hydroxo. Cette réaction est en fait une réaction acido-basique :

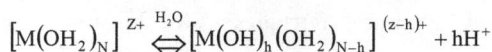

$$\left[M(OH_2)_N\right]^{Z+} \overset{H_2O}{\Longleftrightarrow} \left[M(OH)_h(OH_2)_{N-h}\right]^{(z-h)+} + hH^+$$

Elle conduit globalement au remplacement d'une molécule d'eau par un ion hydroxyde ou ligand hydroxo dans la sphère de coordination du cation. Elle peut être favorisée par plusieurs paramètres comme nous le verrons par la suite.

2.2.2) Propagation

Dès lors que des espèces hydroxylées apparaissent en solution, l'étape de propagation du phénomène de condensation a lieu. Deux types d'évolutions interviennent selon les cations et le milieu réactionnel :

♣ la propagation par olation (formation de ponts hydroxo):

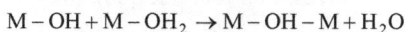

$$M - OH + M - OH_2 \rightarrow M - OH - M + H_2O$$

♣ la propagation par oxolation (formation de ponts oxo):

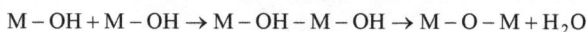

$$M - OH + M - OH \rightarrow M - OH - M - OH \rightarrow M - O - M + H_2O$$

Il en résulte la formation d'aquohydroxo-complexes :

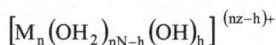

$$\left[M_n(OH_2)_{nN-h}(OH)_h\right]^{(nz-h)+}$$

et d'oxohydroxo-complexes :

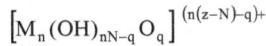

$$\left[M_n (OH)_{nN-q} O_q \right]^{(n(z-N)-q)+}$$

Des complexes possédant plusieurs centres métalliques sont donc déjà présents en solution. Ces complexes sont à l'origine de la précipitation. La maîtrise de la précipitation d'un solide à partir d'une solution impose le contrôle de l'évolutions de ces complexes en solution.

Jolivet [2], à partir du modèle des charges partielles, a mis en évidence sur un diagramme charge-électronégativité (**figure A.II.1**), cinq zones où la forme non chargée $MO_N H_{2N-Z}$ d'un cation M^{Z+} se comporte de façon différente lors de l'étape de propagation du processus de condensation. Ce diagramme permet de dégager des lignes générales du comportement des éléments chimiques vis à vis des processus de condensation et de précipitation en solution aqueuse. Dans les zones I et V, l'élément reste monomère sous forme de cation en solution. Dans la zone II, l'élément se condense seulement par olation tandis que dans la zone IV, l'élément se condense uniquement par oxolation. Les éléments situés dans la zone III peuvent se condenser par les deux processus simultanément.

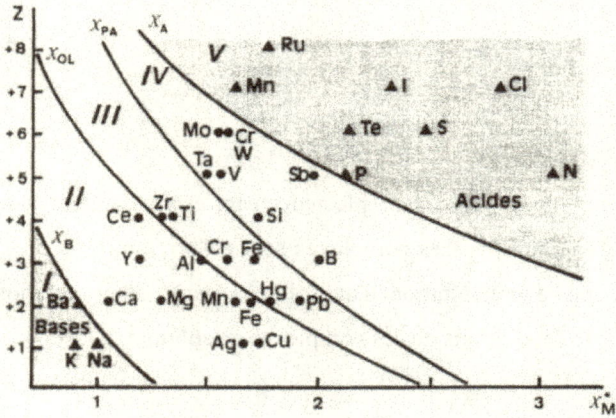

Figure A.II.1 : Diagramme charge-électronégativité indiquant les cinq classes de comportement de la forme non chargée MO_NH_{2N-Z} d'un cation M^{Z+} [2] : zone I : aucune condensation, zone II : condensation par olation, zone III : condensation par olation et oxolation, zone IV : condensation par oxolation, zone V : aucune condensation

2.1.3) Terminaison

Le processus de condensation s'achève par l'étape de terminaison. Dans le cas où des complexes hydroxylés chargés sont formés, la condensation conduit à des espèces discrètes en solution (polycations ou polyanions) et la précipitation n'est pas possible.

En revanche, la condensation de complexes hydroxylés neutres se poursuit jusqu'à la précipitation d'un solide. Donc, pour avoir précipitation, il est nécessaire de générer un précurseur de charge nulle comme par exemple :

$$\left[M_n \left(OH \right)_{nz} \left(OH_2 \right)_{n(N-z)} \right]^0$$

Ce précurseur est apte à se condenser pour former un embryon soluble qui conduira finalement à un germe solide. Sa vitesse de formation varie en fonction des différentes contraintes appliquées au milieu pour le former.

2.2) Nucléation des germes par condensation des précurseurs

Au sein de la solution, les précurseurs de charge nulle formés lors de l'étape décrite précédemment se condensent à leur tour par olation et/ou oxolation pour former les germes insolubles. La vitesse d'apparition des germes dépend de la concentration du précurseur en solution.

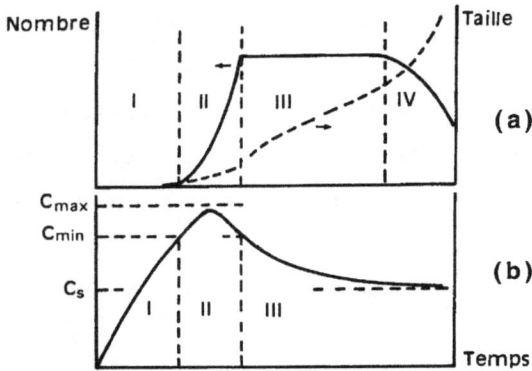

Figure A.II.2 : Evolution schématique du nombre et de la taille des particules formées en solution (a) et de la concentration du précurseur solide au cours de la précipitation (b) C_S : Solubilité du solide formé [3]

2.3) Croissance des germes

Lorsque les germes sont formés, ils croissent par apport de matière provenant aussi de précurseurs de charge nulle jusqu'au stade de particules primaires de type colloïdales, c'est à dire des fragments de solide dont les dimensions sont comprises entre quelques angströms et quelques microns. Ce processus de croissance s'effectue également par olation et oxolation mais il est plus progressif que le processus de nucléation. La **figure A.II.2a** présente l'évolution de la taille et du nombre de particules en solution au cours des quatre étapes de la précipitation et la **figure A.II.2b** présente l'évolution de la concentration en précurseur solide de charge nulle. Lorsque la concentration en précurseur dépasse la valeur critique C_{min}, un nombre très important de germes apparaît dans toute la solution (étape II). Il y a donc augmentation brutale de la vitesse de condensation au delà d'un seuil critique de concentration en précurseur. Cette figure met en évidence la démarche à suivre pour découpler nucléation et croissance, c'est à dire éliminer les processus de germination secondaire. En effet, la concentration en précurseur doit tout d'abord augmenter rapidement pour favoriser une germination massive (étape II). Après cette nucléation, la concentration en précurseur doit être maintenue à une concentration inférieure à la valeur critique pour que ces précurseurs participent à la croissance des germes en cohérence cristalline et ne forment pas de nouveaux germes (étape III).

2.4) Le vieillissement

Lorsque la germination et la croissance sont terminées, les particules primaires formées peuvent évoluer dans la suspension vers un état plus stable. Cette étape est déterminante pour les caractéristiques des particules finales puisque l'évolution peut se traduire par une augmentation de la taille des particules, un changement de type cristallin ou un changement de morphologie. C'est lors de cette étape que des phénomènes de dissolution recristallisation sont rencontrés, notamment lorsque les grains ne sont pas tous de la même taille.

3) Amorçage de la réaction d'hydrolyse

Comme vu précédemment, il est indispensable qu'une réaction d'hydrolyse ait lieu pour initier le processus de condensation correspondant à la première étape de la précipitation du solide. Cette réaction d'hydrolyse peut être favorisée de différentes manières. C'est ce que nous allons détailler dans cette partie.

3.1) Par augmentation du pH à température ambiante

La concentration en ions hydroxydes modifie considérablement la sphère de coordination d'un cation de transition obtenue par dissolution dans l'eau. Le cation acidifie les molécules d'eau de son aquo-complexe. Celles-ci vont alors se déprotoner lors d'une augmentation de pH. Il se forme ainsi des aquohydroxo- ou des oxohydroxo-complexes par réaction d'hydrolyse ou de substitution nucléophile selon les équilibres suivants :

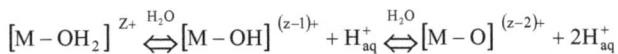

$$[M-OH_2]^{z+} \overset{H_2O}{\Longleftrightarrow} [M-OH]^{(z-1)+} + H_{aq}^+ \overset{H_2O}{\Longleftrightarrow} [M-O]^{(z-2)+} + 2H_{aq}^+$$

Ces déprotonations sont régies par les équilibres d'hydrolyse et influencent directement la réactivité des cations métalliques. L'acidité d'une molécule d'eau d'un aquo-complexe dépend non seulement de la charge (z), de la taille et de l'électronégativité du cation, mais aussi du pH du milieu. La

63

figure A.II.3 présente le diagramme charge-pH obtenu à partir du modèle des charges partielles par Jolivet [2]. Ce diagramme donne la nature des complexes obtenus en solution aqueuse en fonction de la charge du cation et du pH du milieu. On peut noter que les cations de charge 3 et 4 se présentent plutôt sous forme aquo-hydroxo et que les cations de forte charge ($z \geq 5$) donnent plutôt des oxohydroxo-complexes. Pour ces cations, la réaction d'hydrolyse est donc déjà amorcée au niveau de la solution. En revanche, les cations de faible charge ($z \leq 2$) se présentent sous forme aquo dans un grand domaine de pH. Dans ce cas, il faudra donc amorcer la réaction d'hydrolyse en augmentant le pH. Notons qu'une forte concentration en ions hydroxydes peut être néfaste pour la qualité du solide obtenu (pollution à cœur, mauvaise cristallisation, phases parasites...).

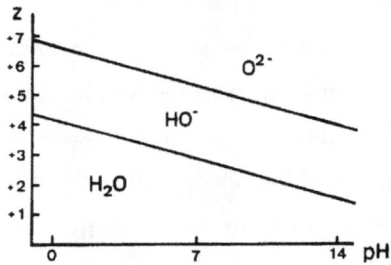

Figure A.II.3 : Nature du ligand obtenu en solution aqueuse en fonction de la charge du cation et du pH du milieu [2]

64

3.2) Par augmentation de la température

Base et al. [4] ont calculé les grandeurs thermodynamiques (enthalpie, entropie et enthalpie libre) de la réaction d'hydrolyse d'un aquocomplexe :

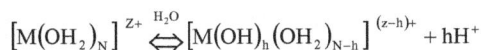

$$\left[M(OH_2)_N\right]^{Z+} \overset{H_2O}{\Longleftrightarrow} \left[M(OH)_h(OH_2)_{N-h}\right]^{(z-h)+} + hH^+$$

en fonction de la température T et de la charge du cation z :

$$\Delta_r H^0 = (75,2 - 9,6z) \text{ kJ.mol}^{-1}$$

$$\Delta_r S^0 = (-148,4 + 73,1z) \text{ J.mol}^{-1}$$

$$\Delta_r G^0 = (75,2+148,4*10^{-3}T-9,6z-73,1*10^{-3}T*z) \text{ kJ.mol}^{-1}$$

A 298 K, c'est à dire à température ambiante, on obtient :

$$\Delta_r G^0 = (119,5-31,35z) \text{ kJ.mol}^{-1}$$

A partir de ces résultats, Rigneau et Bellon [1,5] ont proposé un diagramme à trois dimensions en ajoutant le facteur température au diagramme proposé par Jolivet présenté précédemment **figure A.II.3**. La **figure A.II.4** propose le diagramme obtenu mettant en évidence les rôles équivalents du pH et de la température sur la réaction d'hydrolyse. Cette figure montre que, pour les éléments de charge supérieure ou égale à quatre, la réaction d'hydrolyse est spontanée à température ambiante alors qu'il faut

65

augmenter la température pour que les ions de charge inférieure à quatre puissent s'hydrolyser.

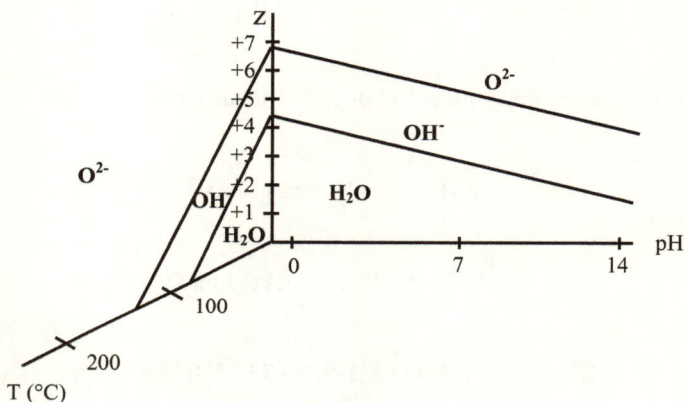

Figure A.II.4 : Nature du ligand obtenu en solution aqueuse en fonction de la charge du cation en fonction du pH du milieu et de la température

3.3) Conclusion

La réaction d'hydrolyse est une réaction acido-basique. Cette réaction peut être amorcée soit par modification du pH, soit par modification de la température. Ce sont ces deux amorçages qui sont respectivement utilisés pour la synthèse dite par chimie douce et par thermohydrolyse. Dans le premier cas, la réaction se fait par ajout d'ions hydroxydes alors que dans le deuxième cas, elle peut avoir lieu en milieu acide ou neutre. On peut noter que la réaction d'hydrolyse peut aussi être couplée à une réaction d'oxydoréduction. En effet, si un cation s'oxyde ou se réduit, il peut changer de domaine sur le diagramme des précurseurs (**figure A.II.1**).

4) Conditions pour l'obtention de particules homogènes

Pour obtenir des particules de taille uniforme, il est nécessaire que les étapes de nucléation et de croissance soient découplées afin qu'un seul ensemencement se produise dans la solution comme vu précédemment (**figure A.II.2**). Pour cela, il faut que la vitesse de germination soit plus importante que celle de génération des précurseurs. Ainsi, lors de la germination, tous les précurseurs seront consommés et la valeur seuil de germination ne sera plus atteinte (**figure A.II.2b**). Dans ce cas, les précurseurs formés après la nucléation se condensent préférentiellement en croissance cristalline cohérente sur les germes déjà existants. Dans le cas contraire, c'est à dire dans le cas où la vitesse de formation des précurseurs est plus importante que la vitesse de germination, de nombreux précurseurs apparaissent encore après la première nucléation, ce qui conduit à des nucléations secondaires. Il en résulte une germination et une croissance simultanées de germes nouveaux et de grains plus anciens et les poudres présentent une répartition granulométrique polydisperse.

5) Conclusion

En conclusion, la réaction d'hydrolyse des espèces en solution peut être amorcée soit par augmentation du pH, soit par échauffement. Pour augmenter le pH, il est nécessaire d'ajouter une base, ce qui induit des gradients de concentration résultant du mélangeage des réactifs. On retrouve également des problèmes résultant de gradients de concentration en

67

échauffement du mélange réactionnel. Ces gradients de concentration résultent des gradients thermiques incontournables en chauffage conventionnel. En effet, il y a obligatoirement diffusion de la chaleur dans le milieu réactionnel. Le chauffage microondes, par son caractère volumique semble un outil très adapté pour amorcer l'hydrolyse des espèces au sein du mélange réactionnel en s'affranchissant de ces gradients.

Bibliographie

[1] K. Bellon, Elaboration de sols et de poudres nanométriques par hydrolyse forcée microondes. Application aux oxydes de fer (III) et de zirconium (IV), thèse de doctorat, Université de Bourgogne : Dijon, 2000.

[2] J. P. Jolivet, De la solution à l'oxyde : Condensation des cations en solution aqueuse, chimie de surface des oxydes, InterEditions / CNRS Editions, 1994.

[3] V. K. La Mer, R. H. Dinegar, Theory, production, and mechanism of formation of monodispersed hydrosols, J. Am. Cer. Soc, 72, p4847, 1950.

[4] C. F. Base et R. E. Mesmer, The hydrolysis of cations, éditions John Wiley and Sons, New York, 1976.

[5] P Rigneau, R.A.M.O et procédé flash : application à l'élaboration de poudres nanométriques. Contrôle et maîtrise des distributions en morphologie et en taille, thèse de doctorat, Université de Bourgogne : Dijon, 1999.

Chapitre III : La chimie douce relative à la préparation d'oxydes métalliques

Les méthodes de préparation de différents types de composés par chimie douce à relativement basse température sont apparues dans les années 60 et n'ont cessé de se développer depuis. Les composés, sous forme de poudres ou de gels, fabriqués par ce type de méthode présentent généralement une grande pureté, une grande homogénéité de composition ainsi que des morphologies et des microstructures bien définies. De plus, des grains de taille nanométrique peuvent être obtenus et ces méthodes présentent un caractère de reproductibilité qui fait souvent défaut aux synthèses par voie solide. En revanche, la transposition au niveau industriel est assez peu développée car il est souvent difficile de changer l'échelle du réacteur.

A l'origine, le terme chimie douce a été attribué aux synthèses mettant en jeu des processus d'intercalation et de désintercalation [1] très étudiés par un des pères de la chimie douce : Jean Rouxel [2-4]. Par la suite, toutes les techniques de synthèse à basse température ont revendiqué ce nom si bien que le nombre de publications relatifs à la méthode est si important qu'il est très difficile de faire une liste exhaustive de tous les procédés mis en œuvre. Les autres méthodes de synthèse les plus répandues sont la méthode de précipitation [5], la méthode hydrothermale [6], la méthode sol-gel [7], la méthode des sels fondus [8], les procédés électrochimiques [9], l'oxydoréduction [10], l'échange ionique [11]… Ces méthodes sont connues depuis longtemps et les travaux cités sont bien sûr les plus récents et non les initiateurs.

La méthode de précipitation appelée aussi méthode des précurseurs a été très largement développée dans le cas de la préparation d'oxydes mixtes et particulièrement de ferrites [12]. Cette méthode peut être mise en œuvre de différentes façons. On distingue tout d'abord la précipitation en milieu basique et la précipitation en milieu acide. Par ailleurs, dans tous les cas, la synthèse peut être effectuée à pression atmosphérique ou sous pression. Lorsqu'un traitement est effectué sous température et sous pression, on parle de synthèse hydrothermale. C'est donc à cette méthode sous ces différentes formes que nous allons nous intéresser dans cette partie

1) Les précipitations par augmentation du pH
1.1) La méthode des précurseurs

Hormis quelques protocoles de synthèse utilisant le milieu des émulsions associé à l'hydrolyse d'alkoxydes [13-14], les travaux mettent souvent en jeu un protocole en deux étapes. La première étape conduit généralement à la formation d'un précurseur par précipitation. La seconde étape fait souvent intervenir un traitement thermique sous pression d'oxygène contrôlée afin d'amener celui-ci à l'état final voulu, en particulier au niveau de la stœchiométrie et de la taille des grains. Nous allons maintenant détailler ces deux étapes.

1.1.1) 1ère étape : La précipitation en milieu alcalin

Le solvant de choix pour ces synthèses est l'eau. L'étape la plus simple consiste à synthétiser, à température inférieure à la température d'ébullition du solvant (100°C), un précurseur. Ce précurseur est une combinaison chimique d'éléments métalliques présents dans les mêmes proportions atomiques que dans le composé final escompté. La méthode la plus employée pour le former consiste à ajouter une solution de base dans une solution contenant les cations dissous. Les précurseurs de ces cations sont généralement des sels inorganiques, mais des hydroxydes et des sels organiques peuvent aussi être utilisés. La mise en œuvre de ce type de mélange nécessite de contrôler de nombreux paramètres tels que la vitesse d'agitation, la vitesse d'addition, les concentrations, le pH, la température, le contre ion… Ce sont ces paramètres qu'il faut maîtriser pour contrôler les cinétiques des étapes du processus de précipitation.

Sur le plan industriel, la transposition de ce type de protocole pose des problèmes hydrodynamiques. Villermaux et al. [15] ont montré que ces problèmes étaient déjà présents au niveau du laboratoire lors de la précipitation de sulfate de baryum à partir de solutions de chlorure de baryum et de sulfate de sodium. Cette précipitation est instantanée dès que les réactifs sont mélangés. Après l'étape de mélange, il suffit d'observer le processus de décantation car la vitesse de décantation est liée à la taille des particules et la netteté du front de décantation correspond à la dispersion granulométrique : plus les particules sont monodisperses, plus le front est net. Les auteurs ont testé trois protocoles de mélange. Le premier en injectant l'une des solutions dans l'autre à l'aide d'une seringue (précipitation à simple jet). Les deux autres modes d'ajout consistent à prélever chacune des solutions avec des seringues puis de les mettre en contact par des injections rapides simultanées (précipitation à double jet). Cet ajout s'effectue avec les deux aiguilles en contact (deuxième mode d'ajout) ou avec les deux aiguilles placées en des points diamétralement opposés dans le bécher (troisième mode d'ajout). Seul le deuxième type d'ajout conduit à un front de décantation net qui progresse lentement car c'est le seul cas où les phénomènes de germination et de croissance sont découplés grâce à un nombre de germes initiaux important. Ces résultats ont été confirmés par granulométrie à diffraction laser. La distribution en taille est homogène pour le deuxième mode d'ajout (précipitation à double jet avec aiguilles en contact) tandis que pour les deux autres modes d'ajout, la distribution est très étalée avec deux maxima pour le troisième mode d'ajout.

Généralement, les auteurs, grâce à des plans d'expériences [16], arrivent à obtenir le meilleur compromis pour favoriser une germination importante puis une croissance régulière afin d'obtenir des poudres présentant des tailles de grains nanométriques les plus homogènes possibles. Ces recherches restent souvent longues et fastidieuses pour déterminer les meilleures conditions à utiliser.

Le solide pulvérulent obtenu est ensuite isolé du milieu réactionnel par filtrage ou par centrifugation puis lavé afin d'éliminer les résidus du milieu réactionnel provenant des précurseurs (contre ions) et de l'excès de base employé généralement. Cette étape est aussi importante à maîtriser puisqu'elle ajoute encore de nombreux paramètres. De plus, le précipité peut évoluer sous l'effet de ces lavages. Il convient donc de se méfier de l'effet de l'extraction sur les poudres finales.

L'étape de séchage est aussi importante car les températures utilisées ne doivent pas faire évoluer la taille et la morphologie des grains. Il est souvent difficile d'obtenir le précipité sous forme non agglomérée qui est un avantage certain lors du traitement thermique appliqué ensuite : risque de coalescence des grains agglomérés. Généralement, les gâteaux humides sont séchés au dessiccateur ou par évaporation du solvant à basse température à l'étuve. Ces méthodes conduisent à des poudres très agglomérées comme le montrent Cousin et al. [17] dans le **tableau A.III.1** où ils comparent différentes voies de préparation d'oxydes métalliques. La lyophilisation permet d'améliorer sensiblement l'état de dispersion des poudres sèches comme nous le verrons plus tard dans le manuscrit.

	Mixed powders	Coprecipitation	Sol-gel	Hydrothermal	Spray and freeze drying
State of development	Commercial	Commercial	Commercial; research and development	Demonstration	Demonstration
Size of particle (nm)	> 1000	> 10	> 10	> 100	> 10
Homogeneity	Poor	Good	Very good	Very good	Very good
Purity	Poor	Very good	Excellent	Very good	Excellent
Temperature of calcination (°C)	> 1000	500–1000	500–1000	80–374	> 150
Agglomeration	Moderate	High	Moderate	Low	Low
Costs	Low to moderate	Moderate	Moderate to high	Moderate	Moderate to high

Tableau A.III.1 : Comparaison des différents modes de synthèse d'oxydes métalliques [17]

1.1.2) 2ème étape : Le traitement thermique

La première étape a permis d'obtenir un précurseur formé d'une combinaison chimique d'éléments métalliques présents dans les mêmes proportions atomiques que dans le composé final escompté. La deuxième étape qu'il faut parfaitement contrôler pour obtenir des poudres de taille nanométriques propres est le traitement thermique à appliquer au précurseur afin d'obtenir l'état final voulu. Les paramètres à contrôler sont :

♣ la vitesse de montée en température : elle doit être assez lente pour éviter le début de frittage des grains en contacts étroits dans les agglomérats existants [18],

♣ la température de traitement : elle doit être suffisamment élevée pour éliminer toutes les impuretés volatiles restantes et amener le précipité à réagir avec le gaz environnent mais pas trop élevée pour qu'il ne se produise pas de changement de phase [19], ni de croissance des grains qui ont commencé à fritter,

♣ le temps de palier à la température de traitement : il permet d'homogénéiser la taille des grains pour conduire à une distribution granulométrique la plus étroite possible,

♣ l'environnement gazeux de la poudre : dans le cas des oxydes, la maîtrise de ce paramètre permet d'obtenir la stœchiométrie en oxygène voulue. Les conditions (T, pO_2) nécessaires à l'obtention d'une phase stœchiométrique en oxygène sont déterminées par des traitements oxydants ou réducteurs suivis par une caractérisation par diffraction des rayons X jusqu'à obtention du paramètre cristallin attendu, ce paramètre étant en effet directement lié à l'état d'oxydation du matériau. Depuis quelques années, l'équipe "Matériaux à Grains Fins" a mis en place un dispositif de régulation de la pression d'oxygène permettant d'effectuer des traitements in situ au sein d'un four de préparation mais aussi au sein d'une thermobalance symétrique TAG24 [20]. Ce dispositif, est présenté en annexe 4.

En conclusion, la synthèse d'oxydes mixtes par la méthode des précurseurs a déjà été beaucoup étudiée et l'influence de nombreux paramètres a été mise en évidence. Les poudres de tailles nanométriques issues de ces synthèses s'avèrent être de très bons candidats pour des études fondamentales comme l'évolution de la microstructure en fonction de l'adsorption [21-22], l'étude des phénomènes de surface [23] et de détermination de la distribution cationique dans des spinelles à valence mixte et à fort taux de lacunes cationiques [18].

1.2) La voie hydrothermale

La synthèse hydrothermale est généralement utilisée en remplaçant le réacteur traditionnel de la méthode de précipitation par un autoclave. Les solutions traitées sous pression sont du même type que les mélanges traités précédemment [24-31]. Dans ce cas, le mode de mélangeage de la solution contenant les précurseurs et de la solution de base reste le paramètre à contrôler. Quelques auteurs contournent le problème grâce à l'utilisation de réactifs conduisant au précurseur in situ en solution. Il s'agit, par exemple, de la décomposition thermique in situ à partir de l'urée ou de complexes métalliques comme les alkoxydes [32]. Pour la synthèse de poudres de phase spinelle, on constate que c'est plutôt la première voie qui est employée [25-31].

Le précurseur obtenu en solution ci-dessus est placé dans un autoclave pour subir le traitement. Quelques auteurs mesurent la température in situ avec des thermocouples [24-25]. Cependant, dans la plupart des cas, le seul paramètre suivi au cours du traitement est la température du four, c'est à dire que la température et la pression à l'intérieur de l'autoclave ne sont pas mesurées in situ [26-31]. L'intérêt majeur de ces synthèses est d'obtenir directement, dans certains cas, le produit cristallisé sans effectuer de traitement thermique ultérieur, c'est à dire de transformer les deux étapes du procédé de coprécipitation en une seule. Cependant, comme la méthode de précipitation, cette voie va se heurter à des problèmes hydrodynamiques lors d'une transposition au niveau industriel.

Après traitement, le solide obtenu doit être isolé du milieu réactionnel, lavé et séché avec les mêmes soucis que ceux évoqués dans la méthode des précurseurs. Les temps de synthèse sont du même ordre de grandeur que les temps de traitement thermique de la méthode des précurseurs (de quelques heures à quelques dizaines d'heures). La méthode n'est donc pas plus rapide que la précédente.

La phase pure recherchée est souvent obtenue lors de ces synthèses et mise en évidence par reconnaissance de phase par diffraction des rayons X. Le paramètre le plus important est le pH de la solution car de nombreux auteurs mettent en évidence de petits domaines de pH dans lesquels la phase recherchée seule est obtenue [29-31]. Cependant, contrairement aux poudres obtenues par la méthode de précipitation, la recherche est beaucoup moins avancée et très peu d'études sont effectuées sur la caractérisation de ces poudres notamment au niveau des impuretés et de la stœchiométrie en oxygène.

2) La précipitation provoquée par élévation de température

Les voies de synthèse présentées dans cette partie permettent d'obtenir des oxydes grâce au second mode de précipitation, c'est à dire par augmentation de la température sans ajout d'autres réactifs. Ces méthodes ne nécessitant plus de mélanger des réactifs, il est théoriquement plus facile de contrôler la cinétique des différentes étapes de la précipitation que dans les méthodes précédentes [33]. Lorsque le paramètre température est utilisé seul, le mode de synthèse est appelé thermohydrolyse alors que l'on parle plutôt d'hydrolyse forcée si une augmentation de pression préalable est associée à l'augmentation de température. Nous emploierons ce vocabulaire dans le cadre de ce travail. Cependant, dans les publications, toutes ces méthodes peuvent être rencontrées sous ces noms ou encore décrites comme étant tout simplement des synthèses hydrothermales.

2.1) La thermohydrolyse

Les précurseurs sont les mêmes que pour les techniques précédentes, c'est à dire des solutions aqueuses contenant les cations dissous [34]. Ces solutions sont chauffées à des températures inférieures ou égales à 100°C pendant des temps souvent très longs (De 1 à 20 jours). Le chauffage permet une hydrolyse homogène dans des conditions proches de l'équilibre thermodynamique. Ainsi, les vitesses de formation des précurseurs sont très faibles et permettent de bien découpler les étapes de nucléation et de croissance, ce qui conduit à des poudres très homogènes [34-35]. De plus, des formes de cristallites originales sont obtenues (**Figure A.III.1**).

L'autre avantage de la méthode est de pouvoir arrêter la synthèse à tout moment, en particulier pour obtenir des sols ou des colloïdes stables qui sont de plus en plus utilisés pour réaliser des dépôts de films minces [36]. Matijevic a beaucoup étudié les colloïdes issus de la thermohydrolyse et leurs applications en catalyse, en pigmentation [37] et comme modèle pour étudier les phénomènes de corrosion des métaux [38]. La méthode permet aussi de recouvrir les particules d'un colloïde par une autre phase formée également par thermohydrolyse [39]. Les sols obtenus sont très uniformes et une légère fluctuation d'un paramètre (contre-ion, pH, température, concentration…) influe beaucoup sur les formes obtenues [40] car les précurseurs de charge nulle sont très différents en fonction des conditions opératoires. La **figure A.III.1** présente un exemple significatif sur la Böehmite (α-AlOOH) préparée par thermohydrolyse de solutions de nitrate d'aluminium. La même synthèse en utilisant un sulfate d'aluminium donne des particules sphériques [32].

2.2) L'hydrolyse forcée

L'hydrolyse forcée est une combinaison de la synthèse hydrothermale et de la thermohydrolyse. Il s'agit, ici, de chauffer des solutions aqueuses sous pression. Ainsi, des températures plus importantes sont atteintes, ce qui permet de réduire considérablement les temps de synthèse utilisés en thermohydrolyse. Matijevic est aussi celui qui a utilisé le plus la méthode pour obtenir des poudres et des sols de toutes sortes

[32,33,40,41] dont il a étudié les mêmes propriétés que celles qu'il avait étudié sur les échantillons obtenus par thermohydrolyse [38-39]. Ici aussi, la pression et la température ne sont pas mesurées in situ. Quelques auteurs reprennent ces protocoles pour former des couches minces sur des substrats tels que de la silice, de l'oxyde de titane ou du quartz grâce aux sols formés pour des temps de synthèse courts [42].

Figure A.III.1 : Cristaux de α-AlOOH (Böehmite) obtenus par thermohydrolyse de solutions de nitrate d'ammonium [31]

L'hydrolyse forcée et la thermohydrolyse sont très adaptées aux synthèses d'oxydes simples mais semblent difficile à mettre en œuvre dans le cas d'oxydes mixtes. En effet, dès que deux cations sont présents en solution, la différence de comportement vis à vis du pH et de la température va conduire à la précipitation d'un seul. Dans ce cas, l'autre cation devra diffuser dans le solide formé pour former le composé voulu. Il y aura ainsi retour de phénomènes de diffusion et la bonne homogénéité obtenue par ces méthodes risque d'en être affectée. C'est pourquoi, à notre connaissance, aucun auteur n'a tenté de faire ce genre de composé et que les oxydes mixtes sont généralement synthétisés par la méthode de précipitation ou la méthode hydrothermale.

3) Conclusion

L'avantage de la thermohydrolyse et de l'hydrolyse forcée est de se dérouler en une seule étape. Il est donc beaucoup plus facile de contrôler les processus de germination et de croissance que lors de la mise en œuvre de la méthode de précipitation. Il en résulte des distributions granulométriques plus étroites Par ailleurs, des sols peuvent également être obtenus. L'inconvénient majeur de l'hydrolyse forcée provient des gradients thermiques résultants de la diffusion de la chaleur. Ces effets restent toutefois mineurs en raison des temps de réactions proches de la dizaine d'heure et le problème est contourné en appliquant des vitesses de montée en température très lentes.

Dans le cas d'une réaction de courte durée, l'association du chauffage microondes avec ces méthodes de synthèse devrait permettre de s'affranchir des problèmes de gradients de température. On peut espérer provoquer la nucléation, en une étape et de manière volumique, afin d'éviter un réensemencement permanent du milieu réactionnel. Un autre avantage est la réduction des temps de traitement envisageable dans le cadre de l'utilisation de réacteurs autoclave.

Bibliographie

[1] Y. Fukugami et T. Sato, Synthesis and photochemical properties of $Cd_{0.8}Zn_{0.2}S$ pillared $H_{1-x}Ca_{2-x}La_xNb_3O_{10}$, J. All. Comp., 312, p111, 2000.

[2] L'actualité chimique, Société Française de Chimie, Hommage à Jean Rouxel, 1, 2000.

[3] J. Rouxel et M. Tournoux, Chimie douce with solid precursors, past and present, Sol. Sta. Ion., 84, p141, 1996.

[4] P. Moreau, G. Ouvrard, P. Gressier, P. Ganal et J. Rouxel, Electronic structures and charge transfer in lithium and mercury intercalated titanium disulfides, J. Phys. Chem. Sol., 6-8, p1117, 1996.

[5] Q. Chen, A. J. Rondinone, B. C. Chakoumakos et Z. J. Zhang, Synthesis of superparamagnetic $MgFe_2O_4$ by coprecipitation, J. Magn. Magn. Mat., 194, p1, 1999.

[6] M. H. Um et H. Kumazawa, Hydrothermal synthesis of ferroelectric barium and strontium titanate extremely fine particles, J. Mat. Sci., 35, p1295, 2000.

[7] C. J. Brinker et G. W. Scherer, Sol-gel science. The physics and chemistry of sol-gel processing, Boston Academic Press, 1990.

[8] S. F. Liu et W. T. Fu, Synthesis of superconductiong $Ba_{1-x}K_xBiO_3$ by a modified molten salt process, Mat. Res. Bull., 36, p1505, 2001.

[9] G. H. A. Therese et P. V. Kamath, Electrochemical synthesis of $Ln_2Cr_3O_{12}\,7H_2O$ (Ln = La, Pr, Nd), Mat. Res. Bull., 33, 1, p1, 1998.

[10] W. Chen, W. P. Cai, C. H. Liang et L. D. Zhang, Synthesis of gold nanoparticles dispersed within pores of mesoporous silica induced by ultrasonic irradiation and its characterization, Mat. Res. Bull., 36, p335, 2001.

[11] Y. Sakurai, H. Arai et J. Yamaki, Preparation of electrochemically active α-$LiFeO_2$ at low temperature, Sol. Stat. Ion., 29, 34, p113, 1998.

[12] A. Rousset, Specific electrical, magnetic, and magneto-optical properties of materials manufactured by "chimie douce", Sol. Stat. Ion., 84, p293, 1996.

[13] F. Perrot-Sipple, Maîtrise de la taille de nanograins d'oxydes de structure pérovskite pour applications électrocéramiques : synthèse par chimie douce, broyage par attrition, thèse de doctorat, Université de Bourgogne : Dijon, 1999.

[14] F. Perrot-Sipple, D. Aymes, J. C. Niepce et P. Perriat, Synthèse de poudres nanométriques de titanate de strontium par émulsion stabilisée mécaniquement : maîtrise et prédiction de la taille des particules, C. R. Acad. Sci., série IIc, 2, 7-8, p379, 1999.

[15] J. Villermaux et E. Plasari, Variations sur un précipité, La recherche, 26, p82, 1995.

[16] M. G. Vigier, Pratique des plans d'expérience, Méthode Taguchi, Les éditions d'organisation, 1995.

[17] P. Cousin et R. A. Ross, Preparation of mixed oxides : a Review, Mat. Sci. and Eng., A130, p119, 1990.

[18] V. Nivoix, Spinelles nanométriques à valence mixte et à fort taux de lacunes cationiques : Transferts électroniques dans un ferrite de molybdène $Fe_{2,47}Mo_{0,53}O_4$. De la synthèse aux propriétés magnétiques dans le système fer-vanadium $Fe_{3-X}V_XO_4$ ($0 \leq X \leq 2$), Thèse de doctorat, Université de Bourgogne : Dijon, 1997.

[19] T. Belin, Rôle de la nature de l'interface externe dans des nanograins de maghémite γ-Fe_2O_3, DEA de chimie physique, Université de Bourgogne : Dijon, 1999.

[20] D. Aymes, N. Millot, V. Nivoix, P. Perriat and B. Gillot, Experimental set up for determining the temperature-oxygen partial pressure conditions during synthesis of spinel oxide nanoparticles, Solid State Ionics, 101-103, p261, 1997.

[21] P. Sarrazin, Evolutions structurale et microstructurale d'une poudre lors de l'élaboration de pièces céramiques crues: cas de $BaTiO_3$, thèse de doctorat, Université de Valenciennes, 1995.

[22] T. Belin, Thèse de doctorat, Université de Bourgogne : Dijon, en cours.

[23] N. Guigue-Millot, Synthèse et propriétés de ferrites nanométriques : influence de la taille des grains et de la nature de la surface sur les propriétés structurales et magnétiques de ferrites de titane synthétisés par chimie douce et mécanosynthèse, thèse de doctorat, Université de Bourgogne : Dijon, 1998.

[24] L. Diamandescu, D. Mihaila-Tarabasanu, N. Popescu-Pogrion, A. Totovina et I. Bibicu, Hydrothermal synthesis and characterization of some polycristalline α-iron oxides, Ceram. Int., 25, p689, 1999.

[25] L. Diamandescu, D. Mihaila-Tarabasanu, V. Teodorescu et N. Popescu-Pogrion, Hydrothermal synthesis and structural characterization of some substitued magnetites, Mat. Lett., 37, p340, 1998.

[26] D. Chen et R. Xu, Hydrothermal synthesis and characterization of nanocristalline Fe_3O_4 powders, Mat. Res. Bull., 33, 7, p1015, 1998.

[27] W. H. Lin, S. K. J. Jean et C. S. Hwang, Phase formation and composition of Mn-Zn ferrite powders prepared by hydrothermal method, J. Mat. Res., 14, 1, p204, 1999.

[28] A. Dias, Microstructural evolution of fast-fired nickel-zinc ferrites from hydrothermal nanopowders, Mat. Res. Bull., 35, p1439, 2000.

[29] C. Rath, K. K. Sahu, S. Anand, S. K. Date, N. C. Mishra et R. P. Das, Preparation and characterization of nanosize Mn-Zn ferrite, J. Magn. Magn. Mat., 202, p77, 1999.

[30] J. fang, A. Huang, P. Zhu, N. Xu, J. Xie, J. Chi, S. Feng, R. Xu et M. Wu, Hydrothermal preparation and characterization of Zn_2SnO_4 particles, Mat. Res. Bull., 36, p1391, 2001.

[31] L. Znaidi, R. Séraphimova, J. F. Bocquet, C. Colbeau-Justin et C. Pommier, A semi-continuous process for the synthesis of nanosize TiO_2 powders and their use as photocatalysts, Mat. Res. Bull., 36, p811, 2001.

[32] E. Matijevic, Production of monodispersed colloidal particles, Ann. Rev. Mater. Sci., 15, p483, 1985.

[33] E. Matijevic, Monodispersed metal (hydrous) oxides – a fascinating field of colloid science, Acc. Chem. Res., 14, p22, 1981.

[34] Y. Wei, R. Wu, et Y. Zhang, Preparation of monodispersed spherical TiO_2 powder by forced hydrolysis of $Ti(SO_4)_2$ solution, Mat. Lett., 41, p101, 1999.

[35] W. Yu et L. Hui, Preparation of nano-needle hematite particles in solution, Mat. Res. Bull., 34, 8, p1227, 1999.

[36] W. Lü, D. Yang, Y. Sun, Y. Guo, S. Xie et H. Li, Preparation and structural characterization of nanostructured iron oxide thin films, App. Surf. Sci., 147, p39, 1999.

[37] E. Matijevic, Preparation and characterization of well defined powders and their applications in technology, J. Eur. Ceram. Soc., 18, p1357, 1998.

[38] E. Matijevic, Colloid chemical aspects of corrosion of metals, Pure and Appl. Chem., 52, p1179, 1980.

[39] E. Matijevic, Colloid science of ceramic powders, Pure and Appl. Chem., 60, 10, p1479, 1988.

[40] E. Matijevic, Preparation and characterization of monodispersed metal hydrous oxide sols, Prog. Colloid and polymer Sci., 61, p24, 1976.

[41] E. Matijevic, Monodispersed colloids : Art and science, Langmuir, 2, p12, 1985.

[42] Q. Zhang, X. Li, J. Shen, G. Wu, J. Wang et L. Chen, ZrO_2 Thin films and ZrO_2/ SiO_2 optical reflection filters deposited by sol-gel method, Mat. Lett., 45, p311, 2000.

Chapitre IV : La synthèse microondes, état de l'art

Contrairement à la chimie douce, les synthèses sous microondes n'ont débuté qu'au milieu des années 80. De nombreux travaux ont été publiés en chimie organique, chimie de coordination et chimie organométallique [1-3]. L'intérêt des microondes lors de la synthèse par voie solide et du frittage de certains matériaux a aussi été beaucoup étudié [4-7]. En revanche, on ne recense qu'une cinquantaine de publications sur la synthèse de composés minéraux sous microondes en voie humide. Dans cette partie, nous allons tenter de faire un bilan aussi complet que possible des travaux publiés à ce jour.

Nous verrons dans un premier temps comment les auteurs contrôlent les températures de synthèse. Nous présenterons ensuite les modes de synthèse mis en œuvre puis les différents produits synthétisés Enfin, nous essaierons de faire une comparaison entre le chauffage conventionnel et le chauffage microondes en nous basant sur la qualité des poudres obtenues par les deux méthodes. Nous discuterons, en particulier, des interprétations possibles, des phénomènes observés ainsi que de l'intérêt d'utiliser un chauffage de type microondes plutôt que classique.

1) Mesures thermiques

Comme vu précédemment (Partie A, chapitre I), les mesures de température sous microondes sont très difficiles à mettre en œuvre. C'est pourquoi elles ne sont pas effectuées dans la plupart des travaux décrits. Lorsque les travaux sont réalisés sous pression, les auteurs ne mesurent que la pression et estiment la température à partir de la courbe liquide/gaz de l'eau. Ces valeurs ne peuvent être que des estimations car une solution contenant des entités ou un précipité ne se comporte pas comme l'eau pure. D'autres auteurs qui travaillent sous reflux mesurent la température au-dessus du réfrigérant. Là aussi, les valeurs obtenues ne sont pas les valeurs réelles à cause des phénomènes de surchauffe rencontrés au sein du milieu réactionnel. De plus, ces estimations de température sont des valeurs moyennes ne tenant pas compte des hétérogénéités locales générées sous microondes.

La trajectoire thermique et la température maximale de traitement lors d'une synthèse sous microondes ne sont donc pas réellement connues dans la plupart des cas et les estimations données par les auteurs sont certainement faibles que les températures effectives. Il en résulte une extrême difficulté pour comparer un protocole conventionnel et un protocole sous microondes puisque les trajectoires thermiques et les températures de palier ne sont pas forcément identiques.

La **figure A.IV.1** présente les courbes de température et de pression enregistrées pour l'eau pure et pour une solution aqueuse acide (0.5M) et pour une solution aqueuse acide (0.5M) contenant des ions ferriques (0.05M) [8].

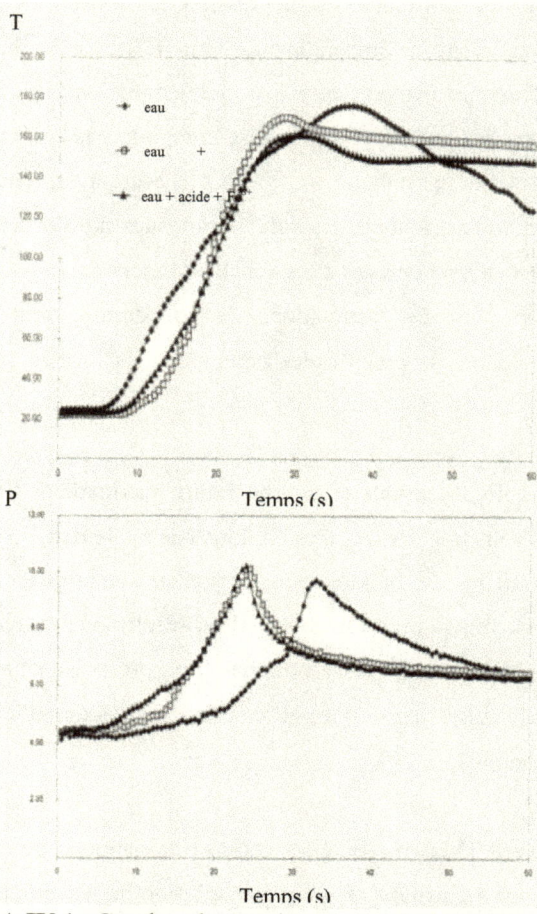

Figure A.IV.1 : Courbes de pression et température obtenues avec le
système RAMO pour l'eau pure, pour une solution aqueuse acide et pour une
solution acide contenant des ions ferriques. Les maxima sur les courbes de
pression correspondent au moment où les microondes ont été coupées [8]

Ces courbes ont été obtenues avec le système RAMO présenté précédemment. Nous rappelons que la température est mesurée à l'intérieur du réacteur grâce à la thermométrie par fibre optique. Les microondes (2 kW) sont appliquées jusqu'à une pression de consigne (10 bars) et sont coupées ensuite.

Ces courbes montrent que la vitesse de chauffage est très conséquente puisque l'eau pure atteint 180°C et 10 bars en moins de 40 secondes. La vitesse de chauffage est encore plus conséquente (15 à 20 secondes) pour les deux autres solutions car les ions augmentent considérablement les pertes diélectriques. Ces courbes montrent également que la température ne chute pas brutalement mais se stabilise contrairement à la pression lorsque l'on arrête le chauffage microondes. Ceci résulte de l'inertie de l'ensemble réacteur/appareillage.

Les seuls auteurs donnant des profils pression température en fonction du temps de chauffage, hormis Stuerga et al., sont Khollam et al. [9-10]. Ces profils obtenus avec un MARS 5 sur des solutions aqueuses d'ions titane et baryum sont présentés **figure A.IV.2** . Les auteurs ne donnent aucune indication sur la puissance utilisée. Cependant, au vu de ces profils, cette puissance doit être beaucoup plus faible que la puissance maximale dont ils disposent (1200 Watts) ou alors, on peut supposer que le couplage de la cavité est de très mauvaise qualité. En effet, 8 minutes sont nécessaires pour atteindre la pression de consigne alors qu'avec un dispositif présentant un bon couplage et travaillant à 1000 Watts, cette montée en température et en pression nécessite moins d'une minute. Contrairement aux courbes obtenues

89

par Stuerga et al., la température augmente plus vite que la pression, ce qui confirme que le système est soumis à un traitement beaucoup plus progressif que les traitements effectués par Stuerga et al.. Il semble qu'un maximum d'auteurs travaillent dans les mêmes conditions que Khollam et al., c'est à dire qu'ils n'utilisent pas tout le potentiel de leur matériel pour obtenir des vitesses de chauffage très élevées. De plus, la reproductibilité des conditions opératoires n'est pas évidente. Ce genre de problèmes ne sont pas rencontrés avec le système RAMO.

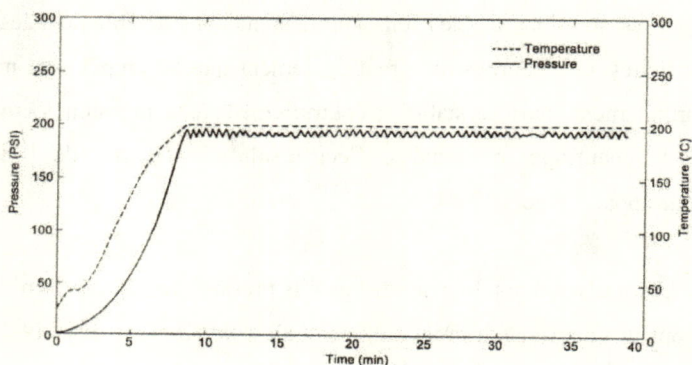

Figure A.IV.2 : Profils pression température donnés par Khollam et al. [9]

2) Différents types de synthèses étudiés

La grande majorité des travaux de la littérature sont effectués en solution aqueuse. L'eau est un solvant qui possède un moment dipolaire élevé (μ = 1.84 Debye) induisant une forte constante diélectrique (ε_r' = 78.5). En outre, l'eau possède de fortes pertes diélectriques à 2.45 GHz (ε_r'' = 11 à 20°C). Ainsi, l'eau possède une grande capacité à former des complexes avec

90

les ions tout en les dispersant et des pertes diélectriques nécessaires à la conversion de l'énergie électromagnétique en chaleur. Nous examinerons d'abord les synthèses en solution aqueuses avant d'analyser les autres solvants utilisés.

2.1) Solution aqueuse

Dans cette partie nous classerons les travaux de synthèse microondes en solution aqueuse en trois catégories :

2.1.1) Milieu alcalin

Dans cette partie, nous décrirons les méthodes où la précipitation est induite préalablement au chauffage microondes par augmentation du pH grâce à un ajout de base. La synthèse se fait donc en deux étapes : deux solutions sont mélangées pour former un précipité qui est ensuite traité par chauffage microondes. Comme en chimie douce, la précipitation est effectuée préalablement au traitement thermique. Les travaux mettant en œuvre cette technique sont très nombreux [9-23], mais aucun ne décrit en détails le mode de mélange des solutions. Les auteurs signalent qu'ils ajustent le pH sans autres précisions, alors que le mode de mélange est très important pour la qualité des poudres finales comme nous l'avons vu précédemment. Les bases utilisées sont l'hydroxyde de potassium [9-15], l'hydroxyde de sodium [16-19] ainsi que des solutions d'ammoniaque [20-22]. Seule une publication utilise un hydroxyde comme précurseur [23]. Les concentrations en base sont souvent très importantes par rapport aux concentrations en cation métallique. Elles peuvent atteindre 10 M pour la synthèse de titanate de baryum [13]. Ma et al. [19] ajoutent même de l'hydroxyde de sodium sous forme solide lors de cette synthèse. Les mélanges traités sont donc très basiques avec des pH supérieurs à 10.

Comme en chimie douce, quelques auteurs évitent le problème de mélangeage en utilisant la décomposition thermique in situ d'une base retard comme l'urée [24-27]. Ainsi l'hydroxyde d'ammonium est généré in situ dans tout le volume par le chauffage et les cinétiques des étapes de la précipitation sont contrôlées par la vitesse d'apparition de la base. Cela permet de réguler la concentration du précurseur en solution et de s'affranchir des problèmes du mélangeage lors d'une précipitation immédiate avant traitement. Les auteurs travaillent toujours à faible puissance afin de contrôler la décomposition de l'urée et donc, la vitesse de formation des entités en solution. C'est ainsi qu'ils arrivent à obtenir des poudres présentant une bonne homogénéité.

2.1.2) Thermohydrolyse et hydrolyse forcée en milieu acide

Ces travaux utilisent la thermohydrolyse ou l'hydrolyse forcée, c'est à dire que la précipitation est induite par chauffage sous pression atmosphérique ou sous pression. Contrairement au cas précédent, ces synthèses en milieu acide ne nécessitent pas de mélanger deux solutions pour obtenir la précipitation. Le pH acide de la solution de départ est obtenu grâce à l'acidité naturelle des cations métalliques en solution. Lorsque celle ci ne suffit pas, en particulier pour les cations précipitant à des pH très bas, un ajout d'acide fort peut être nécessaire. Cet ajout n'influe pas sur le phénomène de précipitation et permet de s'assurer que la réaction d'hydrolyse n'est pas amorcée avant le début du traitement. L'acide fort utilisé est souvent celui correspondant au contre-ion du cation métallique de départ, ce qui permet de ne pas amener de nouvelles entités qui pourraient influencer le processus de précipitation. L'avantage des microondes par rapport à un chauffage traditionnel utilisé en hydrolyse forcée est de supprimer complètement la diffusion de la chaleur par la paroi grâce au caractère volumique du chauffage. Ainsi, des montées en température plus importantes et homogènes sont obtenues. Il en résulte une précipitation quantitative et une croissance limitée, ce qui donne des poudres plus fines et plus homogènes. De nombreux travaux utilisent la thermohydrolyse ou l'hydrolyse forcée sous microondes [28-36].

Enfin, quelques auteurs effectuent simultanément des synthèses en milieu acide et en milieu basique [37-40]. Ces auteurs comparent les synthèses sous chauffage microondes aux méthodes conventionnelles mais ne comparent pas les poudres obtenues selon la nature du milieu initial.

2.1.3) Gels

Ces travaux utilisent un passage par un gel que ce soit par chauffage d'un gel fabriqué auparavant ou fabrication du gel par le chauffage microondes. Cette technique est utilisée pour préparer des structures plus complexes telles que des zéolithes ou des cristaux poreux utilisés pour les membranes. Il s'agit ici de transposer les protocoles utilisés en synthèse conventionnelle en remplaçant le chauffage classique par un chauffage microondes. Un gel, préparé en milieu acide, est traité pour obtenir les formes finales voulues [41-46]. La méthode se rapproche de la synthèse en milieu alcalin puisqu'un précurseur déjà formé est traité. Seuls Komarneni et al. [46] ont utilisé les microondes pour fabriquer des gels. Le protocole est le même que le protocole utilisé avec un chauffage classique.

Enfin, une publication ne peut pas être classée parmi ces catégories [47]. Il s'agit de la synthèse de matériaux magnéto-résistifs qui sont formés après évaporation du solvant sous microondes et calcination. Ce travail se rapproche plus de synthèse par voie solide où le passage par la solution n'est utilisé que pour bien homogénéiser les précurseurs.

2.2) Autres milieux

Des solvants autres que l'eau sont utilisés par certains auteurs. Ils peuvent être groupés en trois familles.

2.2.1) Les glycols

Les glycols et plus particulièrement l'éthylène glycol sont utilisés pour la synthèse de sols et de poudres fines de métaux [48-50]. Ces synthèses apparaissent comme la transposition sous microondes du procédé polyol que nous présenterons dans la partie B. Ce procédé est utilisé en conventionnel pour réduire des précurseurs métalliques afin d'obtenir des poudres fines de métaux. Il consiste à mettre sous reflux l'hydroxyde dans l'ethylène glycol. Par chauffage conventionnel, ce procédé est très long (plusieurs heures) et la transposition sous microondes a permis de réduire ces temps par 10 [48]. Lors de ce procédé, le paramètre le plus important à contrôler est la température car elle doit être assez élevée pour permettre l'oxydation du polyol et la réduction du précurseur métallique. De plus, la température permet de contrôler la nucléation et la croissance. L'avantage de ce solvant est sa capacité de réduction des cations sous forme métallique.

2.2.2) Les alcools

Les alcools font également partie des solvants présentant les propriétés nécessaires pour la synthèse microondes. Ils sont utilisés de deux manières :

♣ certains auteurs les utilisent mélangés à l'eau afin de favoriser la précipitation [51-52]. En effet, les mélanges eau/alcool présentent une constante diélectrique plus faible. Ainsi, la précipitation est favorisée car la solubilité des sels est plus faible dans ces milieux que dans l'eau pure,

♣ les autres auteurs utilisent les alcools pour éviter l'oxydation du précurseur ou du produit formé dans l'eau [53-54]. Les avantages principaux de l'utilisation d'un alcool simple par rapport à un glycol sont le bas point d'ébullition permettant une élimination facile et la toxicité moins importante.

2.2.3) Le formaldéhyde

Liao et al. [55] utilisent le formaldéhyde pour synthétiser sous reflux des sulfures métalliques. Ce solvant fait partie des solvants qui chauffent sous microndes. Cependant, les auteurs ne justifient pas son utilisation ni sur la qualité du produit, ni sur la cinétique de formation. De plus, les mêmes produits peuvent être synthétisés en solution aqueuse [35]. On peut donc se poser des questions sur l'utilité de travailler dans un tel solvant.

3) Composés obtenus

Le **tableau A.IV.1** présente un grand nombre de produits qui ont été obtenus jusqu'à présent, à notre connaissance, par synthèse microondes. Ce tableau montre que de nombreuses structures ont déjà été formées. A priori, il semblerait possible de former n'importe quelle phase connue élaborables conventionnellement en substituant le chauffage classique par un chauffage de type microondes.

Type	Poudres		Sols
Oxydes simples	$\alpha\text{-}Fe_2O_3$ [24,27,32,38,40] TiO_2 [29,33,34,38,52] SnO_2 [31,54] ZrO_2 [30,38,51,52]	$Y\text{-}ZrO_2$ [10] ZnO [17] Al_2O_3 [38]	$\alpha\text{-}Fe_2O_3$ [28] TiO_2 [29] SnO_2 [31] ZrO_2 [30]
Oxydes mixtes binaires	$BiFeO_3$ [37] $BaTiO_3$ [9,11,13,14,16,19,38] $BaZrO_3$ [11] $SrTiO_3$ [11] $SrZrO_3$ [11] $PbTiO_3$ [11] $KnbO_3$ [38] $PbZrO_3$ [11]	$MgBi_2O_6$ [36] $ZnBi_2O_6$ [36] Fe_3O_4 [26] $CoFe_2O_4$ [21,22] $NiFe_2O_4$ [20,21,22] $ZnFe_2O_4$ [20,21,22] $MnFe_2O_4$ [22] $ZrTiO_4$ [52]	
Oxydes mixtes ternaires	$Ba_{0.5}Sr_{0.5}TiO_3$ [11] $Pb(Zr_{0.52}Ti_{0.48})O_3$ [15] $CsAl_2PO_6$ [37] $Co_{1-x}Zn_xFe_2O_4$ [21]	$Ni_{1-x}Zn_xFe_2O_4$ [21] $Pb(Zn_{1/3}Nb_{2/3})O_3$ [11] $Pb(Mg_{1/3}Nb_{2/3})O_3$ [11] $La_{0.7}Sr_{0.5}TiO_3$ [47]	

Hydroxydes Carbonates	α-FeOOH [26] β-FeOOH [39] $Ni_{1-x}Cr_x(OH)_2(CO_3)_{x/2},nH_2O$ [25] $CaCO_3$ [12]		
Métaux	Ni [48] Cu [49]	Co [49] Ag [49]	Ni [48]
Clusters métalliques	Ag^0-Montmorillonite [50] Pt^0-Montmorillonite [50] Pd^0-Montmorillonite [50]		
Sulfures	CdS [35] ZnS [35,55] CuS [55]	HgS [55] BiS [55] PbS [55]	
Zéolithes	VPI-5 ($AlPO_4$) [41,43] Ti-SBA-15 [42] $AlPO_4$-11 [45]		
Echangeurs d'ions	$Mg_3Al(OH)_8NO_3.nH_2O$ [18] $Ni_{1-x}Zn_{2x}(OH)_2(CH_3COO)_{2x}.nH_2O$ [18]		
Fluorures hybrides	$Al(PO_4)F_4$ [53] $[H_3N(CH_2)_6NH_3].AlF_5$ [53]		
Céramique Phosphates	$Ca_{10}(PO_4)_6(OH)_2$ [23] $Ca_3(PO_4)_2$ [23]	$Zr(HPO_4)_2, xH_2O$ [44] $Ti(HPO_4)_2, xH_2O$ [44]	
Gels	Silice [46]		

Tableau A.IV.1 : Récapitulatif de produits obtenus par synthèses sous microondes

En revanche, très peu de suspensions et de sols ont été synthétisés par thermohydrolyse ou hydrolyse forcée microondes. L'ensemble des sols élaborés correspond à des oxydes simples ou des métaux.

Les oxydes simples ont naturellement été les premiers à être synthétisés, puis des structures de plus en plus complexes ont été élaborées. Il est cependant regrettable que très peu d'auteurs se soient intéressés aux mécanismes de formation de ces oxydes avant de passer à des structures plus complexes comme nous le verrons dans la partie suivante.

4) Bilan

Dans cette partie, nous allons faire la synthèse des différentes interprétations et analyses proposées par les auteurs cités précédemment.

4.1) Cinétique de réaction

Tous les auteurs ayant comparé des synthèses en chauffage microondes et conventionnel ont mis en évidence une cinétique beaucoup plus rapide et des températures de formation des produits recherchés beaucoup plus faibles pour les protocoles microondes. Ces constatations peuvent s'expliquer par le caractère volumique du chauffage microondes. En effet, le transfert énergétique n'est plus limité par la diffusion au travers de parois du réacteur et les vitesses de montée en température des milieux réactionnels sont souvent beaucoup plus rapides qu'en chauffage conventionnel. Certains auteurs utilisent des puissances incidentes comprises entre 20 et 50% de la puissance nominale des générateurs afin d'obtenir sensiblement les mêmes vitesses de montée en température qu'en conventionnel.

Le **tableau A.IV**.2 récapitule des exemples significatifs de temps et de températures de synthèses nécessaires pour obtenir une phase donnée soit par microondes, soit par chauffage conventionnel. Il apparaît dans ces données des différences très conséquentes entre les conditions microondes et les conditions conventionnelles. On peut toutefois s'étonner des conditions comparatives retenues. En effet, les auteurs n'ont aucune certitude sur une quelconque identité de l'histoire thermique des échantillons microondes et conventionnels et du niveau avancement des réactions étudiées. On peut noter par exemple dans le **tableau A.IV**.2 que deux publications [14,19] traitant de la synthèse du titanate de baryum donnent des températures et des temps de traitements différents sans aucune précision sur la qualité des particules élaborées. La nature des précurseurs, leurs concentrations et leurs trajectoires thermiques sont différentes dans les deux cas.

Pour tous ces cas, les auteurs affirment que les trajectoires thermiques sont les mêmes pour les deux types de traitement. Dans certains cas, la température n'est pas estimée ou le mode de mesure n'est pas précisé. Pour les autres cas, nous avons vu précédemment que les techniques utilisées sous-estiment certainement la température réelle. Il parait donc hasardeux de comparer les protocoles et surtout de tirer des conclusions relatives à la cinétique des réactions. En effet, les temps de traitement plus courts pourraient se justifier par des températures réelles plus hautes que celles mesurées et/ou par des températures locales très supérieures à la température moyenne mesurée. De plus, dans la majorité des cas, il est certain que la vitesse de montée en température, n'est pas forcément identique entre traitement microondes et chauffage conventionnel.

Produit synthétisé	chauffage traditionnel	chauffage microondes	Mode de mesure de la température	Référence
PZT $Pb(Zr_{0.52}Ti_{0.48})O$	138°C 2 heures	122°C 1 heure	Estimation (pression de vapeur d'eau)	[15]
Titanate de Baryum	170°C 4 heures	170°C 25 minutes	thermocouple	[19]
Titanate de Baryum	138°C 2.5 heures	138°C 15 minutes	Estimation (pression de vapeur d'eau)	[14]
VPI-5 $AlPO_4$	132°C 30 minutes	T>Tb (Tb=100°C) 10 minutes	Non mesurée	[41]
Echangeurs d'anion $Mg_3Al(OH)_8NO$	195°C 2 heures	194°C 15 minutes	Estimation (pression de vapeur d'eau)	[18]
Gels de silice	138°C 4 heures	138°C 2 heures	Estimation (pression de vapeur d'eau)	[46]
Cuivre métallique	195°C 2 heures	194°C 5 minutes	Estimation (pression de vapeur d'eau)	[49]

Tableau A.IV.2 : Comparaison des températures de synthèses et des temps de traitements nécessaires pour obtenir des produits identiques à partir du même protocole sous chauffage microondes et par chauffage traditionnel

Quelques auteurs utilisent la puissance microondes maximale dont ils disposent pour atteindre des vitesses de chauffage très importantes. Cela permet d'obtenir des vitesses de montée en température impressionnantes pouvant atteindre 10 degrés par seconde [28-32]. De telles montées en température sont impossibles à obtenir en chauffage conventionnel. Dans de telles conditions, il est illusoire de vouloir comparer les conditions microondes et conventionnelle. Dans ces conditions, les cinétiques de formation sont encore plus rapides puisque les temps de synthèse ne se comptent plus en minutes mais en secondes. Par exemple, Girnius et al. [43] synthétisent de l'aluminophosphate en 60 secondes, Bellon [28] obtient de l'hématite pure en moins d'une minute grâce à l'hydrolyse forcée de solutions de nitrates de fer ferrique et Michel et al. [29] obtiennent de la cassitérite et du rutile aussi rapidement.

Peu d'auteurs tentent d'expliquer pourquoi les temps de traitement microondes sont plus courts que les temps de traitement conventionnels. Rodriguez-Clemente et al [12] pensent que le traitement microondes agit sur les ligands H_2O de la sphère de coordination du calcium et libèrent le cation en solution qui serait alors plus disponible pour réagir. Jobbagy et al. [25] font le même genre de raisonnement lors de la formation d'hydroxydes de nickel et chrome. Ma et al.[19] affirment que les microondes sont capables de rompre les liaisons oxygène/titane du dioxyde de titane pour libérer le titane en solution qui pourrait former plus rapidement le titanate de baryum sans phénomènes de diffusion. Ces différentes interprétations ne reposent sur aucun argument scientifique. Selon Gaillard et Stuerga [56-57], l'adsorption d'un photon microondes ne peut en aucun cas provoquer la rupture d'une liaison chimique (y compris une liaison hydrogène) car son énergie est trop faible.

Une autre interprétation a été proposée par Bellon [28] dans le cadre du développement d'un modèle cinétique de la nucléation. Bellon a montré que la dépendance temporelle de la température apparaît comme une contrainte supplémentaire provoquant une variation de la concentration en nucléi comme le montre la **figure A.IV.3**. Ces courbes mettent en évidence un caractère hautement non linéaire de la cinétique de nucléation dans des conditions correspondant à celles d'un traitement en hydrolyse forcée sous microondes (sursaturation supérieure à 1 grâce à la montée rapide en température). Grâce à ce modèle, Bellon a montré que les traitements microondes, par le biais de la trajectoire thermique, contrôlent la sursaturation de la solution. Ce paramètre contrôle non-linéairement la cinétique de nucléation. Ces résultats sont conforment au modèle de La Mer présenté précédemment avec des temps beaucoup plus courts pour chaque étape. On peut noter que ce modèle a aussi permis de mettre en évidence un contrôle parfait de l'ensemencement et du réensemencement de la solution, c'est à dire que des poudres à dispersions granulométriques très faibles sont obtenues si les conditions imposées au système sont reproduites lors de la synthèse.

102

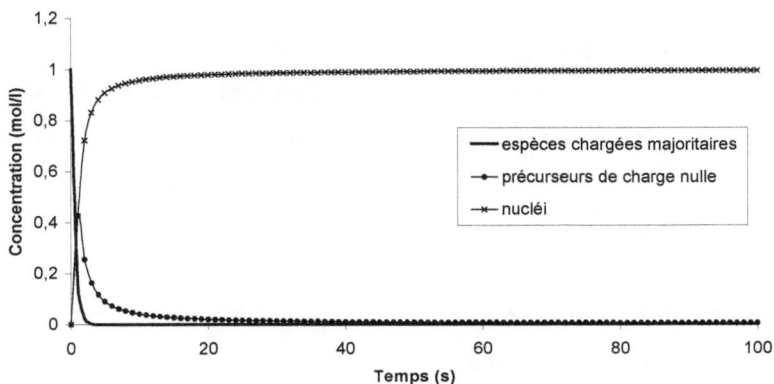

Figure A.IV.3 : Evolution de la concentration en espèces chargées majoritaires, en précurseurs de charge nulle et en nucléï en fonction du temps pour une sursaturation de 1.5 et une température de 320 K [28]

4.2) Caractérisations morphologiques et structurales

De manière générale, les auteurs ayant comparé des échantillons de même phase cristalline synthétisés par chauffage classique et chauffage microondes arrivent à la même conclusion : les échantillons microonde présentent une meilleure cristallinité, sont composés des grains plus petits avec une répartition granulométrique beaucoup plus resserrée. Nous allons développer ces différents points.

4.2.1) Taille des grains et répartition granulométrique

On peut tout d'abord noter que les tailles de cristallites obtenus peuvent varier de quelques nanomètres à quelques micromètres selon les protocoles et selon les composés synthétisés. La synthèse sous microondes ne semble donc pas limiter les possibilités, du moins au niveau de la taille des grains. De nombreux auteurs ont mis en évidence des tailles de grains plus petites et des répartitions granulométriques plus resserrées sous chauffage microondes par rapport au chauffage conventionnel. La plupart des interprétations proposées se rejoignent. Elles sont résumées par Moon et al. [51] qui ont obtenu des grains de zircone sphériques monodisperses dans des mélanges propanol/eau :

♣ le caractère volumique du chauffage qui permet de s'affranchir de phénomènes de nucléation hétérogène sur les parois,

♣ l'uniformité du chauffage qui permet de ne pas agiter et ainsi d'éviter tout phénomène d'agglomération induite par un mouvement d'agitation,

♣ la vitesse rapide de chauffage qui permet d'obtenir des grains plus petits grâce à une germination favorisée par rapport à la croissance.

Choi et al. [52] ont confirmé ces résultats et expliquent que pour obtenir des poudres monodisperses à partir de mélanges alcool/eau, il est nécessaire de disposer d'un moyen de chauffage très rapide pour limiter la germination secondaire. Pour ces auteurs, seul le chauffage microondes peut répondre à ces contraintes. Khollam et al. [9] donnent les mêmes explications lors de la formation de titanate de baryum sous forme équiaxe et uniforme ainsi que Girnius et al. [43] lors de la formation de VPI-5. Ces quelques publications résument les différentes interprétations publiées à ce jour.

En conclusion, les auteurs s'accordent à penser que le chauffage sous microondes, par son caractère volumique semble favoriser la germination au détriment de la croissance pour conduire à des particules plus petites et monodisperses.

4.2.2) Morphologie

Les morphologies obtenues sont en général conformes aux morphologies de la littérature. On peut noter que de nombreux auteurs observent des agglomérats par microscopie électronique. On peut attribuer cette constatation au mode d'isolement des échantillons (séchage) et à la méthode de dispersion des échantillons pour la microscopie.

Quelques auteurs mettent en évidence des formes non attendues. Rodriguez-Clemente et al. [12] revendiquent des formes non attendues de calcite ellipsoïdale ou sous forme de "cacahuètes". Ces morphologies seraient caractéristiques d'un autre arrangement cristallographique du carbonate de calcium (Vatérite). Toutefois, ces synthèses sont effectuées en présence de citrates, composés connus pour modifier les faciès cristallographiques. Donc, les formes spécifiques de ces cristaux semblent plutôt être dues à l'environnement qu'à un "effet microondes". Wada et al. [48] ont synthétisé des sols de nickel métallique dans le glycol. Après dépôt sur une grille et évaporation du solvant, les auteurs ont mis en évidence par microscopie électronique à transmission des particules cubiques de taille nanométrique. Ces particules sont dix fois plus petites que les particules sphériques obtenues en synthèse conventionnelle. Les auteurs expliquent cette différence par un mode de nucléation et de croissance différent dus à des phénomènes athermiques. Cependant, on peut se demander si cette morphologie n'est pas tout simplement due à une différence de stabilité thermodynamique du nickel en fonction de la taille lorsque celle-ci est nanométrique.

4.2.3) Phases parasites et impuretés

Très peu d'auteurs évoquent l'existence éventuelle de phases parasites et/ou d'impuretés de synthèse présentes dans les échantillons. Wada et al. [48] ont mis en évidence la présence de légères quantités d'hydroxyde de nickel dans leurs poudres de nickel métallique et Komarneni et al. [11] ont mis en évidence des traces d'oxyde de plomb dans les titanates de plomb qu'ils synthétisent. Dans les autres cas, les auteurs affirment obtenir des poudres pures à partir de simples reconnaissances de phases par diffraction des rayons X. Au niveau des impuretés de synthèse, seuls deux auteurs évoquent ce problème : Ma et al. [19] ont mis en évidence des traces de contre-ion du sel de départ de synthèse et d'eau adsorbée en grande quantité à la surface des poudres de titanate de baryum qu'ils ont synthétisé. Michel [29] ne détecte pas d'ions chlorure par spectrométrie de masse d'ions secondaires dans les films minces formés à partir de sols d'oxyde de titane.

4.2.4) Cristallinité

Lee et al. [20-21] ont étudié les différences de cristallinité de ferrites entre traitement microondes et conventionnel. Ils observent dans tous les cas une meilleure cristallinité pour les échantillons microondes. Par exemple, pour un ferrite de nickel, un traitement microondes de 30 minutes à 180°C conduit à un diffractogramme bien défini avec très peu de fond continu alors que la même synthèse avec un chauffage conventionnel donne un diffractogramme présentant des raies mal définies et un fond continu important. Certains auteurs comme Komarneni et al. [11] lors de la synthèse de titanate de plomb, mettent en évidence par microscopie des bords de particules mieux définis. Rigneau et al. [32] arrivent par une étude par infrarouge à cette même conclusion.

En conclusion, il semble que les conditions de traitement microondes permettent d'obtenir des particules mieux cristallisées que les conditions conventionnelles.

4.3) Mécanismes de formation

Très peu d'auteurs s'intéressent aux phases intermédiaires et aux mécanismes de formation des poudres qu'ils fabriquent sous chauffage microondes car la quasi totalité des travaux se limitent à la formation d'un échantillon que les auteurs caractérisent plus ou moins. Wang et al. [26] ont fait varier le temps de traitement microondes et ont mis en évidence un passage par la goethite lors de la formation de magnétite par traitement de solutions d'ions ferreux, ferriques et d'urée. La mise en évidence de cette phase leur a permis de proposer un mécanisme de formation de la magnétite à partir des différents pH de précipitations et d'autres hypothèses déjà proposées en conventionnel. Rigneau et al. [32] ont mis en évidence un passage direct de la ferrihydrite à l'hématite lors du traitement de solutions de nitrate de fer ferrique et non un passage par la goethite observé habituellement. De plus, les particules d'hématite obtenues sont beaucoup mieux cristallisées que celles obtenues traditionnellement. Ces résultats ont permis aux auteurs de justifier la meilleure cristallinité des poudres par le fait qu'elles ne proviennent pas d'une dissolution recristallisation d'oxyhydroxydes mais de la croissance directe de l'hématite à partir de la ferrihydrite. Ces résultats ont été confirmés [28] par l'étude des sols. Un mécanisme de formation composé de quatre phases a pu être proposé des premiers instants de chauffage jusqu'aux temps les plus longs. Jobbagy et al. [25] prétendent obtenir des hydroxydes mixtes de nickel et chrome de très bonne cristallinité par rapport aux conditions conventionnelles. Selon ces auteurs, ils proviennent d'une nucléation directe à partir de la solution et non de phénomènes de dissolution recristallisation car ils n'ont pas mis en évidence de phases intermédiaires.

A ce jour, aucune étude n'a pu prouver que les traitements microondes conduisent à des effets différents de ceux observés en conventionnel.

4.4) Propriétés physiques

Quelques auteurs ont comparé les propriétés des échantillons obtenues par chauffages conventionnel et microondes. Il en ressort souvent des propriétés optimisées pour les échantillons microondes surtout si les échantillons conventionnels n'ont pas subi de traitement thermique ultérieur.

Abothu et al. [15] ont synthétisé des PZT par méthode hydrothermale sous chauffage microondes et conventionnel et ont comparé leurs propriétés électriques après frittage. En général, les permittivités mesurées sont plus grandes, les dissipations sont plus faibles et des températures de Curie sont plus élevées. Ces meilleures propriétés prouvent que les échantillons présentent une microstructure différente. Les valeurs déterminées dans le cadre de cette étude ne sont pas exceptionnelles puisqu'elles sont équivalentes aux valeurs obtenues sur des composés fabriqués avec les meilleurs protocoles conventionnels. De plus, la synthèse de ces composés par méthode hydrothermale microondes permet de s'affranchir des problèmes liés à l'évaporation du plomb inévitable avec les techniques conventionnelles. Enfin, cette synthèse permet de fabriquer ces composés plus rapidement et à plus basse température. Komarneni et al. [44] ont synthétisé des phosphates de zirconium et de titane qui présentent des propriétés d'échange sélectif pour la séparation radioactive du césium dans les déchets nucléaires. Dans le cas du phosphate de titane, les auteurs affirment avoir synthétisé une nouvelle phase de distance interréticulaire 0.132 nm dans la direction 001 qui présente de meilleures propriétés d'échange sélectif grâce à une morphologie beaucoup plus plate qui donne une surface disponible beaucoup plus importante. Girnius et al. [43] ont formé par traitement microondes des phosphates d'aluminium (VPI-5) sous forme de bâtonnets hexagonaux présentant de grandes pores qui s'avèrent être de très bons candidats pour les membranes de séparation à une dimension. Komarneni et al. [18] ont formé des échangeurs d'anions à base de zinc et de nickel qui présentent de grandes sélectivité en particulier pour l'ion phosphate. Manjubala et al. [23] ont fabriqué des céramiques à base de phosphates et de calcium (BCP) très stables thermiquement qui devraient être de très bons candidats pour des implants osseux ou dentaires grâce au fait qu'ils soient formés in situ sans ajouts de stabilisants qui apportent généralement des impuretés. Cirera et al. [54] ont, quant à eux, fabriqué par microondes des poudres d'oxyde d'étain de taille nanométrique qui après un traitement adapté présentent de grandes capacités pour la détection de monoxyde de carbone et de dioxyde d'azote. Cependant, dans tous les cas, d'autres techniques de synthèse peuvent permettre d'obtenir des poudres présentant les mêmes qualités. Malgré tout, le traitement sous microondes est souvent plus facile à mettre en œuvre et nécessite moins de temps.

Au vu de ce bilan, il semble que le traitement microondes permette d'optimiser certaines propriétés.

4.5) Existe-t'il des effets microondes?

Certains auteurs n'hésitent pas à attribuer à l'interaction microondes-matière un caractère spécifique justifié par des effets orientationnels au niveau microscopique. Ces effets qualifiés de spécifiques, moléculaires ou athermiques rejailliraient au niveau macroscopique.

Gaillard et Stuerga [56-57] ont fait une mise au point sur ces effets athermiques. Ils proposent cinq lemmes qui reposent sur les principes et les axiomes classiques de la physique et de la chimie. Selon ces lemmes, le champ électrique ne peut indubitablement induire aucun effet moléculaire ou athermique. Tout d'abord, l'adsorption d'un photon microondes ne peut en aucun cas provoquer la rupture d'une liaison chimique (y compris une liaison hydrogène) car son énergie est trop faible. De plus, l'effet orientationnel du champ électrique est négligeable vis à vis de l'agitation thermique. Même si l'amplitude du champ était suffisante, la présence de pertes diélectriques exprime un retard des oscillations des moments dipolaires par rapport aux oscillations du champ électrique. Le chauffage du milieu exprime le caractère stochastique des mouvements moléculaires induits par la dissipation de l'énergie électromagnétique. La troisième limitation est l'annihilation des rotations moléculaires en phase condensée à l'état liquide. Donc, sous des conditions opératoires usuelles, il est irrémédiablement prouvé que la notion de rotation des molécules et de rupture de liaison par microondes n'a plus de raison d'être et l'augmentation de la cinétique de réaction sous microondes serait donc due uniquement à des phénomènes thermiques.

5) Conclusion

En conclusion, les tentatives d'élaboration de nanoparticules par chauffage microondes couvrent une relative grande variété de composés. Toutefois, les conditions opératoires sont, la plupart du temps, incomplètement décrites et donc difficilement reproductibles. Les caractérisations des produits élaborés sont souvent incomplètes. En conséquence, il est difficile d'analyser clairement le rôle exact joué par le caractère volumique du chauffage microondes sur l'amorçage de la nucléation. En dépit de ces remarques négatives, il semble qu'un consensus s'établisse en terme de qualité des nanoparticules élaborées (cristallinité, distribution granulométrique...).

Bibliographie

[1] D.M.P. Mingos et D.R. Baghurst, Applications of microwave dielectric heating effects to synthetic problems in chemistry, Chem. Soc. Rev., 20, p1, 1991.

[2] D. Stuerga, K. Gonon et M. Lallemant, Microwave heating as a new way to induce selectivity between competitive reactions. Applications to isomeric control in sulfonation of naphtalene, Tetrahedron, 49, 28, p6229, 1993.

[3] M. Park, S. Komarneni et R. Roy, Microwave-hydrothermal decomposition of chlorinated organic compounds, Materials Letters, 43, p259, 2000.

[4] B. Vaidhyanathan, D. K. Agrawal, T. R. Shrout et Y. Fang, Microwave synthesis and sintering of $Ba(Mg_{1/3}Ta_{2/3})O_3$, Materials Letters, 42, p207, 2000.

[5] D. R. Baghurst et M. P. Mingos, Application of microwave heating for the synthesis of solid state inorganic compounds, J. Chem. Soc., Chem Commun, p829, 1988.

[6] H. Yan, X. Huang et L. Chen, Microwave synthesis of $LiMn_2O_4$ cathode material, J. Power Sources, 81-82, p647, 1999.

[7] S. S. Manoharan, S. Goyal, M. L. Rao, M. S. Nair et A. Pradhan, Microwave synthesis and characterization of doped ZnS based phosphor materials, Mat. Res. Bull., 36, p1039, 2001.

[8] P Rigneau, R.A.M.O et procédé flash : application à l'élaboration de poudres nanométriques. Contrôle et maîtrise des distributions en morphologie et en taille, thèse de doctorat, Université de Bourgogne : Dijon, 1999.

[9] Y. B. Khollam, A. S. Deshpande, A. J. Patil, H. S. Potdar, S. B. Deshpande et S. K. Date, Microwave-hydrothermal synthesis of equi-axed and submicron-sized BaTiO$_3$ powders, Mat. Chem. Phys., 71, p304, 2001.

[10] Y. B. Khollam, A. S. Deshpande, A. J. Patil, H. S. Potdar, S. B. Deshpande et S. K. Date, Synthesis of yttria stabilized cubic zirconia (YSZ) powders by microwave-hydrothermal route, Mat. Chem. Phys., 71, p235, 2001.

[11] S. Komarneni, Q.H. Li, K. M. Stefansson et R. Roy, Microwave-hydrothermal processing of electroceramic powders, J. Mat. Res., 8, 12, p3176, 1993.

[12] R. Rodriguez-Clemente et J.Gomez-Morales, Microwave precipitation of CaCO$_3$ from homogeneous solutions, J. Cryst. Growth, 169, p339, 1996.

[13] G. J. Choi, H.S. Kim et Y. S. Cho, BaTiO$_3$ particles prepared by microwave-assisted hydrothermal reaction using titanium acylate precursors, Mat. Lett., 41, p122, 1999.

[14] S. F. Liu, I. R. Abothu et S. Komarneni, Barium titanate ceramics prepared from conventional and microwave hydrothermal powders, Materials Letters, 38, p344, 1999.

[15] I. R. Abothu, S. F. Liu, S. Komarneni et Q. H. Li, Processing of Pb(Zr$_{0.52}$Ti$_{0.48}$)O$_3$ (PZT) ceramics from microwave and conventional hydrothermal powders, Mat. Res. Bull., 34, 9, p1411, 1999.

[16] B. L. Newalkar, S. Komarneni et H. Katsuki, Microwave-hydrothermal synthesis and characterization of barium titanate powders, J. Mat. Res., 11, 8, p1866, 1996.

[17] S. Komarneni, M. Bruno et E. Mariani, Synthesis of ZnO with and without microwaves, Mat. Res. Bull., 35, p1843, 2000.

[18] S. Komarneni, Q.H. Li et R. Roy, Microwave-hydrothermal processing of layered anion exchangers, J. Mat. Res., 11, 8, p1866, 1996.

[19] Y. Ma, E. Vileno, S. L. Suib et P. K. Dutta, Synthesis of tetragonal BaTiO$_3$ by microwave heating and conventional heating, Chem. Mater., 9, p3023, 1997.

[20] J. H. Lee, C. K. Kim, S. Katoh et R. Murakami, Microwave-hydrothermal versus conventional hydrothermal preparation of Ni- and Zn-ferrite powders, J. All. Comp., 325, p276, 2001.

[21] C. K. Kim, J. H. Lee, S. Katoh, R. Murakami et M. Yoshimura, Synthesis of Co-, Co-Zn and Ni-Zn ferrite powders by the microwave-hydrothermal method, Mat. Res. Bull., 36, p2241, 2001.

[22] S. Komarneni, M.C. D'arrigo, C. Leonelli, G.C. Pellacani et H. Katsuki, Microwave-hydrothermal synthesis of nanophases ferrites, J. Am. Ceram. Soc., 81, p3041, 1998.

[23] I. Manjubala et M. Sivakumar, In_situ synthesis of biphasic calcium phosphate ceramics using microwave irradiation, Mat. Chem. Phys., 71, p272, 2001.

[24] D. Daichuan, H. Pinjie et D. Shushan, Preparation of uniform α-Fe$_2$O$_3$ particles by microwave induced hydrolysis of ferric salts, Mat. Res. Bull., 30, 5, p531, 1995.

[25] M. Jobbagy et A. E. Regazzoni, Hydrothermal synthesis of mixed Ni(II)-Cr(III) hydroxide using Microwave reactors, Proceedings of the sixth international symposium on hydrothermal reactions, Japan, 2000.

[26] G. Wang, G. Whittaker, A. Harrisson, et L. Song, Preparation and mechanism of acicular goethite-magnetite particles by decomposition of

ferric and ferrous salts in aqueous solution using microwave radiation, Mat. Res. Bull., 33, 11, p1571, 1998.

[27] X. Liao, J. Zhu, W. Zong et H. Y. Chen, Synthesis of amorphous Fe_2O_3 by microwave irradiation, Materials Letters, 50, p341, 2001.

Thermo

[28] K. Bellon, Elaboration de sols et de poudres nanométriques par hydrolyse forcée microondes. Application aux oxydes de fer (III) et de zirconium (IV), thèse de doctorat, Université de Bourgogne : Dijon, 2000.

[29] E. Michel, thèse de doctorat, Université de Bourgogne : Dijon, en cours.

[30] K. Bellon, D. Chaumont et D. Stuerga, Flash synthesis of zirconia nanoparticles by microwave forced hydrolysis, J. Mat. Res., 16, 9, p, 2001.

[31] E. Michel, D. Chaumont et D. Stuerga, Microwave flash synthesis of tin dioxide sols from tin chloride aqueous solutions, J. Mat. Sci. letters, 20, p1593, 2001.

[32] P. Rigneau, K. Bellon, I. Zahreddine et D. Stuerga, Microwave Flash-Synthesis of iron oxides nanoparticles, The Eur. Phys. J., App. Phys., 7, p41, 1999.

[33] J. A Ayllon, A. M. Peiro, L. Saadoun, E. Vigil, X. Domènech et J. Peral, Preparation of anatase powders from fluorine-complexed titanium(IV) aqueous solution using microwave irradiation, J. Mater. Chem. 10, p1911, 2000.

[34] S. Komarneni, R.K. Rajha et H. Katsuki, Microwave-hydrothermal processing of titanium dioxide, Mat. Chem. and Phys., 61, p50, 1999.

[35] J. Zhu, M. Zhou, J. Xu et X. Liao, Preparation of CdS and ZnS nanoparticles using microwave irradiation, Materials Letters, 47, p25, 2001.

[36] N. Kumada, N. Kinomura et S. Komarneni, Microwave-hydrothermal synthesis of Abi2O6 (A = Mg, Zn), Mat. Res. Bull., 33, 9, p1411, 1998.

[37] S. Komarneni, V. C. Menon, Q.H. Li, R. Roy et F. Ainger, Microwave-hydrothermal processing of $BiFeO_3$ and $CsAl_2PO_6$, J. Am. Ceram. Soc., 79, 5, p1409, 1996.

[38] S. Komarneni, R. Roy et Q.H. Li, Microwave-hydrothermal synthesis of ceramic powders, Mat. Res. Bull., 27, p1393, 1992.

[39] D. Daichuan, H. Pinjie et D. Shushan, Preparation of uniform β-FeO(OH) colloidal particles by hydrolysis of ferric salts under microwave irradiation, Mat. Res. Bull., 30, 5, p537, 1995.

[40] Q. Li et Y. Wei, Study on preparing monodispersed hematite nanoparticles by microwace-induced hydrolysis of ferric salts solution, Mat. Res. Bull., 33, 5, p779, 1998.

[41] J. G. Carmona, R. R. Clemente et J. G. Morales, Comparative of microporous VPI-5 using conventional and microwave heating techniques, Zeolites, 18, p340, 1997.

[42] B. L. Newalkar, J. Olanrewaju et S. Komarneni, Direct synthesis of titanium-substituted mesoporous SBA-15 molecular sieve under microwave-hydrothermal conditions, Chem. Mater., 13, p552, 2001.

[43] I. Girnius, M. Pohl, J. Richter-Mendau, M. Schneider, M. Noacq, D. Venzke et J. Caro, Synthesis of Al PO_4^{-5} aluminum phosphate molecular sieve crystals for membrane applications by microwave heating, Adv. Mater., 7, 8, p711, 1995.

[44] S. Komarneni, Q. H. Li et R. Roy, Microwave-hydrothermal processing for synthesis of layered and network phosphates, Micro. Meso. Mat., 20, p39, 1998.

[45] M. Park et S. Komarneni, Rapid synthesis of AlPO4-11 and cloverite by microwave-hydrothermal processing, J. Mater. Chem. 4, 12, p1903, 1994.

[46] S. Komarneni et V. C. Menon, Hydrothermal and microwave-hydrothermal preparation of silica gels, Materials Letters, 27, p313, 1996.

[47] R. K. Sahu, M. L. Rao et S. S. Manoharan, Microwave synthesis of magnetoresistive $La_{0.7}Ba_{0.3}MnO_3$ using inorganic precursors, J. Mat. Sci., 36, p4099, 2001.

[48] Y. Wada, H. Kuramoto, T. Sakata, H. Mori, T. Sumida, T. Kitamura et S. Yanagida, Preparation of nano-sized nickel metal particles by microwave irradiation, Chem. Lett., 7, p607, 1999.

[49] S. Komarneni, R. Pidugu, Q.H. Li et R. Roy, Microwave-hydrothermal processing of metal powders, J. Mat. Res., 10, 7, p1687, 1995.

[50] S. Komarneni, M. Z. Hussein, C. Liu, E. Breval et P. B. Malla, Microwave-hydrothermal processing of metal clusters supported in and/or on montmorillonite, Eur. J. Solid State. Inorg. Chem., 32, p837, 1995.

[51] Y. T. Moon, D. K. Kim et C. H. Kim, Preparation of monodisperse ZrO_2 by the microwave heating of zirconyl chloride solutions, J. Am. Ceram. Soc., 78, 4, p1103, 1995.

[52] J. Y. Choi et D. K. Kim, Preparation of monodisperse and spherical powders by heating of alcohol-aqueous salt solutions, J. Sol-Gel Sci. and Tech., 15, p231, 1999.

[53] S. P. Thanh, F. Gaslain, M. Leblanc et V. Maisonneuve, Rapid synthesis of hybrid fluorides by microwave heating, J. fluor. Chem. 101, p161, 2000.

[54] A. Cirera, A. Vilà, A. Diéguez, A. Cabot, A. cornet et J. R. Morante, Microwave processing for the low cost, mass production of undoped and in-situ catalytic doped nanosized SnO_2 gas sensor powders, Sensors and Actuators B, 64, p65, 2000.

[55] X. H. Liao, J. J. Zhu et H. Y. Chen, Microwave synthesis of nanocrystalline metal sulfides in formaldehyde solution, Mat. Sci. Eng., B85, p85, 2001.

[56] D. Stuerga et P. Gaillard, Microwave athermal effects: A myth's autopsy. Part I : Historical background and fundamentals of wave-matter interaction. Part II : Orienting effects and thermodynamic consequences of electric field, J. Microwave Power and Electromagnetic Energy, 31, 2, p87, 1996.

[57] D. Stuerga, P. Gaillard et M. Lallemant, Microwave heating as a new way to induce localized enhancements of reaction rate. Non isothermal and heterogeneous kinetic, Tetrahedron, 52, 15, p5505, 1996.

Partie B : Les composés oxygénés du fer et les composites métal/ferrite

Introduction

L'objectif de cette partie est de fournir un certain nombre d'éléments bibliographiques relatifs aux modes de préparation, aux structures et à la réactivité des hydroxydes, oxyhydroxydes et oxydes de fer ainsi que le fer métallique et les composites métal/spinelle.

La **figure B.1** présente les filiations entre les ions ferreux et ferriques et ces composés solides. Les possibilités de transformations de ces composés apparaissent sous forme de flèches. Les cercles, les hexagones et les carrés correspondent respectivement aux ions en solution, aux empilements hexagonaux et cubiques. L'hématite, point d'aboutissement de toutes les transformations, est le composé le plus stable thermodynamiquement. La figure met en évidence une filiation entre les différentes structures possibles. En effet, la valence III implique des structures dérivant des empilements hexagonaux compacts (environnement octaédrique du fer). La valence II permet d'obtenir des structures dérivant des empilements cubiques associant des environnements octaédriques et tétraédriques.

Dans le cas de la valence II, cette **figure B.1** est uniquement représentative des phases obtenues par oxydation de l'hydroxyde ferreux. Cependant, l'hydroxyde ferreux peut également dismuter et former des composites métal/spinelle.

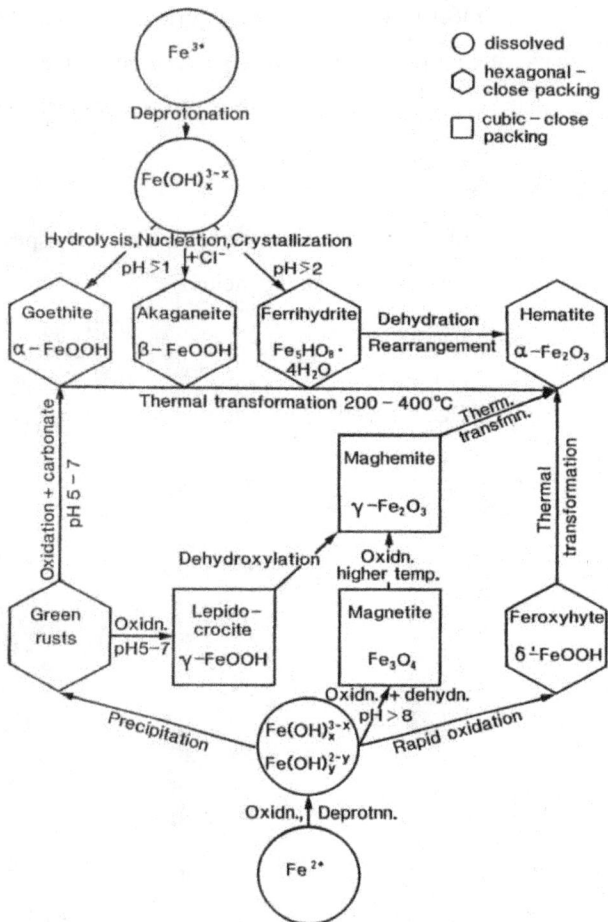

Figure B.1 : Représentation schématique de formation et de transformation des oxydes, des hydroxydes et des oxyhydroxydes de fer [1]

Le premier chapitre de cette partie sera consacré à l'hydroxyde ferreux. Les phases formées par oxydation à partir de cet hydroxyde peuvent se diviser en deux catégories, les oxyhydroxydes d'une part et les oxydes d'autre part. Les deuxième et troisième chapitres seront consacrés à ces deux types de composés.

Les quatrième et cinquième chapitres seront consacrés respectivement au fer métallique et aux composites métal spinelle.

Bibliographie

[1] U. Schwertman et R. C. Cornell, Iron oxides in the laboratory, éditions VCH, Weinheim, 1991.

Chapitre I : L'hydroxyde ferreux

L'étude de la décomposition de l'hydroxyde ferreux $Fe(OH)_2$ a connu un intérêt lié aux recherches des mécanismes de corrosion du fer [1]. Ensuite, ces études ont été poursuivies dans le cadre de la modélisation de systèmes enzymatiques produisant de l'hydrogène gazeux ou dans le développement de systèmes chimiques pouvant réduire l'azote de l'air dans des conditions douces [2].

1) Formation et stabilité

L'hydroxyde ferreux est formé par précipitation en milieu basique à partir de solutions de fer ferreux. Pur et bien cristallisé, $Fe(OH)_2$ est un solide blanc [3]. Cependant, la couleur verte observée en solution aqueuse résulte de traces d'ions ferriques provenant de l'oxydation à l'air. Ses suspensions sont communément appelées "green rust" par analogie avec les suspensions orangées d'hydroxyde ferrique obtenues en corrosion humide. Sa structure cristallographique est hexagonale et il cristallise dans le groupe d'espace $P\bar{3}m1$ avec a = 0.3258 nm et c = 0.4605 nm.

La figure B.I.1 met en évidence la zone de précipitation de l'ions ferreux en solution en fonction de sa concentration et du pH [4]. On note que l'hydroxyde ferreux se redissout à pH très basique pour les fortes concentrations en ion ferreux. Contrairement à l'ion ferrique qui précipite sous forme d'hydroxyde à des pH très bas, (1 à 2 selon la concentration), le fer ferreux présente un pH de précipitation de l'ordre de 6.5 à 7 pour les concentrations comprises entre 0 et 1 M. Par ailleurs, les solutions aqueuses de chlorure ferreux sont acides avec des pH variant de 2 à 4 selon la concentration.

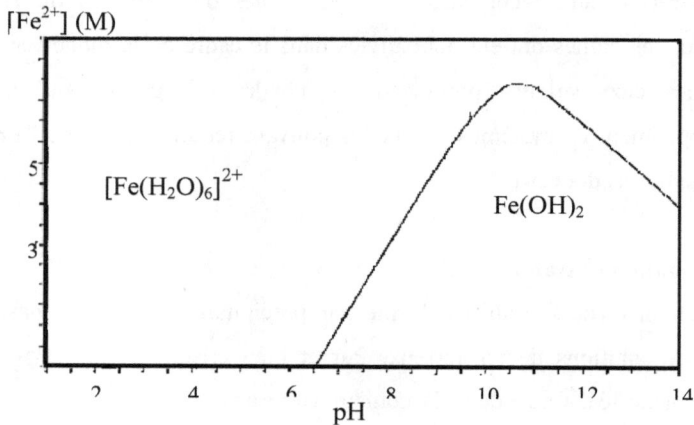

Figure B.I.1 : Diagramme d'équilibre métal-ligand du fer ferreux en solution aqueuse [4] en fonction du pH. La courbe en cloche délimite le domaine de précipitation de l'hydroxyde

La figure B.I.2 décrit le diagramme de Pourbaix de l'élément fer [5]. Il apparaît sur ce diagramme de stabilité thermodynamique que la valence II de l'élément fer n'est pas stable dans les solutions aqueuses en présence d'oxygène (limite supérieure du domaine de stabilité thermodynamique de l'eau). En conséquence, les suspensions d'hydroxyde ferreux sont instables et s'oxydent très facilement tandis que les solutions aqueuses acides d'ions ferreux contiennent toujours une faible proportion de fer ferrique. D'autre part, cette oxydation est également favorisée photochimiquement [6].

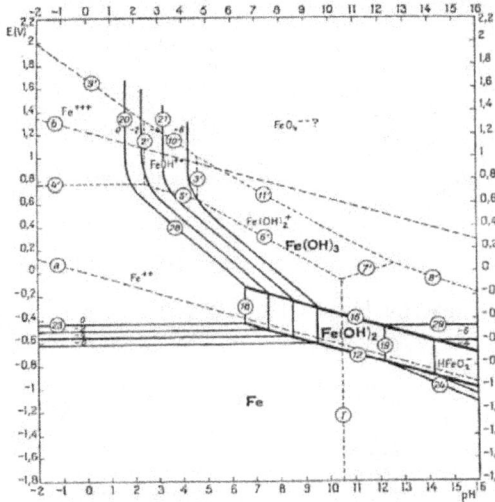

Figure B.I.2 : Diagramme d'équilibre de Pourbaix du système fer-eau à 25°C en considérant comme corps solide Fe, Fe(OH)$_2$ et Fe(OH)$_3$ [5]

2) Réactivité en milieu anaérobie

Fe(OH)$_2$ est très sensible à l'oxydation par l'oxygène de l'air et peut évoluer vers des hydroxydes ou des oxydes de fer contenant du fer ferrique en proportions variables suivant les conditions de température, pH, atmosphère…[7]. Il est donc très instable et doit être conservé en milieu anaérobie.

2.1) Oxydation

En milieu anaérobie, l'hydroxyde ferreux en solution aqueuse peut aussi s'oxyder par réaction avec l'eau. Cette réaction, moins favorisée thermodynamiquement que l'oxydation par l'oxygène de l'air, se produit au delà de 100°C et s'accompagne d'un dégagement d'hydrogène. Cependant, elle est incomplète car seulement 16% de la quantité stœchiométrique attendue d'hydrogène est obtenu. Elle est catalysée par certains sels ou métaux finement divisés et conduit à différentes espèces du fer ferrique (oxyhydroxydes ou oxydes). Si le résultat final est la magnétite, on peut alors considérer la réaction bilan suivante :

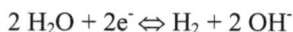

$$3 \ Fe(OH)_2 + 2 \ OH^- \Leftrightarrow Fe_3O_4 + 4 \ H_2O + 2e^-$$
$$2 \ H_2O + 2e^- \Leftrightarrow H_2 + 2 \ OH^-$$

$$3 \ Fe(OH)_2 \Leftrightarrow Fe_3O_4 + 2 \ H_2O + H_2$$

Cette réaction est appelée communément réaction de Schirror. D'autres composés peuvent se former en fonction des contraintes appliquées au milieu. Toutes les phases pouvant apparaître par oxydation de solutions de fer ferreux seront présentées lors des chapitres 2 et 3 de cette partie.

2.2) Dismutation

Shipko et al. [1] ont étudié la stabilité de l'hydroxyde ferreux solide de 0 à 300°C en suivant l'évolution du volume d'hydrogène dégagé et la nature de la phase solide par diffraction des rayons X. A basse température, les auteurs ont interprété le dégagement d'hydrogène comme résultant de l'oxydation mais pour des températures supérieures à 178°C, ils ont noté que la phase solide est constituée d'une phase spinelle et de fer métallique. Ces résultats ont amené les auteurs à considérer que l'hydroxyde ferreux pouvait dismuter comme le monoxyde de fer FeO. En effet, la dismutation de ce composé a été mise en évidence sans ambiguïté pour des températures inférieures à 570°C par Chaudron et al. [8] lors de l'établissement des diagrammes de stabilité du fer et de ses oxydes. L'équation bilan est la suivante :

$$4\ FeO \Leftrightarrow Fe^0 + Fe_3O_4$$

La dismutation de l'hydroxyde ferreux conduit aux équilibres suivants :

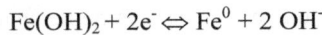

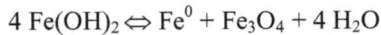

$$Fe(OH)_2 + 2e^- \Leftrightarrow Fe^0 + 2\ OH^-$$
$$3\ Fe(OH)_2 + 2\ OH^- \Leftrightarrow Fe_3O_4 + 4\ H_2O + 2e^-$$

$$\overline{}$$

$$4\ Fe(OH)_2 \Leftrightarrow Fe^0 + Fe_3O_4 + 4\ H_2O$$

Le métal apparaissant sous forme d'agrégats ou de fines particules sensibles à l'oxydation par l'eau évoluent suivant les équilibres :

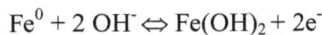

$$Fe^0 + 2\ OH^- \Leftrightarrow Fe(OH)_2 + 2e^-$$
$$2\ H_2O + 2e^- \Leftrightarrow H_2 + 2\ OH^-$$

$$\overline{}$$

$$Fe^0 + 2\ H_2O \Leftrightarrow Fe(OH)_2 + H_2$$

On peut constater que la dismutation de l'hydroxyde ferreux suivie de l'oxydation du fer métallique généré conduit globalement à l'oxydation évoquée lors du paragraphe 2.1.

Notre but est de déterminer les conditions dans lesquelles les deux réactions sont observées et les paramètres propres à chacune d'elles car ces deux réactions sont compétitives.

Schrauzer et al. [2] ont étudié l'influence de différents paramètres sur la décomposition de l'hydroxyde ferreux. Plusieurs résultats expérimentaux mettent en évidence la présence de fer métallique. Les auteurs concluent que la décomposition de $Fe(OH)_2$, et donc la production d'hydrogène associée, résultent principalement d'une dismutation suivie d'une oxydation des particules de fer métallique obtenues. Les rendements de dismutation restent faibles, la dismutation n'est donc que partielle. Cependant, les auteurs ont mis en évidence certaines conditions favorisant la dismutation au détriment de l'oxydation comme :

♣ un excès d'ions OH^-,

♣ un hydroxyde mal cristallisé,

♣ ajouter des agents complexant faibles permettant de rendre le cation disponible,

♣ combiner l'hydroxyde ferreux avec l'hydroxyde de nickel.

Plus récemment, Pourroy et al. [9] ont obtenu des composites métal / phase spinelle dont la partie métallique provient de la dismutation de

130

l'hydroxyde ferreux. L'étude de ces composés et de leur mode d'élaboration fera l'objet du cinquième et dernier chapitre de cette partie. Fievet et al. [10] utilisent aussi la dismutation de l'hydroxyde ferreux pour obtenir des poudres fines de fer métalliques qu'ils associent ensuite à des poudres de nickel et/ou de cobalt métallique pour former des intermétalliques grâce au procédé polyol que nous allons présenter dans le quatrième chapitre de cette partie.

Bibliographie

[1] F. J. Shipko et D. L. Douglas, Stability of ferrous hydroxide precipitates, J. Phys. Chem., 60, p1519, 1956.

[2] G. N. Schrauzer et T. D. Guth, Hydrogen evolving system.1. The formation of H_2 from aqueous suspensions of $Fe(OH)_2$ and reactions with reducible substrates, including molecular nitrogen, J. Am. Chem. Soc., 98, p3508, 1976.

[3] J. D. Bernal, D. R. Dasgupta et A. L. Mackay, The oxides and hydroxides of iron and their structural inter-relationships, Clay Min. Bull., 4, p15, 1959.

[4] J. Kragten, Atlas of metal-ligand equilibria in aqueous solution, Ellis Horwoods limited, 1977.

[5] M. Pourbaix, Atlas d'équilibres électrochimiques à 25°C, Ghautier-Villars et compagnie, 1963.

[6] V. Balzani et V. Carassiti, Photochemistry of coordination compounds, Academic Press London et New York, 1970.

[7] G. Bates, Recording materials, Ferromagnetic materials, Vol.2, éditions E. P. Wohlfarth.

[8] G. Chaudron, Etude des réactions réversibles de l'hydrogène et de l'oxyde de carbone sur les oxydes métalliques, Ann. Chem., p221, 1921.

[9] S. Läkamp, Composites métal / spinelle à base de fer et de cobalt : les paramètres de la synthèse et leur influence sur les propriétés physiques, thèse de doctorat, Université Louis Pasteur : Strasbourg I, 1996.

[10] G. Viau, F. Fievet-Vincent et F. Fievet, Nucleation and growth of bimetallic CoNi and FeNi monodisperse particles prepared in polyols, Sol. Stat. Ion., 84, 3-4, p2027, 1996.

Chapitre II : Les oxyhydroxydes (FeOOH)

Dans un premier temps, il est important de noter que tous les oxyhydroxydes de fer conduiront toujours, au final à l'hématite, par déshydratation avec passage ou non par une structure spinelle [1].

1) La ferrihydrite

La ferrihydrite est souvent le composé qui précipite lors de l'hydrolyse rapide des solutions ferriques. Ce composé existe à l'état naturel dans les latérites.

1.1) Structure

La structure exacte de la ferrihydrite n'est pas parfaitement connue. Cependant, parmi les nombreux travaux sur la ferrihydrite, l'un des plus récents [2] propose un modèle basé sur la théorie des liaisons de valence et sur l'étude des interactions entre les molécules d'eau des deux premières sphères d'hydratation décrivant la structure de surface de la ferrihydrite (**figure B.II.1**). Ce modèle montre que les atomes de fer de surface sont liés à des molécules d'eau constituant la première sphère d'hydratation, contrairement aux atomes de fer du cœur liés par des ponts oxo ou hydroxo.

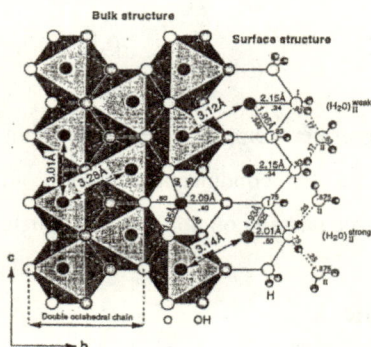

Figure B.II.1 : Modèle structural de l'environnement des atomes de fer de surface dans la ferrihydrite [2]

Deux types de ferrihydrites ont été mis en évidence selon le diffractogramme obtenu : la ferrihydrite deux lignes et la ferrihydrite six lignes. Drits et al. [3] ont essayé de proposer un modèle pour ces deux types par comparaison des diffractogrammes expérimentaux et des diffractogrammes calculés à partir des modèles structuraux lamellaires et pseudolamellaires contenant de nombreux défauts. La **figure B.II.2** présente les diffractogrammes expérimentaux des deux types de ferrihydrite. Le diffractogramme de la ferrihydrite 2 lignes (**figure B.II.2a**) présente deux massifs à 0.255 et 0.150 nm et la ferrihydrite 6 lignes six raies larges comprises entre 0.260 et 0.148 nm (**figure B.II.2b**). Ces diffractogrammes mettent en évidence la mauvaise cristallinité et/ou une taille moyenne très petite des grains de ferrihydrite (grain élémentaire : 6 nm).

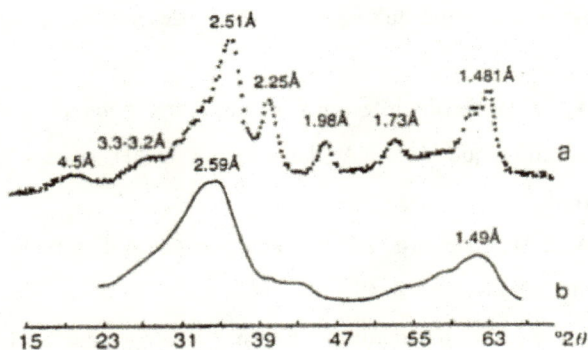

Figure B.II.2 : Diffractogrammes expérimentaux des deux types de ferrihydrite enregistrés avec la radiation K_α du cuivre [3]

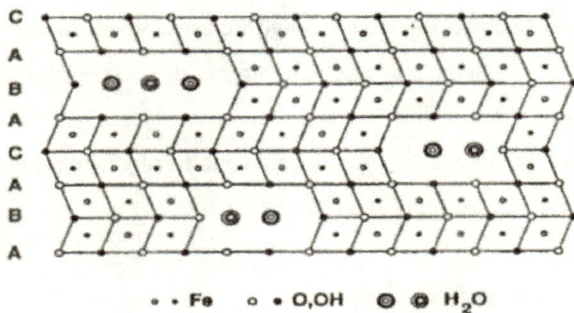

• • Fe   ○ • O,OH   ◎ ◉ H₂O

Figure B.II.3 : Projection selon le vecteur [1 -1 0] du modèle structural proposé pour la ferrihydrite à partir d'un empilement anionique périodique 3D. Les cercles vides et pleins représentent des atomes situés à des cotes différentes selon l'axe de projection [3].

Le modèle structural proposé par les auteurs est présenté **figure B.II.3**. Il montre que la ferrihydrite serait un mélange de trois composants :

♣ de la ferrihydrite sans défaut correspondant à un empilement compact anionique ABACA dans lequel le fer occupe 50% des sites octaédriques,

♣ de la ferrihydrite avec défauts constituée d'un mélange aléatoire de fragments Ac_1Bc_2A et Ab_1Cb_2A,

♣ des grains d'hématite de dimension comprise entre 1 et 2 nm, ce qui peut expliquer la grande largeur des raies de diffraction.

La principale différence entre les deux types de ferrihydrite provient de la taille des domaines cohérents de structure.

Cependant, la structure de la ferrihydrite est toujours source de litiges, en particulier au niveau de la position des atomes de fer en sites octaédriques ou tétraédriques et des recherches sont encore menées. De nombreux auteurs s'accordent à dire que la structure locale de la ferrihydrite est proche de celle des oxyhydroxydes qui seront décrits par la suite.

1.2) Modes de préparation

La ferrihydrite est obtenue à partir d'une solution aqueuse de fer ferrique par augmentation rapide de la température (Ferrihydrite 6 lignes) ou du pH (Ferrihydrite 2 lignes).

Par augmentation de la température, le protocole suivant est mis au point sous chauffage classique mais peut être facilement transposé sous chauffage microondes par exemple. Il est nécessaire de préchauffer l'eau distillée (75°C) avant d'ajouter le nitrate de fer ferrique hydraté en agitant vigoureusement. Le mélange est ensuite maintenu à 75°C pendant 10 minutes environ jusqu'à ce que la solution vire au marron rouge foncé sans qu'aucun précipité ne se forme. La solution est ensuite refroidie rapidement dans un mélange eau glace puis le gâteau est lavé pendant trois jours. Le liquide est ensuite évaporé pour isoler le produit.

Par augmentation du pH, le nitrate de fer ferrique est dissous dans l'eau et mélangé à une solution d'hydroxyde de potassium ajoutée lentement de façon à ce que le pH reste entre 7 et 8. Il se forme un précipité orange. Le mélange est ensuite agité vigoureusement puis centrifugé et lavé afin d'éliminer les électrolytes puis séché par évaporation.

La ferrihydrite 6 lignes se présente sous forme de particules sphériques de 2 à 6 nanomètres alors que la ferrihydrite 2 lignes est très agglomérée.

1.3) Réactivité

A l'air ou dans l'eau, la ferrihydrite, sous forme 2 lignes ou sous forme 6 lignes, évolue vers la goethite ou vers l'hématite et est utilisée comme précurseur de ces deux phases. Cependant, elle reste stable assez longtemps à l'air (plusieurs années) car elle est protégée par de l'eau physisorbée à sa surface. Elle peut être très facilement protégée de cette transformation par des petites quantités de silicates ou de phosphates adsorbés [4].

2) La goethite α-FeOOH

La goethite est l'oxyhydroxyde le plus présent sur terre à l'état naturel. Sa synthèse est aussi très étudiée au laboratoire notamment parce qu'il sert de modèle, en particulier pour les études de corrosion [5]. Sous forme de poudre, la goethite est de couleur orange.

2.1) Structure

La structure sous forme polyédrique de la goethite est présentée **figure B.II.4**. Elle est composée de groupes d'octaèdres reliés par des arêtes et par des sommets. Les liaisons hydrogènes complètent la mise en commun de ces groupes d'octaèdres. La structure est donc très stable. Cependant, elle se transforme très facilement en hématite par deshydratation.

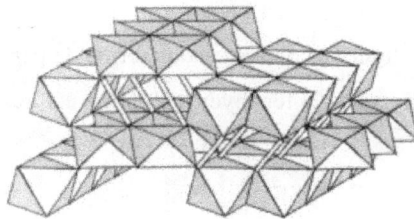

Figure B.II.4 : Description polyédrale de la goethite [6]. Les lignes doubles reliant les octaèdres représentent les liaisons hydrogène

La goethite cristallise dans le système orthorhombique avec comme paramètres de maille : a = 0.464 nm, b = 1.00 nm et c = 0.303 nm. Les cations sont répartis régulièrement dans les sites octaédriques, ce qui explique la transformation en hématite et non en phase spinelle ou des cations en sites tétraédriques sont nécessaires.

2.2) Modes de préparation

La goethite peut être synthétisée à partir de fer ferrique ou ferreux. Dans le cas du fer ferrique, elle est préparée à partir du nitrate hydraté mélangé sous agitation avec de la potasse concentrée (5M). Les nitrates ne jouent aucun rôle lors de l'hydrolyse contrairement aux chlorures comme nous le verrons plus loin. Il apparaît alors de la ferrihydrite. La solution est ensuite diluée avec de l'eau distillée puis chauffée à 70°C pendant soixante heures. Le passage de la ferrihydrite à la goethite a lieu par dissolution recristallisation [7]. La poudre jaune marron est ensuite centrifugée lavée et séchée.

Dans le cas du fer ferreux, elle est obtenue à partir de chlorure hydraté ou de sulfate hydraté. La solution est placée sous atmosphère neutre pour éviter toute oxydation prématurée et sous agitation. Une solution d'hydroxycarbonate de sodium est ensuite ajoutée et le gaz neutre est remplacé par de l'air. Le mélange est laissé sous agitation pendant 48 heures. Le produit est ensuite extrait, lavé puis séché.

La goethite obtenue se présente sous forme de cristaux aciculaires allongés selon l'axe c. Elle est moins bien cristallisée lorsqu'elle est préparée à partir du fer ferreux.

De nombreuses goethites substituées sont aussi synthétisées pour les études de corrosion. Les protocoles sont les mêmes en ajoutant le cation désiré et avec des temps de synthèse plus longs.

3) L'akaganéïte β-FeOOH

Comme la goethite, l'akaganéïte est constituée d'octaèdres reliés par des sommets et des arêtes. Cependant, elle se forme uniquement lorsque des chlorures (ou fluorures) sont présents en solutions et qu'elle contient un pourcentage de chlorures ou de fluorures (<10%) substituant certains ions hydroxydes (**figure B.II.5**) qu'il est ensuite impossible d'éliminer totalement sans détruire la structure.

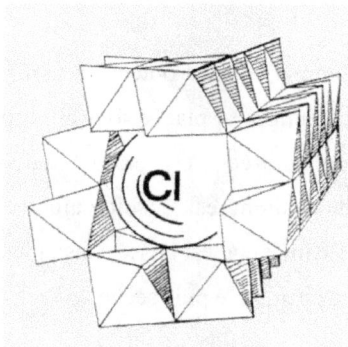

Figure B.II.5 : Positionnement des ions chlorures dans l'akaganéïte

3.1) Structure

L'akaganéïte cristallise dans le système tétragonal avec comme paramètres de maille : a = 1.053 nm et c = 0.303 nm. Comme pour la goethite, les cations sont répartis régulièrement dans les sites octaédriques, ce qui explique la transformation en hématite et non en phase spinelle ou des cations en sites tétraédriques sont nécessaires.

3.2) Modes de préparation

Comme la ferrihydrite, la phase peut être obtenue par augmentation de la température ou du pH. Dans les deux cas, le précurseur est le chlorure ferrique. Par augmentation de la température, la synthèse nécessite 8 jours à 40°C. Un précipité jaune apparaît alors par olation et oxolation pendant que le pH diminue de 1.7 à 1.2. Ce précipité est ensuite récupéré, lavé et séché traditionnellement. Par cette méthode, les particules obtenues sont aciculaires et la direction de croissance correspond à l'axe c.

Par augmentation du pH, la concentration en base doit être faible (pH<5) de façon à éviter la formation de ferrihydrite qui est favorisée pour les pH supérieurs. Lors du mélange, il se forme un précipité qui se redissout. Le mélange est ensuite laissé à température ambiante pendant 50 heures avant un deuxième ajout de base pour terminer la réaction et un chauffage à 70°C dans un réacteur fermé pendant huit jours. Le précipité marron est ensuite lavé et séché. Les cristaux obtenus sont des bâtonnets de 50 nanomètres de longueur.

4) La lépidocrocite ϒ-FeOOH

4.1) Structure

Contrairement à la goethite et à l'akaganéïte, la lépidocrocite possède une structure lamellaire bidimensionnelle (**figure B.II.6**) qui proviendrait d'une réaction topotactique lors de sa formation par oxydation de l'hydroxyde ferreux [8]. Une description polyédrique de la structure est présentée **figure B.II.7**. Elle met en évidence des blocs d'octaèdres reliés par leurs arêtes. Ces blocs sont reliés entre eux par des liaisons hydrogène.

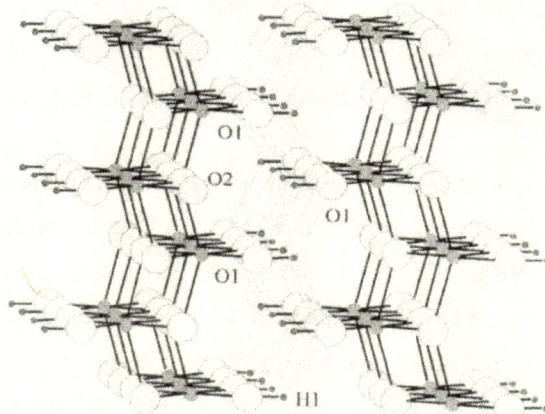

Figure B.II.6 : Structure lamellaire de la lépidocrocite [8]

La lépidocrocite cristallise dans le système orthorhombique avec comme paramètres de maille : a = 0.387 nm, b = 1.24 nm et c = 0.306 nm. Il est important de noter que la lépidocrocite est le seul oxyhydroxyde ferrique à évoluer vers une phase spinelle par deshydroxylation [9] alors que les autres formes évoluent toutes directement vers l'hématite (**figure B.1**). Ceci est certainement dû à la présence de cations en sites tétraédriques. Cependant, à notre connaissance, aucun auteur n'a mis en évidence cette particularité.

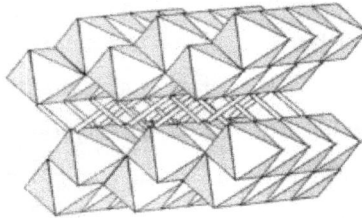

Figure B.II.7 : Description polyédrique de la lépidocrocite [6]

4.2) Modes de préparation

Contrairement aux oxyhydroxydes cités plus haut, la lépidocrocite est préparée à partir de solutions de fer ferreux par oxydation contrôlée. Le chlorure ferreux hydraté dissous dans l'eau distillée est placé dans un bécher équipé d'un système d'agitation, d'une burette, d'un contrôle de l'atmosphère et d'un système de mesure du pH. La solution doit être filtrée si des traces oranges sont déjà visibles (akaganéïte). Le contrôle du pH est très important (6.7<pH<6.9) lors de l'ajout de soude. Le mélange est ensuite placé sous courant d'air (200 ml par minute) pendant 2 heures environ. La suspension passe alors au gris puis à l'orange et le pH est ajusté tout au long de la synthèse par ajout de base pour neutraliser les protons résultants de l'oxydation. Le précipité est ensuite isolé, lavé et séché. Les cristaux obtenus sont allongés dans la direction c et se présentent sous forme de filaments.

5) La feroxyhyte δ-FeOOH

5.1) Structure

La feroxyhyte est l'oxyhydroxide le moins bien cristallisé, il en résulte une mauvaise connaissance de sa structure qui est toujours source de litiges. Francombe et al. [10] la décrivent comme une structure CdI_2 désordonnée avec des cations distribués en sites octaédriques et tétraédriques alors que Pernet et al. [11] placent les cations dans deux types de sites octaédriques avec des environnements différents. Il en résulte un groupe d'espace toujours inconnu et donc, une structure impossible à représenter sous forme de polyèdres. La feroxyhyte évolue lentement vers l'hématite par chauffage.

La feroxyhyte cristallise dans le système hexagonal avec comme paramètres de maille : a = 0.294 nm et c = 0.449 nm. Ces paramètres de maille sont proches de ceux de l'hydroxyde ferreux à partir duquel il est formé par oxydation rapide.

5.2) Modes de préparation

La feroxyhyte est aussi obtenue à partir de chlorure de fer ferreux en solution aqueuse. Le pH doit être augmenté très rapidement jusqu'à 8 par un ajout de soude très concentrée (environ 5 mol.L^{-1}) sous agitation. Il se forme alors un précipité vert sur lequel il faut ajouter rapidement une solution d'eau oxygénée. Le précipité vire alors au marron et le pH diminue jusqu'à 2 à cause de l'excès de protons engendrés. La réaction est violente et le pH est réajusté à huit par ajout d'hydroxyde de sodium concentré. Le précipité est ensuite isolé, lavé et séché. La feroxyhyte est mal cristallisée et se présente sous forme de plaques fines. Elle est mieux cristallisée lorsqu'elle est formée sous atmosphère inerte [11].

Les oxyhydroxydes ne sont donc pas très stables de façon générale. Cependant, le passage par ces entités régit cependant la phase finale obtenue si bien que le passage par certaine de ces entités est impossible pour fabriquer une phase finale voulue.

Bibliographie

[1] U. Schwertman et R. C. Cornell, Iron oxides in the laboratory, éditions VCH, Weinheim, 1991.

[2] A. Manceau et W. P. Gates, Surface structural model for ferrihydrite, Clays Clay Min., 45, 3, p448, 1997.

[3] V. A. Drits, B. A. Sakharov, A. L. Salyn et A. Manceau, Structural model for ferrihydrite, Clay Min., 28, p185, 1993.

[4] U. Schwertmann et W. R. Fischer, Natural amorphous ferric hydroxide, Geoderma, 10, p237, 1973.

[5] P. Sarin, V. L. Snoeyink, J. Bebee, W. M. Kriven et J. A. Clement, Physico-chemical characteristics of corrosion scales in old iron pipes, Wat. Res., 35, 12, p2961, 2001.

[6] S. Suzuki, T. Suzuki, M. Kimura, Y. Takagi, K. Schinoda, K. Tohji et Y. Waseda, EXAFS characterization of ferric oxyhydroxides, App. Surf. Sci., 169, p109, 2001.

[7] J. Böhm, Über aluminium und eisenoxide I, Z. Anorg. Allg. Chem, 149, p203, 1925.

[8] Y. Cudennec et A. Lecerf, Etude du type structural de Υ-FeO(OH)$_{(s)}$ et comparaison avec la structure de Cu(OH)$_{2(s)}$, C. R. Acad. Sci., 4, p885, 2001.

[9] G. B. McGarvey, K. B. Burnett et D. G. Owen, Preparation and reactivity of lepidocrocite under simulated feedwater conditions, Ind. Eng. Chem. Res., 37, p412, 1998.

[10] M. H. Framcombe et H. P. Rooksby, Structure transformations effected by the dehydration of diaspore, goethite and delta ferric oxide, Clay Min. Bull., 4, p1, 1959.

[11] M. Pernet, X. Obradors, J. Fontcuberta, J. C. Joubert et J. Tejada, Magnetic structure and supermagnetic properties of δ-ferric oxyhydroxide (FeOOH), IEEE Trans. Magn., 20, p1524, 1983.

[12] M. Gotic, S. Popovic et S. Music, Formation and characterization of δ-FeOOH, Mat. Lett., 21, p289, 1994.

Chapitre III : Les oxydes

Comme nous l'avons vu au cours du chapitre I, le protoxyde de fer FeO n'est pas stable en dessous de 570°C et dismute. Nous ne décrirons donc pas se composé qui n'est stable que pour des températures supérieures à nos températures de travail.

Contrairement aux oxyhydroxydes, les autres oxydes de fer, formés à partir de solutions de fer ferreux sont stables à l'air et peuvent, par conséquent, être utilisés pour de nombreuses applications comme nous le verrons tout au long de ce chapitre.

1) L'hématite : $\alpha\text{-Fe}_2\text{O}_3$

1.1) Structure

L'hématite est l'oxyde le plus stable. Elle cristallise dans la structure rhomboédrique qui représente un tiers de la maille hexagonale. Elle est isomorphe de l'alumine et ses paramètres de maille sont a = 0.542 nm et α = 55.28°. Les ions oxygène forment un assemblage hexagonal compact et les ions ferriques occupent les deux tiers des sites octaédriques. Une représentation polyédrique est présentée **figure B.III.1**. Elle met en évidence des octaèdres reliés par des faces, par des arêtes et par des sommets. La structure est donc très compacte et très stable par rapport aux oxyhydroxydes présentés précédemment.

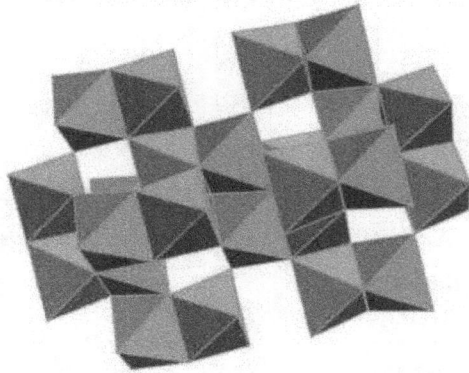

Figure B.III.1 : Description polyédrique de l'hématite [1]

1.2) Modes de préparation

L'hématite est préparée par de nombreuses voies qui peuvent être classifiées en trois grandes catégories : les synthèses par voie solide, les synthèse en phase vapeur et les synthèses par voie humide.

Les méthodes les plus communes sont celles par voies solides par décomposition d'oxyhydroxydes ou de sels de fer. Le procédé industriel (Rüthner) procède par oxydation thermique de chlorure ferrique. De nombreuses méthodes mettent en jeu, comme le procédé Rüthner, une calcination. Cependant, toutes ces méthodes conduisent à des particules de taille micrométrique dans le meilleur des cas même en utilisant l'activation mécanique pour les provoquer. Il en résulte des particules de morphologie

---

[1] http://www.webelements.com

irrégulière, des distributions élevées et un degré d'agrégation important. De plus, les temps de réaction sont souvent très longs (Plusieurs heures).

La préparation en phase vapeur comme la chimie en phase vapeur induite par plasma [1] reviennent très cher. De plus, elles conduisent à des particules agglomérées et coagulées et donc, une mauvaise distribution par rapport aux poudres obtenues par voie liquide.

Les techniques sol-gel et de précipitation sont beaucoup utilisées pour la préparation de poudres fines. Elles consistent à préparer un gel ou un précurseur réactif (hydroxyde, oxalate) qui est ensuite calciné pour obtenir l'hématite par décomposition de ce précurseur [2]. L'inconvénient de la méthode réside dans le fait que les particules très fines du précurseur ne sont pas conservées lors de la deuxième étape et deviennent mal définies et agrégées.

Contrairement à ces méthodes, la thermohydrolyse conduit à l'hématite en un seul traitement [3]. La précipitation d'hématite à partir de solutions a été étudiée par de nombreux auteurs. Il a été montré que l'obtention de la phase ainsi que la morphologie et la taille des particules dépend de la concentration en précurseur de fer, du pH, de la température du temps de réaction, du contre ion... comme nous l'avons vu lors de la description de la méthode dans le chapitre I. Rigneau [4] et Bellon [5] ont d'ailleurs été confrontés à ces problèmes en fabriquant de l'hématite par thermohydrolyse sous microondes. Cependant, cette méthode semble être la méthode la plus adaptée pour obtenir des particules nanométriques régulières et non agglomérées.

1.3) Applications

La préparation de particules d'oxydes de fer ferrique a été très étudiée car leurs applications sont nombreuses. Elles englobent les matériaux pour l'enregistrement magnétique, la catalyse, les capteurs de gaz et les agents anticorrosion [6]. Les propriétés des oxydes dépendent fortement de la morphologie et de la taille des particules primaires. L'hématite est un semi-conducteur anti-ferromagnétique et une matière première pour la préparation des ferrites qui sont très utilisés dans l'enregistrement magnétique et magnéto-optique comme nous le verrons dans la partie suivante. Les propriétés du ferrite finale dépendent énormément de la qualité des matières premières, en particulier au niveau de la pureté, de la taille et de la morphologie.

L'hématite est aussi très utilisée depuis la préhistoire pour la décoration. Les nuances de couleur dépendent directement de la taille des particules et de leur niveau d'agrégation et vont du jaune au noir. De nos jours, les industries de cosmétique et de peinture moderne mettent l'accent sur le contrôle de la distribution pour élargir les nuances dans la gamme du rouge.

2) Les ferrites

Les ferrites cristallisent sous forme spinelle. Nous allons donc, dans un premier temps, présenter cette structure cristalline.

2.1) La structure spinelle

La structure cristalline spinelle tire son nom du composé minéral $MgAl_2O_4$ nommé spinel de symétrie cubique et de groupe d'espace Fd3m. Sa structure cristalline est composée d'un assemblage compact cubique à faces centrées d'ions 0^{2-} délimitant des sites cristallographiques octaédriques (B) et tétraédriques (A) dans lesquels prennent place les différents cations nécessaires à la neutralité de la maille. La diversité des oxydes de métaux de transition de structure spinelle est très importante (chromites, manganites, ferrites…), ce qui permet de trouver, au sein de cette famille, des matériaux possédant différentes propriétés physico-chimiques. Ceci est particulièrement vrai pour les ferrites qui nous intéressent ici.

La maille primitive du réseau de formule $A_8B_{16}O_{32}$ est composée de huit motifs AB_2O_4. Seulement 1/8 des sites tétraédriques et la moitié des sites octaédriques sont occupés. Les **figures B.III.2** et **B.III.3** présentent la maille primitive et une description polyédrique de la structure. Seuls les atomes appartenant à un quart de la maille sont représentés puisque cette maille peut être divisée en huit octants d'arête a/2 composés de deux groupes de quatre comme le montre la figure 4. La structure peut donc aussi être décrite par un empilement cubique à faces centrées de cubes de type A et de cubes de type B où les cubes A contiennent un groupe A_2O_4 (A de coordination 4) et les cubes B un groupe B_4O_4 (B de coordination 6). On peut noter que deux sites octaédriques sont soudés par une arête de l'octaèdre et donc, que deux sites octaédriques ont deux atomes oxygène en commun. En revanche, les sites tétraédriques ne présentent pas d'anions en commun avec les autres tétraèdres.

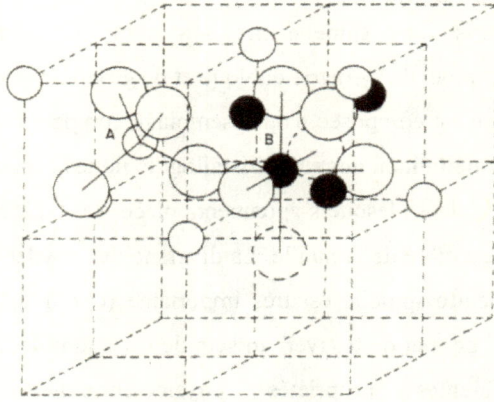

a

Figure B.III.2 : Maille primitive de la structure spinelle [7]

Figure B.III.3 : Description polyédrique de la magnétite [2]

---

[2] http://www.webelements.com

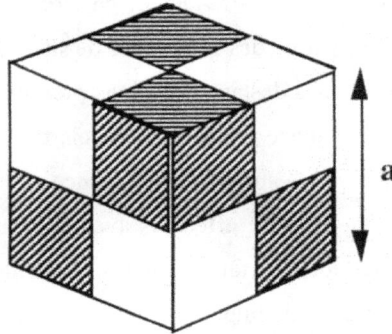

Figure B.III.4 : Représentation schématique par les octants de la structure spinelle [8]

Ces représentations (**figure B.III.2** et **B.III.3**) correspondent à la structure spinelle idéale. Dans la réalité, on note souvent des déformations des sites octaédriques et tétraédriques dues à la taille des cations insérés dans les sites. Cependant, ces déformations ne sont pas assez importantes pour changer la symétrie des sites et donc de la maille.

2.2) Structure spinelle directe et inverse

Un ferrite est constitué d'anions O^{2-}, de cations ferrique Fe^{3+} et d'autres cations. Pour pouvoir occuper les différents types de sites, ces cations doivent avoir un rayon compris entre 0.5 et 1 Angström, ce qui donne une large palette de possibilités. Les valences de ces cations peuvent aller de +1 à +6 (De Li^+ à Mo^{6+} par exemple) [9].

L'ion ferrique s'insère parfaitement en site tétraédrique comme en site octaédrique. L'occupation des deux types de sites est donc déterminée par les propriétés individuelles des autres cations présents dans la structure comme leur taille et leur valence. Par soucis de clarté, les exemples présentés ici mettront en jeu un cation à la valence 2. Cependant, les mêmes raisonnements peuvent être effectués avec des cations à d'autres valences. Généralement, les ions de faible valence et de faible rayon et les ions de valence élevée et de taille importante (Co^{2+}, Ni^{2+}, Fe^{2+}...) ont une préférence pour les sites octaédriques. Dans ce cas, on parle de ferrite inverse de formule :

$$(Fe^{3+})_A[Fe^{3+}, M^{2+}]_B O_4$$

M = Co, Ni, Fe…

En revanche, les ions de rayon important et de faible valence (Mn^{2+}, Zn^{2+}...) se placent préférentiellement en sites tétraédriques ainsi que les ions de faibles rayon et de valence élevée. Dans ce cas, on parle de ferrite direct de formule :

$$(M^{2+})_A[Fe^{3+}, Fe^{3+}]_B O_4$$

M = Mn, Zn…

Ces deux cas sont cependant des cas limites. En effet, il existe des ferrites comme le ferrite de magnésium qui sont partiellement inversés et lorsque des ions trivalents sont ajoutés, ils peuvent venir substituer une partie des fer ferriques plutôt que se placer dans les sites vacants.

On peut noter qu'il est très important de connaître l'occupation des deux sous réseaux car elle détermine fortement les propriétés magnétiques et électroniques des matériaux étudiés. C'est pourquoi, de nombreuses études ont été menées pour déterminer la distribution des cations dans les ferrites [10-11].

2.3) Modes de préparation
2.3.1) La voie céramique

La méthode céramique ou synthèse par voie solide qui est la plus ancienne est aussi la plus utilisée industriellement. De manière simplifiée, le "process" consiste à mélanger intimement des oxydes et / ou des carbonates des cations voulus. Ce mélange est ensuite broyé, compacté dans la forme voulue puis fritté. Le point de fusion des ferrites étant très élevé, la réaction et la densification ont lieu simultanément à l'état solide [12-13]. Les températures de frittage sont très élevées et conduisent à des massifs composés de grains de taille micrométrique. Cependant, la synthèse seule pour obtenir des poudres peut aussi être effectuée en supprimant l'étape de compactage et en abaissant la température de traitement car les températures de synthèse sont inférieures aux températures de frittage.

Afin d'obtenir des tailles de grains nanométriques, d'autres méthodes ont été mises au point. La chimie douce fait partie de ces méthodes comme nous l'avons vu dans le chapitre I.

2.3.2) La méthodes impliquant un broyage

Le broyage à haute énergie est apparu dans les années 60-70. Il a connu un essor considérable depuis la découverte de son intérêt pour obtenir des solides amorphes ou des nanomatériaux. Cette technique est généralement appliquée à la synthèse d'oxydes nanométriques complexes en utilisant trois modes différents :

♣ la mécanosynthèse permet la synthèse directe de ferrites de taille nanométrique par broyage hautement énergétique à partir des oxydes élémentaires en proportions stœchiométriques [14-15],

♣ l'activation mécanique consiste à broyer les oxydes élémentaires en proportions stœchiométrique puis de traiter thermiquement le mélange à plus basse température que dans le cas de la synthèse par voie céramique traditionnelle [16-17],

♣ la comminution consiste à broyer le ferrite déjà obtenu par voie céramique.

Ces méthodes permettent généralement d'obtenir la taille de grain moyenne voulue. Cependant, elles présentent les inconvénients de donner des poudres polluées par les éléments de broyage et des distributions granulométriques élevées [18].

2.3.3) La voie sol-gel

Le principe est le même que celui présenté pour la préparation d'hématite par cette méthode. Le sol de précurseurs du ferrite en solution aqueuse est formé ici grâce à des agents chélatants comme l'acide citrique [19] ou l'acide polyacrylique [20]. Les poudres obtenues par cette méthode présentent des tailles de grains nanométriques et peuvent être densifiées à plus basse température que les ferrites obtenus par voie solide pour obtenir des massifs nanostructurés. De plus, il est possible, à partir des sols élaborés, de former des films minces par dip-coating [21]. Cependant, La méthode présente l'inconvénient d'utiliser des agents chélatants qui sont difficiles à éliminer d'une part, et qui peuvent très vite s'hydrolyser et ne plus jouer leur rôle d'autre part. Ceci nécessite un contrôle très rigoureux de toutes les étapes qui, de plus, peuvent être très longues dans certains cas [22].

2.3.4) Pyrolyse d'un aérosol

La solution contenant les cations dans les proportions stœchiométriques est pulvérisée dans un atomiseur afin d'obtenir un brouillard dont les gouttelettes subiront la pyrolyse dans l'enceinte même [23-24]. La méthode peut être utilisée seule ou en couplage avec la méthode utilisant un agent chélatant qui permet une meilleure homogénéisation de l'aérosol [25]. Cette méthode peut être appliquée pour former des poudres mais aussi des films minces en effectuant la pyrolyse des gouttelettes directement sur un substrat chaud [26]. Les poudres obtenues sont aussi de taille nanométrique. Cependant, cette technique reste utilisée au niveau du laboratoire car les débits doivent être faibles pour pouvoir contrôler la granulométrie.

2.4) Applications

Les ferrites conduisent à deux grands types d'applications :

♣ pour l'enregistrement magnétique ou magnéto-optique, ils sont utilisés sous la forme de poudres ou de films minces [27]. Pour ces applications, les ferrites doivent posséder des effets magnéto-optiques importants, une réflectivité élevée, une microstructure très fine ou amorphe, une température de Curie faible et un champ coercitif supérieur à 1500 œrsteds [28]. De plus, ces matériaux doivent être préparés à relativement basse température pour permettre l'utilisation de substrats en verre ou en plastique lors d'un dépôt en couche mince,

♣ pour les applications de puissance et de perméabilité en tant que composant passif. Ici, les ferrites sont utilisés sous la forme de céramique massive, c'est à dire que la fabrication du composant est composée de trois étapes : la synthèse de la poudre, la mise en forme et le frittage [29-30]. Dans ce cas, il faut donc contrôler parfaitement ces trois étapes pour obtenir les propriétés voulues.

3) La magnétite et la maghémite
3.1) Etat d'oxydation

Les ferrites les plus simples sont ceux qui ne contiennent que deux éléments : le fer et l'oxygène. La magnétite Fe_3O_4 cristallise avec une structure spinelle inverse de formule :

$$(Fe^{3+})_A[Fe^{3+}, Fe^{2+}]_B O_4$$

Les cations ferreux contenus dans les sites octaédriques ont la possibilité de s'oxyder à l'air. Lorsque l'oxydation est totale, la maghémite est obtenue. En ajoutant à la magnétite des ions O^{2-} nécessaires pour compenser l'oxydation de l'ion ferreux en ion ferrique, on obtient la formule de la maghémite :

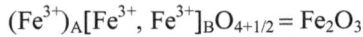

$$(Fe^{3+})_A[Fe^{3+}, Fe^{3+}]_B O_{4+1/2} = Fe_2O_3$$

Ce composé a été nommé γ-Fe_2O_3 pour le différencier de l'hématite (α-Fe_2O_3) et de l'hématite se formant à haute température et haute pression (β-Fe_2O_3).

3.2) Etat d'oxydation et paramètre de maille

La magnétite et la maghémite sont, pour la même structure, des cas limites opposés et tous les états d'oxydations intermédiaires sont possibles. Plusieurs écritures sont envisageables. Afin de faire apparaître clairement la filiation entre la magnétite et la maghémite, nous considérons 8 mailles élémentaires.

La magnétite Fe_3O_4 (paramètre a = 8.396A) correspond à l'état le plus réduit soit :

$$\left(Fe_8^{3+}\right)_A \left(Fe_8^{3+} Fe_8^{2+}\right)_B O_{32}$$

L'oxydation partielle au degré δ conduit à oxyder partiellement les fer(II) en fer(III) :

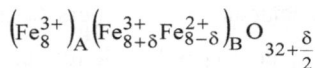

$$\left(Fe_8^{3+}\right)_A \left(Fe_{8+\delta}^{3+} Fe_{8-\delta}^{2+}\right)_B O_{32+\frac{\delta}{2}}$$

159

La maghémite (paramètre a=8.346A), état le plus oxydé, est finalement obtenue soit :

$$\left(Fe_8^{3+}\right)_A \left(Fe_{16}^{3+}\right)_B O_{36}$$

La détermination du paramètre de maille de la structure, très facilement accessible par diffraction des rayons X, permet de situer au mieux l'état d'oxydation de la phase spinelle. En effet, en comparant les paramètres expérimentaux à ceux obtenus par la méthode de Poix [31-32], il est possible de remonter à la distribution cationique et donc à l'état d'oxydation. Cette méthode consiste à calculer le paramètre de maille théorique d'un oxyde à partir de la distribution cationique et des distances cation - oxygène.

3.3) La transformation phase spinelle hématite.

La maghémite et la magnétite ont déjà été beaucoup étudiées. Il est important de noter qu'il est impossible d'obtenir une stœchiométrie en oxygène identique sur une large gamme de taille de grains. En effet, la maghémite ne peut être obtenue que pour des tailles de grains voisines de 10 nm alors que la magnétite n'a été étudiée que sous forme de grains micrométriques. Ces résultats s'expliquent par la transformation phase spinelle - hématite. En effet, la magnétite se transforme en hématite dès le début de son oxydation [33] et la maghémite subit la même transformation dès que les grains présentent une taille de grains supérieure à 30 nm [34]. Cette transformation topotactique est toujours sujette à polémiques et n'est pas complètement expliquée. Cependant, le rôle de la surface et des espèces adsorbées est très important [35-36]. De plus, ces transformations sont vérifiées lorsque les processus sont effectués sous contrôle thermodynamique mais sont certainement différentes si les processus sont effectués sous contrôle cinétique.

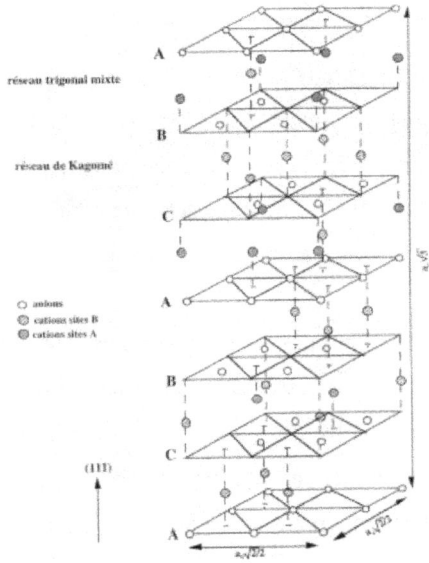

Figure B.III.5 : Enchaînement des plans compacts dans la structure spinelle [37]

Le passage de la phase spinelle à l'hématite a donné une troisième façon de décrire la structure spinelle qui est présentée **figure B.III.5**. Il s'agit ici de représenter l'empilement des couches compactes d'anions qui forment des réseaux trigonaux [37]. L'empilement de couches ABCABC... forme un réseau cubique à faces centrées alors qu'un empilement de type ABAB… (ou ACAC… ou BCBC…) formera un réseau hexagonal compact. Ce mode de représentation est très intéressant car il permet de mieux envisager la transformation topotactique de l'hématite en phase spinelle par glissement de plans anioniques.

3.4) Modes de préparation

Comme les ferrites, la magnétite et la maghémite sont très souvent synthétisées par chimie douce car c'est la méthode qui donne les poudres de meilleure qualité si tous les paramètres sont bien maîtrisés, en particulier au niveau de la distribution des grains et de la stœchiométrie en oxygène.

Quelques auteurs proposent d'autres méthodes originales pour les synthétiser. Parmi elles, on trouve la synthèse par ultrasons [38], par radiation de rayons γ [39] et la synthèse par décharge d'un arc électrique [40]. Ces méthodes permettent la synthèse de la phase spinelle mais les poudres obtenues sont très peu caractérisées en particulier au niveau de la stœchiométrie en oxygène et la répartition granulométrique est très importante.

La synthèse en milieu supercritique paraît plus adaptée pour obtenir ces phases. En effet, des cristaux octaédriques de magnétite très bien cristallisés ont été obtenu par Dubois et Demazeau [41] par synthèse dans l'isopropanol supercritique à partir d'oxyhydroxydes de fer ferrique. On peut noter ici le choix judicieux du solvant pour ces propriétés réductrices. Au niveau du laboratoire, un équipement de synthèse en continu, en milieu eau

162

supercritique, est en cours de montage. La comparaison des poudres obtenues avec la méthode d'élaboration sous microondes devrait permettre d'évoluer dans la compréhension des mécanismes réactionnels.

Bibliographie

[1] Y. Liu, W. Zhu, O.K. Tan, and Y. Shen, Structural and gas sensing properties of ultrafine Fe2O3 prepared by plasma enhanced chemical vapor deposition, Mater. Sci. Eng., B47, 2, p171, 1997.

[2] X. Q. Liu, S. W. Tao, and Y. S. Shen, Preparation and characterization of nanocrystalline α-Fe2O3 by a sol-gel process, Sens. Actuators, B40, 2, p161, 1997.

[3] E. Matijevic and Scheiner, Ferric hydrous oxide sols (III-preparation of uniform particles by hydrolysis of Fe (III)-chloride, -nitrates, and – perchlorate solutions, J. Colloid Interface Sci., 63, 3, p509, 1978.

[4] P Rigneau, R.A.M.O et procédé flash : application à l'élaboration de poudres nanométriques. Contrôle et maîtrise des distributions en morphologie et en taille, thèse de doctorat, Université de Bourgogne : Dijon, 1999.

[5] K. Bellon, Elaboration de sols et de poudres nanométriques par hydrolyse forcée microondes. Application aux oxydes de fer (III) et de zirconium (IV), thèse de doctorat, Université de Bourgogne : Dijon, 2000.

[6] R.M. Cornell and U. Schwertmann, The Iron oxides, éditions VCH, Weinheim, New York, p463, 1996.

[7] S. Läkamp, Composites métal / spinelle à base de fer et de cobalt : les paramètres de la synthèse et leur influence sur les propriétés physiques, thèse de doctorat, Université Louis Pasteur : Strasbourg I, 1996.

[8] V. Nivoix, Spinelles nanométriques à valence mixte et à fort taux de lacunes cationiques : Transferts électroniques dans un ferrite de molybdène $Fe_{2,47}Mo_{0,53}O_4$. De la synthèse aux propriétés magnétiques dans le système fer-vanadium $Fe_{3-X}V_XO_4$ ($0 \leq X \leq 2$), Thèse de doctorat, Université de Bourgogne : Dijon,1997.

[9] E. W. Gorter, Chemistry and magnetic properties of some ferrimagnetic oxides like those occuring in nature, J. Mag. Mag. Mat., 208, p181, 2000.

[10] B. Gillot et P. Tailhades, Temperature dependence of oxidation behavior and coercivity evolution in fine-grained spinel ferrite, Adv. Phys., 6, p336, 1997.

[11] B. Gillot, B. Domenichini et P. Perriat, Effect of the preparation method and grinding time of some mixed valency ferrite spinels on their cationic distribution and thermal stability toward oxygen, Sol. Sta. Ion., 84, p303, 1996.

[12] T. Caillot, Dosage des matières premières et du ferrite par fluorescence X, Compte rendu de stage, Thomson Passive Components : Beaune, 1997.

[13] T. Caillot, Mise en œuvre d'outils permettant la détermination des gradients de composition dans les couches minces d'oxydes. Application à l'étude des multicouches $\alpha Fe_2O_3/NiO$, DEA de chimie physique, Université de Bourgogne : Dijon, 1998.

[14] W. Kim et F. Saito, Mechanochemical synthesis of zinc ferrite from zinc oxide and α-Fe_2O_3, Powder Tech., 114, p12, 2001.

[15] C. Jovalekic, M. Zdujic, A. Radakovic et M. Mitric, Mechanochemical synthesis of $NiFe_2O_4$ ferrite, Mat. Lett., 24, p365, 1995.

[16] M. Menzel, V. Sepelak et K. D. Becker, Mechanochemical reduction of nickel ferrite, Sol. Sta. Ion., 141, p663, 2001.

[17] V. Sepelak, A. Y. Rogachev, U. Steinike, D. Chr. Uecker, F. Krumeich, S. Wissmann et K. D. Becker, The synthesis and structure of nanocrystalline spinel ferrite produced by high-energy ball-milling method, Mat. Sci. For., 235-238, p139, 1997.

[18] N. Guigue-Millot, Synthèse et propriétés de ferrites nanométriques : influence de la taille des grains et de la nature de la surface sur les propriétés structurales et magnétiques de ferrites de titane synthétisés par chimie douce et mécanosynthèse, thèse de doctorat, Université de Bourgogne : Dijon, 1998.

[19] Z. Yue, J. Zhou, L. Li, H. Zhang et Z. Gui, Synthesis of nanocrystalline NiCuZn ferrite powders by sol-gel auto-combustion method, J. Mag. Mag. Mat., 208, p55, 2000.

[20] D. H. Chen et X. R. He, Synthesis of nickel ferrite nanoparticles by sol-gel method, Mat. Res. Bull., 36, p1369, 2001.

[21] J. G. S. Duque, M. A. Macedo, N. O. Moreno, J. L. Lopez et H. D. Phannes, Magnetic and structural properties of $CoFe_2O_4$ thin films synthesized via a sol-gel process, J. Mag. Mag. Mat., 226-230, p1425, 2001.

[22] H. Y. Luo, Z. X. Yue et J. Zhou, Synthesis and high frequency magnetic properties of sol-gel derived Ni-Zn ferrite-forsterite composites, J. Mag. Mag. Mat., 210, p104, 2000.

[23] M. A. A. Elmasry, A. Gaber et E. M. H. Khater, Preparation of nickel ferrite using aerosolization technique. Part I : Aerosolization behaviour of individual raw material solution, Powder Tech., 90, p161, 1997.

[24] M. A. A. Elmasry, A. Gaber et E. M. H. Khater, Preparation of nickel ferrite using aerosolization technique. Part II : Aerosolization behaviour of mixed solutions of raw materials, Powder Tech., 90, p165, 1997.

[25] T. Gonzales-Carreno, M. P. Morales et C. J. Serna, Barium ferrite nanoparticles prepared directly by aerosol pyrolysis, Mat. Lett., 43, p97, 2000.

[26] Z. Wu, M. Okuya et S. Kaneko, Spray pyrolysis deposition of zinc ferrite films from metal nitrates solutions, Thin Solid Films, 385, p109, 2001.

[27] N. Keller, M. Guyot, A. Das, M. Porte et R. Krishnan, Study of the interdiffusion at the interfaces of NiO / αFe_2O_3 multilayers prepared by pulsed laser deposition, Sol. Stat. Com., 105, 5, p333, 1998.

[28] L. Bouet, Poudres fines et couches minces de ferrites spinelles substitués (molybdène/cobalt/manganèse) : élaboration, propriétés structurales, magnétiques et magnéto-optiques, thèse de doctorat, Université Paul Sabatier : Toulouse, 1993.

[29] D. Stoppels, Developments in soft magnetic power ferrites, J. Magn. Magn. Mat., 160, p323, 1996.

[30] T. Nakamura, Low temperature sintering of Ni-Zn-Cu ferrite and its permeability spectra, J. Magn. Magn. Mat., 168, p285, 1997.

[31] P. Poix, Liaisons interatomiques et propriétés physiques des composés minéraux, Séminaire de chimie de l'état solide, p82, 1966.

[32] J. D. Dunitz et L. E. Orgel, Electronic properties of transition-metal oxides-I, J. Phys. Chem. Solids, 3, p20, 1957.

[33] R. Dieckmann et H. Schmalzried, Defects and cation diffusion in magnetite (I), Ber. Bunsenges Phys. Chem., 81, p344, 1977.

[34] M. S. Multani et P. Ayyub, Size and pressure driven phase transitions, Cond. Mat. News, 1, p25, 1991.

[35] A. C. Vajpei, F. mathieu, A. Rousset, F. Chassagneux, J. M. Letoffe et P. Claudy, Differencial scanning calorimetry studies on influence of microstructure on transformation of γ-Fe_2O_3 to α-Fe_2O_3, J. Therm. Ana., 32, p857, 1987.

[36] F. Mathieu, P. Roux, G. Bonel et A. Rousset, Influence de l'état de division sur la transformation $\gamma \rightarrow \alpha$ du sesquiode de fer sous haute pression, C. R. Acad. Sci., 305, 2, p249, 1987.

[37] D. R. Dasgupta, Topotactic transformations in iron oxides and oxyhydroxides, Ind. J. Phys., 35, p401, 1961.

[38] R. Vijayakumar, Y. Koltypin, I. Felner et A. Gedanken, Sonochemical synthesis and characterization of pure nanometer-sized Fe_3O_4 particles, Mat. Sci. Eng., A286, p101, 2000.

[39] S. Wang, H. Xin et Y. Qian, Preparation of nanocrystalline Fe_3O_4 by γ-ray radiation, Mat. Lett., 33, p113, 1997.

[40] C. Y. Wang, Y. Zhou, X. Mo, W. Q. Jiang, B. Chen et Z. Y. Chen, Synthesis of Fe_3O_4 powder by a novel arc discharge method, Mat. Res. Bull., 35, p755, 2000.

[41] T. Dubois et G. Demazeau, Preparation of Fe_3O_4 particles through a solvothermal process, Mat. Lett., 19, p38, 1994.

Chapitre IV : Le fer métallique (fer α)

Le fer métallique peut se présenter sous plusieurs formes cristallines. Dans le cadre de ce travail, c'est la forme stable à température ambiante, la structure du fer α, qui nous intéresse.

1) Structure

La maille cristalline du fer α est cubique centrée (**figure B.IV.1**). Les atomes occupent les sommets et le centre du cube. La coordination est de 8, il y a deux atomes par maille élémentaire et les directions de densité atomique maximale sont les 4 diagonales du cube. Il résulte que les plans de densité atomique maximale sont les plans [110] qui ne sont pas des plans d'empilement compact. La propriété principale du fer métallique est le ferromagnétisme et son inconvénient majeur est son oxydation très facile à l'air. Il est même pyrophorique lorsque les tailles de grains sont de l'ordre du nanomètre. Son paramètre de maille est de 0.2864 nanomètres, sa masse volumique est de 7.87 g.cm^{-3} et son point de fusion de 1536°C.

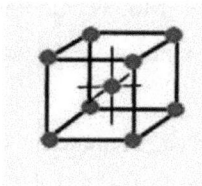

Figure B.IV.1 : Maille cubique centrée du fer α

2) Modes de préparation

Les méthodes de préparation de poudres métalliques peuvent être classées en deux catégories, les méthodes physiques et les méthodes chimiques.

2.1) Les méthodes physiques

2.1.1) L'atomisation

Cette méthode fait intervenir la liquéfaction puis la condensation du métal. Un flux de métal est fractionné par un jet de gaz ou d'eau sous pression. Les gouttelettes du métal liquide sont condensées pour donner la poudre métallique d'une bonne pureté chimique. L'utilisation d'un jet gazeux est en général préférable pour obtenir des particules sphériques. La méthode présente l'avantage d'une grande souplesse pour obtenir des particules de différentes tailles moyennes dans la gamme 10-500 micromètres. Toutefois, la répartition granulométrique est souvent très large.

2.1.2) Chauffage par induction dans un liquide cryogénique

Des particules sphériques de tailles plus petites (10-200 nanomètres) sont obtenues par cette méthode. Elle consiste à chauffer par induction un barreau métallique jusqu'à des températures voisines de 2500°C dans un liquide cryogénique (azote ou argon liquide) [1]. Dans ce cas aussi, les poudres obtenues sont très pures. L'autre avantage de la méthode est qu'elle peut s'appliquer à de nombreux métaux purs et alliages. Cependant, la répartition granulométrique est très large.

2.1.3) Le broyage

Des poudres fines de métaux et alliages du fer peuvent aussi être obtenues par broyage. Différents broyeurs peuvent être utilisés. Cependant, la méthode ne permet pas de contrôler la morphologie et la répartition granulométrique des particules obtenues (0.5-100 micromètres). En revanche, le broyage et la mécanosynthèse présentent l'intérêt de former des phases métastables à basse température [2].

2.2) Les méthodes chimiques
2.2.1) Décomposition d'un précurseur

Les précurseurs sont généralement des métaux carbonyles de type $Fe(CO)_5$. Ce précurseur se décompose sous l'effet de la chaleur pour donner le métal et libérer du monoxyde de carbone. La décomposition peut avoir lieu en phase gazeuse, liquide ou solide. Elle est souvent réalisée en phase gazeuse avec des températures de l'ordre de 250°C. Les poudres de fer obtenues par cette méthode se présentent sous forme de particules sphériques de taille se situant dans la gamme 1-10 micromètres. Elles ont une texture en pelure d'oignon caractéristique qui résulte d'un dépôt de carbone pendant la croissance. De nombreux travaux ont déjà été effectués sur ces synthèses et des colloïdes métalliques ont même pu être obtenus en utilisant des solvants et des tensioactifs adéquats [3]. Les grains composant ces colloïdes sont non agglomérés et présentent une taille moyenne d'une dizaine de nanomètres. En revanche, des alliages au fer n'ont jamais été obtenus, à notre connaissance, par décomposition de métaux carbonyles mixtes [4].

2.2.2) La réduction

Le procédé Höganäs est le procédé industriel classique de réductions d'oxydes de fer solides sous hydrogène gazeux. La réduction s'effectue à des températures de l'ordre de 400°C. Les particules obtenues sont spongieuses, sans forme définie et présentent des tailles moyennes de quelques dizaines de microns [5]. A l'échelle du laboratoire, il est en revanche possible de conserver les caractéristiques morphologiques de l'oxyde initial au cours de la réduction pour obtenir des poudres métalliques monodisperses [6]. La maîtrise de la méthode passe par l'obtention d'oxydes métalliques de morphologies et tailles contrôlées et de leur réduction sans agglomération. Des particules d'hématite de morphologies variées peuvent être obtenues par hydrolyse forcée comme nous l'avons vu précédemment. Un moyen efficace pour éviter leur agglomération au cours du traitement sous hydrogène consiste à protéger l'oxyde par de la silice. Les particules métalliques synthétisées ont des diamètres moyens variant de 0.1 à 1 micromètre et présentent une répartition granulométrique très étroite.

Les autres réductions ont lieu en solution. La méthode électrochimique consiste à réduire des sels métalliques en solution au contact d'une électrode tournante. Les poudres obtenues sont d'une grande pureté chimique mais les particules sont de forme quelconque et très dispersées en taille.

La diversité des réactions de réductions chimiques en solution pour produire des poudres métalliques s'explique par le grand nombre de réducteurs potentiels. Pour réduire en poudre métallique des sels de fer, le réducteur utilisé doit être placé suffisamment bas dans la classification électrochimique et le solvant doit être capable de dissoudre au moins partiellement les sels métalliques ainsi que le réducteur. L'utilisation des métaux alcalins (Li, Na, K) permet de travailler dans des conditions assez douces [7]. Cependant, pour les utiliser, le solvant doit être aprotique pour éviter la réduction parasite de celui-ci et polaire pour permettre la dissolution des sels métalliques. Les solvants les plus utilisés sont le THF, le DMSO et le diglyme. Dans ce cas, la réaction n'est pas vraiment une réduction puisqu'elle se passe à la surface du métal alcalin non dissous. La méthode permet d'obtenir des poudres extrêmement fines de grande surface spécifique. Elle est donc plus adaptée à la préparation de catalyseurs qu'à la synthèse de poudres non agglomérées et de morphologie contrôlée. Les hydrures (NaH, LiH, LiAlH$_4$, NaBH$_4$...) constituent une autre classe de réducteurs puissants [8]. Le plus utilisé est le borohydrure de sodium NaBH$_4$ [9] car il présente l'avantage de ne pas réagir violemment avec l'eau et permet donc une réaction chimique entre espèces dissoutes, ce qui est un avantage si l'on veut contrôler la cinétique de nucléation. Les poudres obtenues sont sphériques et de tailles comprises entre 10 et 100 nanomètres. Cependant, elles sont largement polluées au bore.

2.2.3) Le procédé polyol

Le procédé polyol fait partie des réductions dans le cas de la synthèse de poudres de cobalt, de nickel et d'intermétalliques cobalt/nickel en milieu liquide. L'originalité de la méthode réside dans le fait que le polyol (glycol, ethylèneglycol...) est à la fois le solvant et le réducteur [10].

172

Par traitement de solutions de sels ferreux dans les mêmes conditions que pour le nickel et le cobalt, il n'est pas possible d'obtenir la réduction de l'ion ferreux en fer métal. En revanche, la dismutation est observée. Les auteurs ont donc été contraint d'ajouter une traitement adapté supplémentaire pour obtenir les particules de fer métalliques seules et éliminer les ions ferriques issus de la dismutation. Pour cela, la méthode mise en œuvre pour le cobalt et le nickel a été associée à une élimination des ions ferriques par distillation [11]. La distillation permet d'éliminer l'eau formée du milieu réactionnel et ainsi de maintenir les ions ferreux et ferriques en solution car ils forment des complexes avec le solvant. Grâce à l'association de ces deux techniques, des poudres de fer métallique de taille nanométrique présentant une très bonne répartition granulométrique ont pu être obtenues ainsi que des intermétalliques fer/cobalt/nickel.

En milieu polyol, la dismutation de l'hydroxyde ferreux est favorisée par rapport à la réaction d'oxydation. Cependant, le rendement ne dépasse jamais 10 %, le fer métallique doit être synthétisé en petite quantité pour l'obtenir pur et le dispositif est très contraignant. De plus, l'utilisation de ces milieux est difficile et, par ailleurs, ces solvants sont de très grands polluants. Les autres désavantages pour former des mélanges fer métallique/magnétite sont que les polyols forment des complexes avec les cations ferreux et ferriques bloquant la formation de la magnétite et qu'ils sont très difficile à éliminer après la synthèse.

3) Applications

Les grands domaines d'applications du fer métallique sont la métallurgie des poudres, les systèmes pour l'enregistrement magnétique et la catalyse.

3.1) La catalyse

Pour être de bons catalyseurs, les poudres doivent présenter une très grande surface spécifique. En revanche, une morphologie parfaitement contrôlée n'est pas obligatoire et les poudres utilisées en catalyse proviennent le plus souvent de la réduction d'oxydes par les métaux alcalins.

3.2) L'enregistrement magnétique

Les poudres magnétiques utilisées pour les systèmes d'enregistrement magnétique ou magnéto-optique doivent présenter un champ coercitif élevé. Pour cela, il est nécessaire de jouer sur la morphologie, la composition chimique, la taille des particules et/ou les contraintes pour que les poudres présentent une forte anisotropie. Cependant, les métaux sont beaucoup moins utilisés pour le stockage de l'information que les oxydes malgré leurs meilleures propriétés car ils sont très sensibles à l'oxydation par l'air.

3.3) La métallurgie des poudres

Les poudres métalliques sont utilisées en métallurgie des poudres pour fabriquer des alliages spéciaux ou pour la fabrication de carbures cémentés. Un critère de qualité fondamental en métallurgie est la pureté chimique des poudres employées. Dans ces conditions, des poudres très fines ne peuvent être employées car elles possèdent un taux d'oxygène trop élevé résultant de l'oxydation superficielle. Les poudres sont donc principalement préparées par atomisation, réduction sous hydrogène et décomposition des métaux carbonyles. Dans certains cas, ces poudres sont aussi étudiées pour leurs propriétés hyperfréquence [12]. En effet, les poudres présentant une forte aimantation à saturation possèdent une haute perméabilité hyperfréquence.

3.4) Conclusion

Le fer métallique, sous forme α, présente donc des propriétés très intéressantes, en particulier pour des applications d'enregistrement magnétique ou magnéto-optique. Cependant, utilisé seul, il s'oxyde très facilement et perd ses propriétés lors de l'oxydation. Pour contourner ce problème, il faut le protéger de l'oxydation. Une des méthodes utilisées consiste à fabriquer des composites fer métallique / ferrite. Ainsi, le fer métallique améliore sensiblement les propriétés du ferrite et le ferrite protège le fer métallique de l'oxydation grâce à la structure composite où le métal jouerait le rôle de fibre et l'oxyde le rôle de matrice. La synthèse de ce type de composés à partir de solutions est présentée dans la partie suivante.

Bibliographie

[1] J. Bigot, Preparation and properties of nanocrystalline powders obtained by cryogenic melting, Ann. Chim. Fr., 18, p369, 1993.

[2] E. Gaffet et L. Yousfi, Crystal to non-equilibrium phase transition induced by ball milling, Mat. Sci. Forum, 88-90, p51, 1992.

[3] P. H. Hess et P. H. Parker, Polymers for stabilization of colloidal cobalt particles, J. App. Polymer Sci., 10, p1915, 1966.

[4] G. Predieri, L. Pareti, M. Solzi, A. Armigliato et S. Bigi, Magnetic measurements and transmission electron microscopy investigations on Fe-

Co ultrafine powders derived from a bimetallic carbonyl cluster, J. Mat. Chem., 4, 2, p361, 1994.

[5] F. V. Lenel, Metals Handbook, 9th Edition, Powder mettalurgy, Editions Metals Park, 7, p80, 1984.

[6] E. Matijevic, Monodispersed metal (hydrous) oxides – a fascinating field of colloid science, Acc. Chem. Res., 14, p22, 1981.

[7] L. Yiping, G. C. Hadjipanayis, C. M. Sorensen et K. J. Klabunde, Magnetic properties of fine cobalt particles prepared by metal atom reduction, J. App. Phys., 67, p4502, 1990.

[8] H. Boennemann, W. Brijoux et T. Joussen, Preparation of finely divided metal and alloy powder, Angew. Chem., 102, p324, 1990.

[9] S. G. Kim et J. R. Brock, Growth of ferromagnetic particles from cation reduction of borohydride ions, J. Coll. Inter.Sci., 116, p431, 1987.

[10] Ph. Toneguzzo, G. Viau, O. Acher, F. Guillet, F. Fievet-Vincent et F. Fievet, CoNi and FeCoNi fine particles prepared by the polyol process : physico-chemical characterization and dynamic magnetic properties, J. Mat. Sci., 35, 15, p3767, 2000.

[11] G. Viau, Nucleation and growth of bimetallic CoNi and FeNi monodisperse particles prepared in polyols, Thèse de doctorat, Université de Paris7-Denis Diderot, 1995.

[12] S. Rousselle et F. Ravel, Study of the role of the microstructure into electromagnetic properties for iron from carbonyls, J. Phys. IV, C3, p65, 1992.

Chapitre V : Les composites métal / phase spinelle

La synthèse de composites métal/spinelle en solution aqueuse a été mise au point par Pourroy et al. [1] à l'Institut de Physique et de Chimie des matériaux de Strasbourg (IPCMS). L'un de nos objectifs est d'obtenir ces mêmes composites sous microondes. Nous allons donc maintenant décrire ce mode de synthèse afin de voir comment nous pourrions l'adapter sous microondes. Dès à présent, on peut noter que la synthèse de composites au fer seul a été très peu étudiée et que les recherches se sont plutôt tournées vers les composites au fer et au cobalt ou au fer et au nickel [2]. La partie métallique des composites provient de la dismutation partielle du fer ferreux.

1) Mode de synthèse

Les précurseurs métalliques sont des chlorures. Ces solutions sont ajoutées goutte à goutte à l'aide d'une pompe péristaltique à une solution aqueuse de potasse à ébullition. Cette solution de potasse est contenue dans un bécher en acier inoxydable muni d'un couvercle surmonté d'un réfrigérant et chauffé par une plaque électrique. Les mesures de température sont effectuées grâce à deux thermocouples placés au sein du milieu réactionnel et au niveau de la paroi externe du fond du bécher. Lors de l'ajout des solutions de chlorures et pendant le temps de maturation qui suit, le milieu réactionnel est agité mécaniquement et le chauffage est maintenu. Le dispositif est présenté **figure B.V.1**. Le précipité est ensuite récupéré par filtration, lavé à l'eau bouillante jusqu'à ce que le pH du filtrat soit neutre puis rincé à l'alcool et enfin, séché sous air à 40°C.

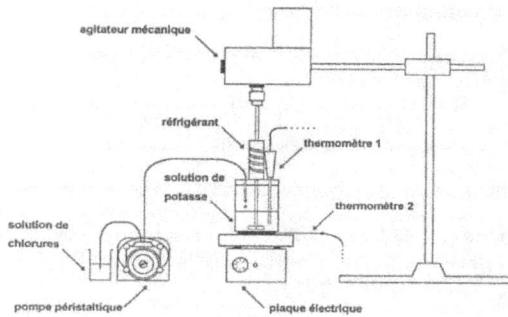

Figure B.V.1 : Schéma du montage expérimental pour la synthèse de composites en milieu aqueux [3]

2) Caractérisations

2.1) Les composites fer/magnétite

Dans ce cas, le fer ferreux est utilisé seul dans le précurseur. Les composites obtenus sont constitués de fer métallique et de magnétite lorsque la synthèse est optimisée.

Pour obtenir les composites ne contenant que du fer métallique et de la magnétite, il est nécessaire que :

♣ les concentrations en potasse soient très importantes (de l'ordre de 15 mol.L^{-1}),

♣ la température soit toujours proche de la température d'ébullition,

♣ les temps de maturation soient assez longs (environ 1 heure) pour permettre la déshydratation complète des oxyhydroxydes

Les composites sont stables sous air. Le caractère composite n'est pas mis en évidence par microscopie électronique à transmission lorsque le fer est utilisé seul. Ceci est dû aux contrastes très proches des deux phases qui font que l'on ne peut pas les distinguer. En revanche, le métal est mis en évidence par diffraction d'électrons et le fer métallique n'est pas toujours dissout lorsque la poudre est mise en suspension dans une solution de sulfate de cuivre, ce qui montre qu'il est isolé du milieu extérieur, donc emprisonné dans la matrice spinelle.

On peut noter que deux types de cristaux sont présents dans les poudres : des particules de 1 à 2 micromètres présentant des angles arrondis et des particules plus petites (150-500 nm), anguleuses et de géométrie octaédrique [4].

Les formules des deux phases sont déterminées par plusieurs techniques combinées. Dans le cas du fer seul, les teneurs totales en fer et en oxygène sont déterminées par analyse chimique [3]. La composition de la phase spinelle est ensuite déduite de cette valeur et de la prise de masse déterminée par analyse thermogravimétrique ou de la combinaison de cette valeur avec les degrés d'oxydation du fer dans la phase spinelle et l'occupation de chacun des sites déterminés par spectrométrie Mössbauer. La combinaison de toutes ces techniques permet de donner une bonne estimation de la teneur métal/oxyde d'une part et du degré d'oxydation de l'oxyde d'autre part.

Les composites étant constitués de fer métallique et de magnétite, les champs coercitifs obtenus sont faibles. En revanche, l'aimantation à saturation est supérieure à celle obtenue pour la magnétite seule [4]. Le fer métallique apporte donc bien la propriété recherchée.

2.2) Les composites au cobalt et au nickel

Dans le cas de mélanges fer/cobalt ou fer/nickel, la phase spinelle est substituée partiellement par le cobalt ou le nickel et la partie métallique est un intermétallique fer/cobalt ou fer/nickel. En effet, après dismutation des ions ferreux, il y a coexistence entre le fer métallique produit et les ions cobalt ou nickel. Il en résulte une production de cobalt et de nickel métallique générée par réduction de leurs cations divalents respectifs par le fer métallique produit lors de la dismutation car :

$$Co^{2+} + 2e^- \Leftrightarrow Co \qquad E_0 = -0.28V$$
$$Fe^{2+} + 2e^- \Leftrightarrow Fe \qquad E_0 = -0.44V$$

et

$$Ni^{2+} + 2e^- \Leftrightarrow Ni \qquad E_0 = -0.23V$$
$$Fe^{2+} + 2e^- \Leftrightarrow Fe \qquad E_0 = -0.44V$$

Lorsque du cobalt est ajouté, les conditions d'obtention de composites exempts de phases parasites sont les mêmes que dans le cas du fer seul [3]. Les diffractogrammes présentent très peu de bruit de fond et les raies des deux phases sont fines et bien résolues. Pour les grandes concentrations en cobalt, une seconde phase métallique de structure isomorphe du manganèse alpha apparaît [5]. Les particules présentent toutes une géométrie octaédrique mais la distribution est très large (0.3 à 3 micrométres).

Comme dans le cas du fer seul, les composites sont stables sous air [6]. Dans ce cas, le caractère composite est mis en évidence par microscopie électronique à transmission et analyse X. En effet, le rapport Co/Fe est très différent dans le métal et dans l'oxyde.

En revanche, dans le cas du nickel, les raies du métal sont larges et très mal définies sur les diffractogrammes et un traitement sous argon à 800°C est nécessaire pour obtenir des poudres "propres" [7]. Cependant, les conditions d'obtention des composites ne contenant que le métal et l"oxyde restent les mêmes. La phase métallique est très riche en nickel et la phase spinelle très riche en fer. Les particules sont aussi des octaèdres présentant une distribution (0.5-2 micromètres) et les deux phases ont pu être mises en évidence par microscopie électronique à transmission. Les partie métalliques sont sphériques mais sont séparées du ferrite, c'est à dire que l'on a plutôt à faire à un mélange des deux phases qu'à un composite. Cependant, elles sont protégées par une fine couche d'oxyde de nickel amorphe qui protège le métal de l'oxydation [8].

Les formules des deux phases sont déterminées par plusieurs techniques combinées. Dans le cas du cobalt, les teneurs totales en cobalt et en fer sont déterminées par analyse chimique. Le paramètre de maille de la phase métallique permet de déterminer sa composition [9]. La composition de la phase spinelle est ensuite déduite de ces valeurs et de la prise de masse déterminée par analyse thermogravimétrique [3] ou de la combinaison de ces valeurs avec la proportion d'atomes de fer dans chacune des phases, les degrés d'oxydation du fer dans la phase spinelle et l'occupation de chacun des sites déterminés par spectrométrie Mössbauer [10]. La combinaison de toutes ces techniques permet de donner une bonne estimation de la teneur métal/oxyde d'une part et du degré d'oxydation de l'oxyde d'autre part.

Les aimantations à saturation et les champs coercitifs des composites au cobalt sont généralement faibles par rapport à ceux des deux phases prises séparément [11] notamment lorsque les grains sont assez petits. Des aimantations à saturation très élevées et des champs coercitifs intéressants ne sont obtenus que lorsque les teneurs en cobalt sont assez élevées [12]. La propriété la plus remarquable est l'augmentation très importante du champ coercitif lorsque la phase spinelle du composite est utilisée seule [13-14] après élimination de la partie métallique par lavage chimique [15].

Un traitement thermique sous vide ou sous atmosphère neutre des composites au cobalt conduit à la formation d'une phase FeO-CoO de type wüstite. Cette phase stable à haute température va dismuter à nouveau lors d'un refroidissement lent pour donner une phase métallique très riche en cobalt et une phase spinelle plus riche en fer [16]. Cependant, la réaction n'est pas réversible puisque les propriétés magnétiques très intéressantes de départ diminuent fortement.

Quelques essais ont aussi été effectués avec le manganèse [17] mais les quantités de manganèse introduites dans la phase spinelle doivent être très faibles car des quantités plus importantes conduisent à la présence d'hydroxydes. Les poudres obtenues présentent les mêmes caractéristiques que celles au cobalt ou au nickel. En revanche, à notre connaissance, aucun essai n'a été effectué avec du manganèse et du zinc.

2.3) Applications

Les composites au cobalt ont été testés comme catalyseur dans le procédé Fischer-Tropsch afin d'hydrogénéiser du monoxyde de carbone pour fabriquer des oléfines légères [18]. Les meilleurs catalyseurs sont ceux obtenus avec un rapport cobalt sur fer de un demi pour lesquels les pourcentages d'oléfines légères obtenues peuvent atteindre 80% sans que le matériau ne soit trop dégradé, c'est à dire que la pollution se limite à une légère formation de carbures [19-20]. De plus, aucun traitement préalable n'est nécessaire pour les utiliser. Le résultat le plus intéressant est que les composites ne se comportent pas comme la somme des deux matériaux pris séparément puisque l'un comme l'autre se dégradent très rapidement lorsqu'ils sont mis à contribution seuls.

L'autre avantage des composites métal/spinelle est bien sûr le caractère magnétique d'un matériau résistant à l'oxydation à l'air et stable jusqu'à

300°C sous vide [21]. Cependant, à notre connaissance, ces composites ne sont pas encore utilisés en tant que tels pour l'enregistrement magnétique.

Bibliographie

[1] S. Läkamp et G. Pourroy, Composite materials made of spinel ($Co_yFe_{3-y}O_4$) and cobalt-iron (Co_xFe_{1-x}) : parametrization of the synthetic route, Eur. J. Solid. State Inorg. Chem., 34, p295, 1997.

[2] S. Läkamp, T. Bouakham et G. Pourroy, Metal-spinel composites ($M^0_xFe^0_{1-x})_\alpha$-$(M_yFe_{3-y}O_4)_{1-\alpha}$ with M=Co, Ni Synthesis and physical properties, J. Phys IV Fr., 7,C1, p541, 1997.

[3] S. Läkamp, Composites métal / spinelle à base de fer et de cobalt : les paramètres de la synthèse et leur influence sur les propriétés physiques, thèse de doctorat, Université Louis Pasteur : Strasbourg I, 1996.

[4] S. Läkamp, A. Malats i Riera, G. Pourroy, P. Poix, J.L. Dormann et J.M. Grenèche, Crystallization of iron-magnetite composite by using Fe(II) disproportionation in an aqueous media, Eur. J. Solid. State Inorg. Chem., 32, p159, 1995.

[5] G. Pourroy, S. Läkamp et S. Vilminot, Stabilization of iron-cobalt alloy isomorphous of α-Mn in a metal ferrite composite, J. All. Comp., 244, p90, 1996.

[6] A. Malats i Riera, G. Pourroy et P. Poix, Thermal stability of a metal alloy-spinel ferrite composite prepared by disproportionation in a liquid medium, J. Sol. Sta. Chem., 108, p362, 1994.

[7] J.C. Yamegni-Noubeyo, T. Bouakham, G. Pourroy, J. Werckmann et G. Ehret, Nickel-Iron Alloy/Magnetite Composites : Synthesis and Microstructure, J. Solid Sta. Chem., 135, p210, 1998.

[8] G. Pourroy, S. Ferlay et J. L. Dormann, Novel metal-spinel ferrite composite $(Ni_{0.89}Fe_{0.11})_{0.59}$-$[Fe_{2.32}Ni_{0.68}O_{3.79}]$: Stability in air, J. Mat. Sci. Let., 14, 1, p23, 1995.

[9] W. C. Ellis et E. S. Greiner, Equilibrium relations in the solid state of the iron-cobalt system, Trans. Am. Soc. Met., 29, p415, 1941.

[10] J. L. Dormann, A. Malats i Riera, G. Pourroy, P. Poix, J. Bové et P. Renaudin, Properties of a new metal-ferrite composite as seen by Mössbauer spectroscopy, Hyp. Int., 94, p1995, 1994.

[11] A. Malats i Riera, G. Pourroy et P. Poix, Magnetic properties of a new metal-ferrite composite, J. Magn. Magn. Mat., 125, p125, 1993.

[12] G. Pourroy, N. Viart et S. Läkamp, Magnetic characterization of composites Fe-Co alloy/Co containing magnetite, J. Magn. Magn. Mat., 203, p37, 1999.

[13] G. Pourroy, S. Läkamp, M. Multinier, A. Hernando, J. L. Dormann et R. Valenzuela-Monjaras, Cobalt ferrite $Co_xFe_{3-x}O_4$ ($0.4<x<0.7$) with high coercive fields (2000 Oe<Hc<6000 Oe), J. Phys IV Fr., 7,C1, p327, 1997.

[14] A. Malats i Riera, G. Pourroy et P. Poix, High coercitivity of a cobalt doped magnetite $Fe_{2.38}Co_{0.62}O_4$, J. Magn. Magn. Mat., 134, p195, 1994.

[15] M. Multinier, S. Läkamp, G. Pourroy, A. Hernando et R. ValenzuelaCo-doped ferrite single domains and the effect of metallic nanoinclusions, App. Phys. Lett., 69, 18, p2761, 1996.

[16] A. Malats i Riera, G. Pourroy et P. Poix, A new metal-spinel composite $(Fe_{0.2}Co_{0.8})_{0.8}[Fe_{2.38}Co_{0.62}O_4]$: Thermal behaviour under vacuum, J. All. Comp., 202, p113, 1993.

[17] G. Pourroy, Fe or Co-Fe alloy/manganèse ferrite composites, J. All. Comp., 278, p264, 1998.

[18] F. Tihay, G. Pourroy, A. C. Roger, M. Richard-Plouet et A. Kiennemann, Intérêt de l'étude par diffraction des rayons X et microscopie électronique à transmission d'un catalyseur composite à base de fer et de cobalt, J. Phys IV Fr., 10, p541, 2000.

[19] F. Tihay, A. C. Roger, A. Kiennemann et G. Pourroy, Fe-Co based metal/spinel to produce light olefins from syngas, Catalysis Today, 58, p263, 2000.

[20] C. Cabet, A.C. Roger, A. Kiennemann, S. Läkamp et G. Pourroy, Synthesis of new Fe-Co based metal/oxide composite materials : application to the Fisher-Tropsch synthesis, J. of Catalysis, 173, p64, 1998.

[21] J.C. Yamegni-Noubeyo, G. Pourroy, J. Werckmann, A. Malats I Riera, G. Ehret et P. Poix, Microstructure of $(Fe_{0.2}Co_{0.8})_{0.8}(Fe_{2.38}Co_{0.62}O_4)$: A magnetic oxidation-resistant composite formed by coprecipitation, J. Am. Ceram. Soc., 79, 8, p259, 1996.

Partie C : Du chlorure ferreux aux mélanges fer métallique/phase spinelle

190

Introduction

Cette partie décrit les résultats obtenus relatifs aux mélanges d'oxydes et/ou de fer métallique par traitement microondes de solutions ferreuses.

Le premier chapitre décrit dans le détail la démarche que nous avons suivie pour mettre au point notre protocole de synthèse. Ce protocole permet de s'affranchir des limites de la thermohydrolyse en solution aqueuse. On définit également des protocoles qui permettront de montrer la pertinence de notre mode opératoire et de synthétiser des échantillons de référence par chimie douce. Le second chapitre présente les différentes étapes de la caractérisation de nos échantillons. La diffraction des rayons X permet d'estimer le paramètre de maille et la taille des grains. Les méthodes d'affinements de Rietveld permettent de montrer que certains échantillons sont constitués de deux phases spinelles et de déterminer la composition des mélanges. La microscopie électronique à transmission permet d'analyser la morphologie des échantillons tandis que la thermogravimétrie conduit à des estimations des teneurs en eau adsorbées. La caractérisation magnétique permet de faire une corrélation entre le champ coercitif moyen et la taille des grains.

Le troisième chapitre montre la pertinence de notre protocole opératoire en analysant l'effet de certains paramètres sur la synthèse et compare les échantillons obtenus avec des échantillons de référence obtenus par chimie douce.

Chapitre I : Définition de notre protocole expérimental : au delà de la thermohydrolyse

1) Choix du précurseur

Le précurseur imposé par l'étude est un sel de fer ferreux. Le nitrate ferreux n'est pas commercialisé car il s'oxyde très facilement. Le sulfate qui conduira préférentiellement à des oxysulfates a également été éliminé [1]. La seule possibilité restante est donc le chlorure ferreux qui contient toujours à l'air un faible pourcentage d'ions ferriques. L'élimination de ces traces d'ions ferriques imposerait des conditions réductrices qui iraient à l'encontre d'une mise en œuvre facile du protocole expérimental imposé par notre étude. En conséquence, le produit commercial retenu sera $FeCl_2$, $4H_2O$ (Prolabo, Normapur, 24 127.237).

2) Essais de thermohydrolyse directe

D'après notre partie bibliographique, le diagramme charge-électronégativité (**figure A.II.1**), met en évidence les possibilités de condensation par olation-oxolation des cations en solution. Il apparaît que l'ion ferrique se situe dans une zone favorable à la double condensation (zone III : olation et oxolation). Nous avons aussi rappelé que l'ajout d'une base à une solution aqueuse ferrique conduit à la précipitation d'oxyhydroxydes (ferrihydrite, et/ou akaganéïte : β-FeOOH, voir partie B chapitre II). Un traitement thermique ultérieur de la poudre obtenue sera nécessaire pour former l'oxyde correspondant (hématite : α-Fe_2O_3). En

192

revanche, le chauffage de solutions aqueuses acides de chlorure ferrique conduira directement à la production d'hématite. En milieu acide, un processus de condensation par olation-oxolation des cations est possible alors qu'en milieu basique, on observe majoritairement une condensation par olation.

Contrairement à l'ion ferrique, les potentialités de condensation de l'ion ferreux en solution sont limitées. En effet, il présente selon le diagramme charge-électronégativité deux inconvénients majeurs :

♣ tendance naturelle à l'oxydation,

♣ condensation par oxolation défavorisée (olation uniquement, zone II).

Toutefois, l'ion ferreux se positionnant au voisinage de la frontière entre les deux zones du diagramme charge-électronégativité, on peut espérer induire un processus de thermohydrolyse dans des conditions particulières. Il pourrait conduire alors par olation et oxolation à un oxyde (et non un oxyhydroxyde) en conservant totalement ou partiellement la valence II. N'ayant trouvé dans la littérature aucune trace de travaux portant sur la thermohydrolyse de solutions aqueuses ferreuses , nous avons souhaité examiner les possibilités d'un tel processus.

2.1) Essais sans ajustement de pH

Dans un premier temps, nous avons traité par chauffage microondes des solutions aqueuses de chlorure ferreux. Les concentrations des solutions testées sont comprises entre 0.2 et 1 M. Les pH de telles solutions évoluent respectivement de 4 à 2. Quelles que soient les durées (jusqu'à une heure) de traitements microondes (10^6 Pa, 160°C), la coloration verte de la solution ne change pas et un léger précipité orange est observé. Ce précipité correspond à la formation d'hématite par thermohydrolyse des traces d'ions ferriques présentes en solution.

En solution aqueuse, la différence de comportement de l'ion ferreux vis à vis de l'ion ferrique en terme de condensation provient de leurs sphères de coordination respectives. Dans le cas de l'ion ferreux, celle-ci se compose majoritairement de ligands aquo (H_2O) (**figure A.II.3**) alors que l'ion ferrique existe majoritairement sous forme de dimère avec deux ponts hydroxo [2-3]. L'existence d'un ligand hydroxo est indispensable pour amorcer le processus de substitution nucléophile qui conduira à la condensation des espèces. L'apparition d'un ligand hydroxo dans la sphère de coordination de l'ion ferreux peut être provoquée par hydrolyse des espèces, c'est à dire une augmentation du pH réalisée par ajout d'une base. En conséquence, nous avons procédé dans un second temps à des essais avec ajustement du pH préalablement au traitement microondes.

2.2) Essais avec ajustement de pH

Par ajouts successifs et modérés d'une base forte, l'augmentation de pH est limitée par le pH de précipitation de l'hydroxyde ferreux (pH $\approx$ 7, **figure B.I.1**). Cette valeur est relativement élevée par rapport au pH initial des solutions ferreuses (2 à 4). On peut donc espérer un contrôle fin du taux d'hydrolyse du précurseur ferreux dans la solution. En conséquence, nous avons étudié l'évolution du pH provoquée par l'ajout d'hydroxyde de sodium

194

(0.2 M) dans une solution de chlorure ferreux (1 M). La **figure C.I.1** présente ces courbes pH-métriques obtenues pour différentes durées d'attente entre chaque ajout.

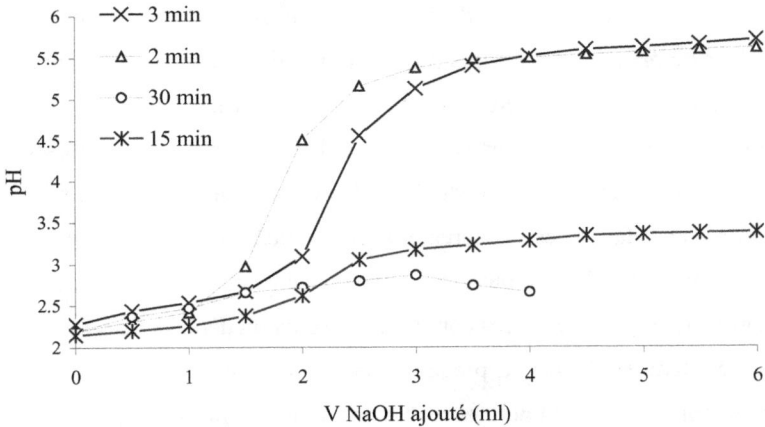

Figure C.I.1 : Courbes pH-métriques obtenues par ajout de soude dans une solution de chlorure ferreux. Les temps indiqués correspondent à la durée d'attente entre chaque ajout

Si l'on effectue des ajouts modérés, c'est à dire en attendant la stabilisation du pH avant chaque nouvel ajout (25 à 30 minutes), le pH reste constant (entre 2 et 2.5); c'est à dire que la base est consommée à mesure qu'elle est ajoutée dans le milieu. Dans les premiers instants, il y a précipitation des ions ferriques présents au départ (pH de précipitation de

2.5). Ensuite, la quantité de précipité orange augmente sans passage par un précipité vert qui correspondrait à l'hydroxyde ferreux. Il y a donc oxydation d'ions ferreux en ions ferriques qui précipitent grâce à l'hydroxyde de sodium ajouté à mesure qu'il sont formés. Selon le diagramme de Pourbaix (**figure B.I.2**), à partir d'une valeur de 5 du pH, la zone de stabilité de l'ion ferreux disparaît au profit de l'hydroxyde ferrique. Expérimentalement, la valeur de pH mesurée est très proche du pH de précipitation de l'hydroxyde ferrique. Le précipité a été isolé et identifié par diffraction des rayons X. Le diffractogramme obtenu présente une seule phase très mal cristallisée. Cette phase est l'akaganéïte, un oxyhydroxyde ne contenant que des ions ferriques. Cette constatation est cohérente avec la littérature puisque cette phase cristalline n'est obtenue qu'en présence de contre-ions chlorures associés aux ions ferriques [4]. Dans ces conditions d'ajouts modérés de base, la valeur du pH est tamponnée par la précipitation de l'hydroxyde ferrique. Des ajouts plus rapides devraient permettre d'imposer une évolution du pH conduisant à l'extrême, à la précipitation de l'hydroxyde ferreux. Un premier essai en ajoutant toutes les 15 minutes s'est avéré guère plus concluant que le premier puisque la valeur du pH évolue de 2 à 3 (**figure C.I.1**). La poudre obtenue après isolation du précipité est encore de l'akaganéïte. Plusieurs essais ont ensuite été effectués en ajoutant l'hydroxyde de sodium toutes les deux ou trois minutes. Dans ce cas, après consommation des premiers ajouts de base par la précipitation des ions ferriques présents, le pH évolue jusqu'à 5. Au delà de cette valeur, un précipité vert d'hydroxyde ferreux apparaît au point d'impact de la goutte d'hydroxyde de sodium. Ce précipité ne se redissout pas mais vire en quelques secondes à l'orange. La solution obtenue n'est pas stable car le pH diminue si l'on stoppe les ajouts. Le précipité a été isolé et identifié par diffraction des rayons X. Le diffractogramme obtenu présente deux phases très mal cristallisées. Ces phases sont l'akaganéïte provenant des ions ferriques et la lépidocrocite provenant des ions ferreux (partie B). De plus, si l'on ajoute continuement l'hydroxyde de sodium jusqu'à obtenir un pH de 7, on isole un précipité marron constitué majoritairement par une phase spinelle polluée par des traces de lépidocrocite, d'akaganéïte et de feroxyhyte. Quelles que soient les conditions d'ajouts (modérées ou rapides) de l'hydroxyde de sodium, il apparaît donc impossible de contrôler l'hydrolyse du précurseur ferreux.

En conclusion, l'instabilité relative des ions ferreux en solutions aqueuses basiques complique considérablement les conditions opératoires d'une éventuelle thermohydrolyse. En effet, le contrôle du taux d'hydrolyse du précurseur est impossible. En milieu acide, aucune condensation des espèces n'est observée alors que des traces d'ions hydroxydes provoquent une condensation instantanée conduisant à la précipitation d'oxyhydroxydes ferriques. En solution aqueuse, il n'existe donc pas d'alternative entre un précurseur inerte à la condensation (milieu acide) et un précipité instable vis à vis de l'oxydation (milieu basique). Les processus de condensation des ions ferreux dans l'eau sont :

♣ instantanés,

♣ ne permettent pas de préserver l'état d'oxydation du fer II.

La thermohydrolyse de solutions aqueuses de fer ferreux en présence d'air est donc difficilement réalisable en raison de cette oxydation. Une première solution pour s'affranchir de l'oxydation consisterait à se placer sous atmosphère réductrice (hydrogène). L'ajout de composés réducteurs (quinones et/ou complexants) serait une seconde solution. Ces conditions opératoires iraient à l'encontre d'une mise en œuvre la plus simple possible du protocole expérimental qui nous était imposée. Par ailleurs, la mise en œuvre de ces conditions réductrices, adaptées aux ions ferreux, ne le serait plus dans le cas d'élaboration d'oxydes mixtes, particulièrement des ferrites substitués (Co, Ni, Mn, Zn). En raison de ces contraintes qui nous étaient imposées, il nous est donc impossible de provoquer la thermohydrolyse directe des solutions ferreuses.

3) Au delà de la thermohydrolyse

Activer thermiquement l'hydrolyse des espèces ferreuses n'est donc pas nécessaire puisque des traces d'ions hydroxydes provoquent une condensation instantanée conduisant à la précipitation d'oxyhydroxydes ferriques. Il faut donc s'affranchir de coordinats hydroxo dans la sphère de coordination des ions ferreux, ce qui impose de changer de solvant (eau) et de base (hydroxyde de sodium).

3.1) Le choix du solvant

Les principales contraintes qui nous sont imposées sur le solvant sont :

♣ caractère non oxydant (stabilisation de l'ion ferreux et du fer métallique),

♣ capacité à s'échauffer sous irradiation microondes,

♣ élimination facile (bas point d'ébullition),

♣ toxicité la plus limitée,

♣ disponibilité et faible coût.

Les quatre premières conditions imposent d'utiliser des solvants protiques associés, c'est à dire les alcools simples à chaîne carbonée courte. Les glycols sont éliminés en raison de leur haut point d'ébullition et de leur toxicité en dépit de leur caractère réducteur et de leur capacité à s'échauffer sous irradiation microondes. Finalement, l'éthanol a été retenu parmi les alcools simples en raison des deux dernières contraintes. **Dans un souci de simplicité du protocole expérimental, nous avons utilisé l'azéotrope éthanol/eau à 96%. En effet, éliminer les traces d'eau du solvant imposerait d'utiliser un précurseur non hydraté, ce qui irait à l'encontre d'une mise en œuvre facile de nos conditions opératoires.** Le précurseur (chlorure ferreux hydraté) est soluble dans l'éthanol et donne une solution de couleur orange attestant de la complexation du fer ferreux par l'éthanol. La petite quantité de fer ferrique présente est aussi soluble dans l'éthanol. La dilution de chlorure ferrique dans l'éthanol donne aussi une solution orange. Nous avons traité sous chauffage microondes de telles solutions afin de tester la capacité de ce complexe éthanolique à limiter la labilité des molécules d'eau coordinées sur l'ion ferreux. Ces molécules d'eau proviennent de l'eau d'hydratation du sel et des 4% d'eau contenus dans le solvant. Les concentrations testées sont comprises entre 0.2 M et une solution saturée en ions ferreux. Quels que soient les temps de traitements microondes (10^6 Pa, 160°C jusqu'à une heure), la coloration orange de la solution ne change pas et un léger précipité orange est observé. Comme lors de l'étude en solution aqueuse, sa quantité augmente avec le temps de traitement. Ce précipité correspond à la formation d'hématite à partir des traces d'ions ferriques et d'eau par thermohydrolyse.

En conclusion, la relative inertie des solutions éthanoliques de chlorure ferreux vis à vis de la condensation prouve que l'ion métallique est essentiellement complexé par l'éthanol en dépit de la présence d'eau en quantité importante vis à vis du métal (proportions légèrement supérieures à 4 pour 1).

3.2) Le choix de la base

Comme nous l'avons vu précédemment, la présence d'ions hydroxydes favorise l'oxydation des ions ferreux plutôt que leur hydrolyse. Il est donc nécessaire de remplacer les bases au sens de Brönsted par un complexant en filiation directe avec le solvant. Le composé utilisé est donc **l'éthanoate de sodium**. Celui-ci interviendra comme une base au sens de Lewis conduisant à la précipitation de l'éthanoate ferreux. On peut toutefois craindre que la présence d'eau inhibe partiellement l'éthanoate de sodium ajouté dans la solution.

En conclusion nous utiliserons des solutions éthanoliques de chlorure ferreux additionnées d'éthanoate de sodium. D'après la littérature, de telles conditions opératoires n'ont jamais été testées. Elles apparaissent toutefois comme intermédiaires entre les deux protocoles de la littérature permettant la dismutation du fer ferreux en fer ferrique et fer métallique. En effet, nos conditions opératoires utilisant l'éthanol et l'ethanoate de sodium permettent de s'affranchir :

♣ des fortes teneurs en base (G. Pourroy : partie B, chapitre V),

♣ de l'utilisation des glycols (F. Fievet : partie B, chapitre IV).

Nous verrons que l'éthanol ayant la capacité de s'échauffer sous irradiation microondes et possédant un bas point d'ébullition (78°C) facilitant son élimination, permettra d'associer dans des composés les trois valences de l'élément fer (métal, ferreux, ferrique). De plus, son coût est faible.

3.3) Notre protocole opératoire
3.3.1) Concentrations et mode de mélangeage des réactifs

Les teneurs en ions ferreux varient de 0.2 à 0.4 M tandis que les teneurs en éthanoate varient de 0 à 1 M. Ces concentrations sont calculées par rapport au volume final total. La solution de chlorure ferreux, obtenue par dissolution de $FeCl_2$, $4H_2O$ dans l'éthanol étant très sensible à l'oxygène de l'air, elle est préparée en quantité nécessaire avant chaque essai. A cause de cette sensibilité à l'oxygène de l'air, nous avons défini deux modes de mélangeage des solutions éthanoliques du précurseur et de l'éthanoate. Dans les deux cas, la solution éthanolique d'éthanoate de sodium est placée dans l'autoclave. L'addition de la solution de précurseur est effectuée par ajout :

♣ direct de la totalité (protocole I),

♣ goutte à goutte à l'aide d'une burette (protocole II).

Dans les deux protocoles, on privilégie l'ajout de la solution ferreuse dans la solution d'éthanoate plutôt que l'inverse pour deux raisons. La première raison est la relative viscosité de la solution d'éthanoate de sodium. La seconde raison est de faciliter la redissolution du complexe précipité au point d'impact des deux solutions. Le protocole I est le plus rapide. Il permet donc de minimiser l'oxydation en dépit de la non uniformité du mélange obtenu. Quant au protocole II, il favorise l'uniformité du mélange obtenu vis à vis de la rapidité. Nous comparerons les résultats obtenus avec ces deux protocoles.

3.3.2) Traitement microondes

L'autoclave est ensuite fermé le plus rapidement possible, raccordé au système de contrôle en pression et placé sous $4 \cdot 10^5$ Pa d'argon pour protéger le mélange réactionnel très sensible à l'oxygène. Le traitement thermique microondes se déroule en deux étapes :

♣ la puissance microondes (1 kW) est appliquée jusqu'à une pression de consigne de 10^6 Pa.,

♣ cette puissance est ajustée de manière à maintenir la pression de consigne pendant la durée de traitement voulue.

La **figure C.I.2** présente l'évolution temporelle de la pression et de la température pour l'éthanol pur et nos mélanges réactionnels [5] lors de la première étape du traitement thermique microondes. La puissance microondes est arrêtée lorsque la pression de consigne est atteinte. Les vitesses de chauffage et de montée en pression sont relativement rapides puisque l'éthanol atteint 160°C sous une pression de 10^6 Pa en 40 secondes. Les évolutions temporelles de nos milieux réactionnels sont encore plus rapides (15 secondes) puisque les ions présents en solutions augmentent considérablement les pertes diélectriques. Ces courbes mettent en évidence l'inertie thermique de l'ensemble réacteur appareillage puisque la température et la pression ne chutent pas brutalement lorsque l'on arrête le traitement microondes.

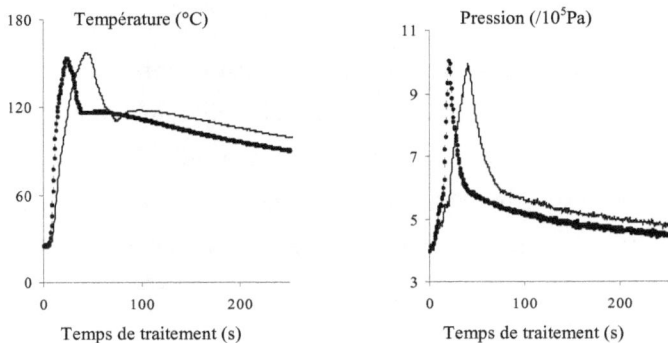

Figure C.I.2 : Courbes de pression et température pour l'éthanol et l'un de nos milieux réactionnels (**présentée en gras**) ($[Fe^{2+}] = 0.3M$, $[EtO^-] = 0.7$ M) [5]

Les durées de traitement choisies pour notre étude de traitement varient de 5 secondes à 30 minutes.

3.4) Analyse de la pertinence de notre protocole opératoire

Suite aux résultats obtenus par la mise en œuvre de notre protocole opératoire décrits ci-dessus, il parait intéressant de donner ici les résultats initiaux qui nous ont permis de définir les conditions optimales de notre protocole. Chronologiquement, ce qui est exposé ci-dessous a donc été fait avant la définition du protocole que nous avons retenu.

Ces essais ont consisté en des traitements microondes de solutions aqueuses et éthanoliques du cation métallique en présence d'hydroxyde de sodium. Les teneurs en ions ferreux et en base des mélanges testés étaient les mêmes que pour le protocole retenu.

3.5) Echantillons de référence préparé par chimie douce

Dans un souci de confronter les échantillons d'oxyde de fer élaborés selon notre protocole, à ceux élaborés conventionnellement et plus particulièrement par chimie douce, nous avons choisi de préparer des échantillons de référence par cette dernière technique. Le choix de ces échantillons de référence a été favorisé par le savoir faire de l'équipe "Matériaux à grains fins".

3.5.1) Protocole expérimental [6]

Les solutions de Fe(II) et Fe(III) sont préparées au préalable par dissolution de $FeCl_2$, $4H_2O$ (Prolabo, Normapur) et $FeCl_3$, $6H_2O$ (Prolabo, Normapur) dans des solutions d'acide chlorhydrique de façon à maintenir le pH de la solution voisin de 0.5. Ainsi, toute précipitation éventuelle d'oxydes ou d'hydroxydes avant le traitement est évitée. Ces deux solutions sont mélangées en quantités adéquates dans le réacteur et, sous bonne agitation, l'ajout d'une solution d'ammoniaque (28%) fait augmenter le pH (**figure C.I.3**). Il s'en suit la précipitation d'un solide très fin de couleur foncée.

L'extraction de la poudre obtenue est effectuée après 20 minutes sous agitation vive afin d'assurer un début de vieillissement d'Oswald. Cette étape conduit, par dissolution recristallisation, à une taille des grains plus élevée mais aussi à une distribution granulométrique plus étroite.

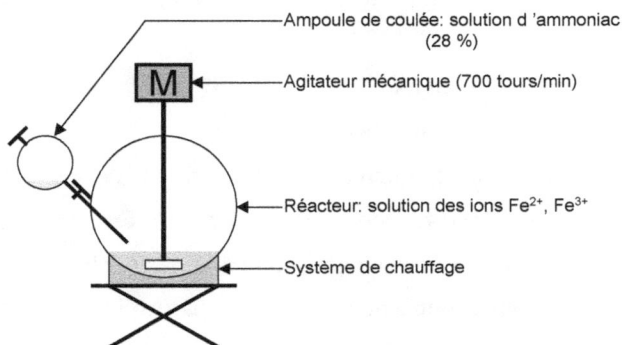

Figure C.I.3 : Schéma de l'installation de synthèse par chimie douce [6]

3.5.2) Influence de la température de synthèse

Le deuxième objectif de cette étude, débutée en collaboration avec T. Belin [6], était d'obtenir une gamme régulière en taille moyenne de nanoparticules de γ-Fe_2O_3. Pour cela, nous avons fait varier la température de synthèse. Les températures retenues sont 5°C, 10°C, 25°C, 50°C, 70°C et 90°C. La réaction étant très exothermique, les ajouts d'ammoniaque ont été effectués très lentement de manière à éviter une augmentation importante de température en restant dans une marge acceptable de ±5°C. Toutefois, afin de déterminer les conséquences de la vitesse d'ajout, une synthèse à température ambiante a été réalisée avec un ajout rapide d'ammoniaque.

Quel que soit le protocole utilisé, il est nécessaire d'extraire les précipités obtenus, de les laver pour éliminer les impuretés de synthèse puis de les sécher. Nous allons présenter ces différentes étapes maintenant.

3.6) Isolement et séchage

3.6.1) Extraction et lavage

Après synthèse par microondes ou par chimie douce, les échantillons sont centrifugés à 3500 tours/min (Prolabo X230). Ensuite, ils sont lavés à l'eau distillée autant de fois que nécessaire afin que le pH du surnageant soit neutre. Ces lavages permettent d'éliminer, en particulier pour les traitements microondes, le chlorure de sodium soluble résultant des contre-ions respectifs du sel ferreux et de l'éthanoate ainsi que le surplus de base éventuel.

3.6.2) Séchage

Après lavage, les poudres sont séchées selon deux techniques :

♣ dans un premier temps, principalement pour les synthèses microondes, une méthode rapide est mise en œuvre. Elle consiste en une dispersion du gâteau issu du dernier lavage dans l'éthanol et exposition sous flux d'air (hotte) dans une boite de Pétri. Cette procédure favorise l'évaporation du solvant par maximisation du rapport surface/volume et permet d'obtenir en quelques heures le produit synthétisé pulvérulent. Cette méthode a été très utile lors des phases de recherche de conditions optimales d'élaboration de nos composés,

♣ dans un second temps, pour les deux types de synthèses, en particulier pour les caractérisations fines, les solutions sont lyophilisées. La suspension est congelée dans un flacon. Ce flacon est ensuite placé sous vide primaire (pompe à palettes). Ainsi, la glace est sublimée laissant le solide dans le flacon. La vapeur d'eau est piégée dans un point froid placé en amont de la pompe [7]. Cette technique permet d'obtenir des poudres plus "aérées" et très dispersées beaucoup plus faciles à caractériser. De plus, ce type de poudre réagira mieux avec son environnement gazeux lors d'un traitement thermique ultérieur éventuel qui peut être nécessaire dans certains cas. Ainsi, la croissance des grains au cours de ce traitement thermique sera limitée en travaillant à des températures plus basses (<500°C).

Toutes les analyses ont été réalisées après cette phase d'isolement. Cette dernière n'est pas neutre chimiquement puisqu'une étape fait intervenir un lavage à l'eau susceptible d'oxyder les composés élaborés et principalement s'il s'agit de métal libre de taille nanométrique. Si toutefois l'analyse montre la présence de métal libre à l'issue de ces traitements, on pourra en déduire un haut niveau de protection de ces composés vis à vis de l'oxydation par l'eau et l'air.

Les méthodes expérimentales ayant été définies, le chapitre suivant présente les résultats obtenus grâce au protocole mettant en jeu l'éthanol comme solvant et l'éthanoate de sodium comme base. L'étude comparative entre les échantillons obtenus grâce à ce protocole et les échantillons obtenus par les autres protocoles sera effectuée dans le troisième chapitre de cette partie.

Bibliographie

[1] U. Schwertmann, J. Friedl et H. Stanjek, From Fe(III) ions to ferrihydrite and then to hematite, J. Colloid Interface Sci., 209, p215, 1999.

[2] J. Kragten, Atlas of metal-ligand equilibria in aqueous solution, Ellis Horwoods Limited, 1977.

[3] G. H. Khoe, P. L. Brown, R. N. Sylva et R. G. Robins, The hydrolysis of metal ions, Part 9 : Iron III in perchlorate, nitrate and chloride media (1 mol.dm^{-3}), J. Chem. Soc., Dalton transactions, p19014, 1986.

[4] U. Schwertman et R. C. Cornell, Iron oxides in the laboratory, éditions VCH, Weinheim, 1991.

[5] T. Caillot, D. Aymes, D. Stuerga, N. Viart et G. Pourroy, Microwave flash synthesis of iron and magnetite particles by disproportionation of ferrous alcoholic solutions, Journal of Material Sciences, 37, p1, 2002.

[6] T. Belin, Rôle de la nature de l'interface externe dans des nanograins de maghémite γ-Fe$_2$O$_3$, DEA de chimie physique, Université de Bourgogne : Dijon, 1999.

[7] V. Nivoix, Spinelles nanométriques à valence mixte et à fort taux de lacunes cationiques : Transferts électroniques dans un ferrite de molybdène Fe$_{2,47}$Mo$_{0,53}$O$_4$. De la synthèse aux propriétés magnétiques dans le système fer-vanadium Fe$_{3-X}$V$_X$O$_4$ ($0 \leq X \leq 2$), Thèse de doctorat, Université de Bourgogne : Dijon, 1997.

Chapitre II : Nos résultats

Les résultats présentés ici sont relatifs aux essais effectués sous champ microondes. Le précurseur de l'ion ferreux, le solvant et la base utilisée sont respectivement le dichlorure ferreux tétrahydraté, l'éthanol et l'éthanoate de sodium.

1) Identification des phases obtenues

La grille décrite par la **figure C.II.1** présente les 38 couples testés pour chaque concentration en éthanoate/ions ferreux. La teneur en chlorure ferreux est comprise entre 0.2 et 0.4 M tandis que la teneur en éthanoate de sodium varie de 0 à 1M. Le mode de mélange des réactifs mis en œuvre est le protocole I. La durée de traitement microondes (10 minutes) est une durée de référence. Sur la base de ces résultats, on analysera l'effet du mode de mélange des réactifs en utilisant le protocole II et on proposera ensuite une étude en fonction de la durée de traitement. Le nombre total d'échantillons testés est proche de 150.

209

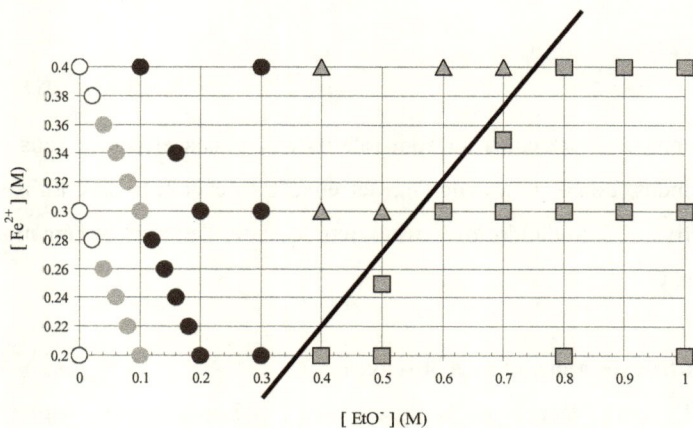

Figure C.II.1 : Domaines de concentrations en $[Fe^{2+}]$ et $[EtO^-]$ étudiés présentées pour un temps de traitement de 10 minutes (protocole I) [1]

L'identification de phases par diffraction des rayons X a mis en évidence quatre zones définies par des labels différents :

♣ ronds blancs

Ce domaine correspond aux concentrations en éthanoate les plus faibles ($\leq$ 0.02M). Dans cette partie de la grille, le mélange initial est de couleur orange et aucun précipité n'est observé. Après traitement, l'hématite est obtenue en très faible quantité et la couleur de la solution ne change pas pendant le traitement. Cette précipitation d'hématite est le résultat de l'hydrolyse forcée des traces d'ions ferriques et d'eau présents en solution initialement.

♣ *ronds gris*

Pour les concentrations en éthanoate comprises entre 0.02M et 0.1M, un précipité gris vert est obtenu lors du mélange des deux réactifs. Après traitement, les poudres obtenues sont de couleur marron et le surnageant est orangé. La teneur en ions ferreux en solution reste donc relativement élevée. La diffraction des rayons X met en évidence un mélange d'hématite provenant des ions ferriques et de phase spinelle provenant des ions ferreux et ferriques.

♣ *ronds noirs*

Pour les concentrations en éthanoate comprises entre 0.1M et 0.3M, un précipité gris vert est obtenu lors du mélange des réactifs. Après traitement, les poudres sont noires et la couleur orangée du surnageant est atténuée par rapport aux deux cas précédents. La diffraction des rayons X met en évidence une phase spinelle polluée par de petites quantités d'hématite. D'après la couleur du surnageant, une partie des ions ferreux reste encore en solution.

♣ *Triangles et carrés gris*

Enfin, pour les concentrations en éthanoate les plus grandes, c'est à dire supérieures ou égales à 0.4M, des mélanges de fer α et de phase spinelle sont obtenus. En outre, on a pu constater que les diffractogrammes du même échantillon enregistrés à plus d'un an d'intervalle sont parfaitement superposables. Le fer métallique est donc protégé de l'oxydation par l'oxygène de l'air. Curieusement, le seuil d'apparition du fer métallique détecté par diffraction des rayons X ne semble dépendre que de la teneur en base. Plus la concentration en éthanoate est élevée, plus l'intensité de la raie 100 du fer métallique, relativement à celle de la phase spinelle, est importante comme le montre la **figure C.II.2**. La proportion de fer métallique dans les échantillons augmente donc avec la teneur en éthanoate de la solution.

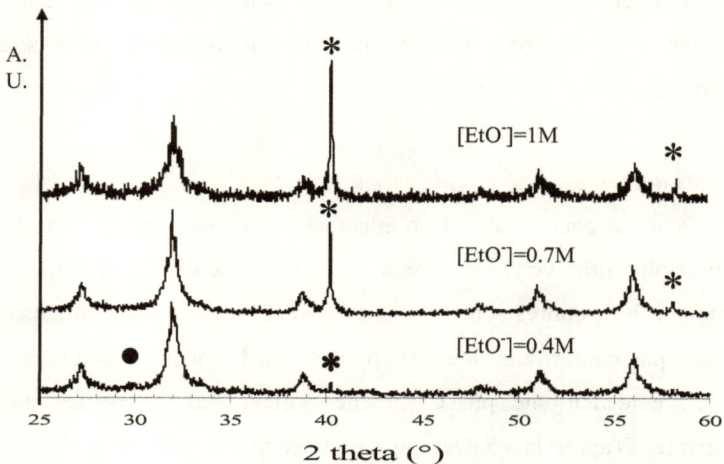

Figure C.II.2 : Diffractogrammes obtenus en fonction de la concentration en base pour $[Fe^{2+}] = 0.3$ M et un temps de traitement de 10 minutes (protocole I). Les * correspondent aux raies du fer métallique et le • à la raie d'intensité 100 de l'hématite. Les autres raies correspondent à la phase spinelle

La frontière entre les triangles et les carrés gris est matérialisée sur la grille par une droite. Elle correspond au rapport éthanoate sur fer égal à 2. Les échantillons correspondant aux triangles gris sont pollués par des traces d'oxydes ou oxyhydroxydes ferriques absentes pour les échantillons correspondant aux carrés gris.

En résumé, l'apparition de la phase spinelle est concomitante avec l'apparition d'un précipité gris vert lors du mélange des réactifs. Plus la teneur en éthanoate augmente, plus la couleur orangée du surnageant est faible attestant de la diminution de la teneur en ion ferreux de la solution après traitement. De plus, lorsque le rapport éthanoate sur fer est supérieur à deux, on obtient des mélanges spinelle/fer métallique non pollués par des oxydes ou oxyhydroxydes ferriques. Ces composés ferriques résultent de processus d'hydrolyse à partir des traces d'ions ferriques présents initialement en solution et/ou apparus par oxydation des ions ferreux lors du traitement et/ou de l'étape d'isolement. Le précipité gris vert obtenu lors du mélangeage initial des réactifs, difficilement caractérisable en raison de sa réactivité chimique, est vraisemblablement un diéthanoate de fer ($Fe(OEt)_2$) [2-3].

Afin d'étudier l'influence du mode de mélange des réactifs, nous avons testé le protocole II pour une concentration en fer ferreux constante (0.2 M) en faisant varier la teneur en éthanoate (de 0.3 à 1 M). La durée de traitement est de deux minutes. On examine le seuil d'apparition du fer métallique ainsi que l'évolution en fonction de la teneur en base. La **figure C.II.3** montre les diffractogrammes obtenus.

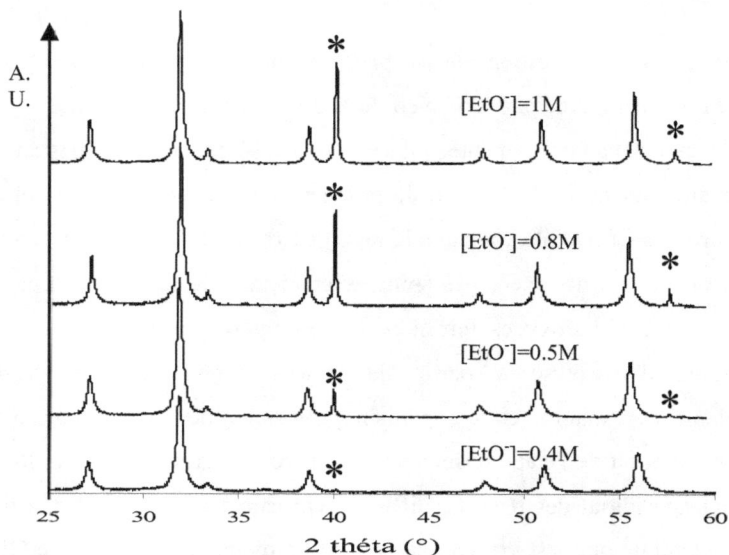

Figure C.II.3 : Diffractogrammes obtenus en fonction de la concentration en base pour $[Fe^{2+}]$=0.2M et un temps de traitement de 2 minutes (protocole II). Les * correspondent aux raies du fer métallique. Les autres raies correspondent à la phase spinelle

Ces diffractogrammes présentent un bruit de fond beaucoup moins important que ceux obtenus avec le protocole I et décris par la **figure C.II.2**. Toutefois, une phase parasite, l'akaganéïte est détectée sous forme de traces dans tous les échantillons. Cette phase parasite provient certainement de l'oxydation à l'interface solution/air lors de l'ajout goutte à goutte initial à l'aide d'une burette (léger voile orange en surface).

214

Quel que soit le protocole, le seuil d'apparition de la phase métallique ne change pas (concentration de 0.4 M en éthanoate) et ne dépend pas du temps de traitement microondes. Pour les deux protocoles, l'intensité des raies de cette phase augmente avec la concentration en éthanoate (**figure C.II.2 et C.II.3**).

Cette première analyse générale a permis de définir deux domaines de concentrations (ion ferreux/éthanoate) qui répondent aux objectifs visés de l'étude qui étaient l'élaboration d'oxydes mixtes de fer d'une part et de mélanges fer métallique/oxyde mixte d'autre part. La suite de l'étude sera donc focalisée sur ces deux zones correspondantes (ronds noirs, triangles et carrés gris de la **figure C.II.1**).

2) Domaine de stabilité de la phase spinelle

2.1) Paramètre de maille

Comme nous l'avons vu précédemment, on obtient pour les concentrations en base comprises entre 0.1 et 0.3M et une durée de traitement de dix minutes, une phase spinelle polluée par des traces d'oxyhydroxydes. Les paramètres de maille de cette phase spinelle ont été déterminés à l'aide des quatre logiciels présentés en annexe (annexe 2 : la diffraction des rayons X et l'analyse microstructurale). Quel que soit la méthode de calcul utilisée et les concentrations en ion ferreux et en éthanoate, le paramètre de maille de cette phase est de 0.837(5) nm aux erreurs expérimentales près.

Dans cette zone, une étude en fonction de la durée de traitement a été effectuée pour les concentrations suivantes : $[Fe^{2+}] = 0.2$ M, $[EtO^-] = 0.2$ M. Les temps de chauffage varient de 5 secondes à 30 minutes. Quel que soit la durée du traitement, le diffractogramme met en évidence une phase spinelle polluée par des traces d'hématite et/ou d'akaganéïte. La détermination des paramètres de maille de la phase spinelle conduit à la même valeur que précédemment (a=. 0.837(5) nm). Un échantillon témoin n'ayant pas subi le traitement microondes révèle la présence de la phase spinelle très mal cristallisée et très polluée par des composés ferriques.

En résumé, Il n'y a pas d'évolution du paramètre de maille ni en fonction des concentrations des précurseurs, ni en fonction du temps de chauffage. Ces valeurs de paramètre de maille correspondent à une phase spinelle dans un état d'oxydation intermédiaire entre la maghémite et la magnétite de formule générale $Fe_3O_{4+\delta/2}$.

2.2) Taille des grains et morphologie

Les tailles de grains de la phase spinelle déterminées par la méthode de Langford [4] sont du même ordre de grandeur (8 ± 2 nm) quelles que soient les concentrations des précurseurs et le temps de traitement. Cependant, les diagrammes de Langford établis à partir des diffractogrammes mettent en évidence un alignement quasi parfait des points correspondants à chaque réflexion comme le montre la **Figure C.II.4** : ces échantillons semblent donc être composés de grains quasi sphériques.

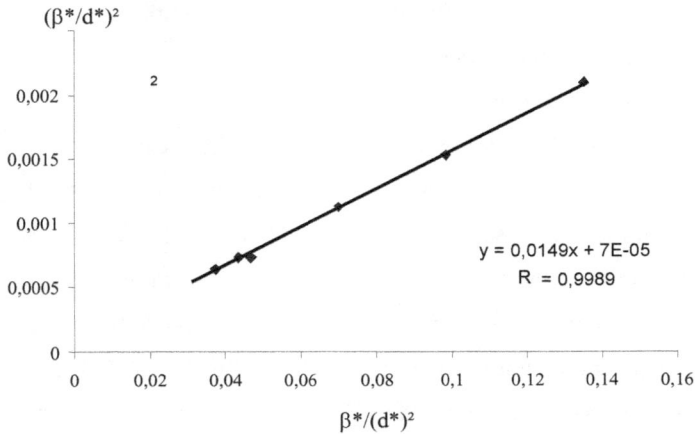

Figure C.II.4 : Diagramme de Langford obtenu avec $[Fe^{2+}] = 0.2$ M
et $[EtO^-] = 0.2$ M traité 10 minutes

En conclusion, la détermination des paramètres de maille a montré que l'on élabore une phase spinelle dans un état d'oxydation intermédiaire entre la maghémite et la magnétite. Il est donc impossible dans ces conditions opératoires d'obtenir de la maghémite ou de la magnétite en une seule étape et, comme pour les modes de préparation conventionnelles, un traitement thermique sous pression d'oxygène contrôlée sera nécessaire afin d'amener les poudres à la stœchiométrie en oxygène souhaitée. Finalement, le chauffage microondes ne permet pas un contrôle de la stoechiométrie en oxygène et de la croissance des cristallites. De plus, les échantillons sont pollués par des traces de composés ferriques. Le traitement microondes limite la production de composés ferriques et favorise la cristallisation de la phase spinelle.

3) Domaine de stabilité des phases spinelle et métallique

3.1) Diffraction des rayons X

3.1.1) Paramètres de maille

3.1.1.1) En fonction des teneurs en précurseurs

Comme nous l'avons vu précédemment, on obtient pour les concentrations en base comprises entre 0.4 et 1 M et une durée de traitement de dix minutes, une phase spinelle et une phase métallique.

Le paramètre de maille du fer métallique est de 0.2866(4) nm tandis que la détermination des paramètres de maille (**figure C.II.5**) de la phase spinelle a permis de mettre en évidence deux zones dans le domaine étudié. Ces deux zones sont séparées par une frontière correspondant au rapport éthanoate sur fer égal à 2. Cette séparation est identique à la frontière entre les triangles et les carrés gris évoquée dans la partie 1 (**figure C.II.1**).

♣ $[EtO^-] < 2 [Fe^{2+}]$ (gauche de la frontière) :

Les paramètres de maille de la phase spinelle sont de l'ordre de 0,838(0) nm et des traces d'akaganeïte et d'hématite sont détectées dans les échantillons.

♣ $[EtO^-] > 2 [Fe^{2+}]$ (droite de la frontière) :

Aucune phase parasite n'est détectée. Les paramètres de maille de la phase spinelle sont de l'ordre de 0.839(0) nm, valeurs proches du paramètre de maille de la magnétite. On constate que les diffractogrammes obtenus pour les concentrations en ions ferreux les plus grandes (0.4 M) sont de moins bonne qualité que les autres. Pour cette concentration, la quantité de précipité formée dès le mélangeage est très importante et occupe totalement le réacteur, ce qui implique des problèmes d'inhomogénéité au chauffage qui rejaillissent donc sur la qualité des poudres.

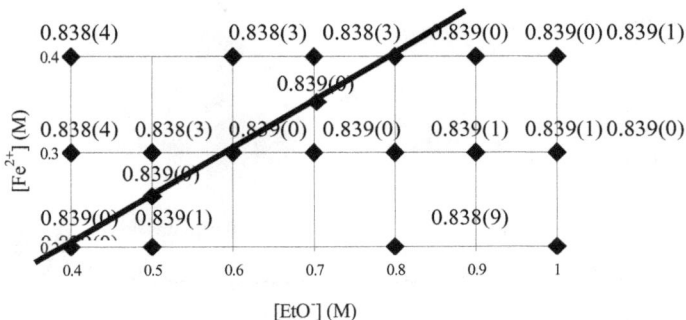

Figure C.II.5 : Paramètres de maille (nm) de la phase spinelle en fonction des teneurs en précurseurs pour un temps de traitement de 10 minutes (protocole I)

3.1.1.2) En fonction du temps de chauffage

Suite à l'étude de l'effet des teneurs en précurseurs, nous avons pu choisir judicieusement deux couples ions ferreux/éthanoate afin d'étudier l'influence du temps de chauffage. Pour cela, nous avons choisi des concentrations en fer en ion ferreux (0.2 et 0.3 M) pour éviter les problèmes évoqués précédemment pour la teneur en ions ferreux de 0.4 M, et des concentrations en éthanoate optimales dans la zone [EtO⁻] > 2 [Fe²⁺].

L'étude temporelle a été effectuée pour les concentrations suivantes :
♣ protocole I : [Fe²⁺] = 0.3 M et [EtO⁻] = 0.7 M,
♣ protocole II : [Fe²⁺] = 0.2 M et [EtO⁻] = 1 M.

219

Les temps de traitement choisis pour notre étude varient de 5 secondes à 30 minutes. Les **figure C.II.6** et **figure C.II.7** décrivent respectivement pour les protocoles I et II, l'évolution des diffractogrammes en fonction du temps de chauffage.

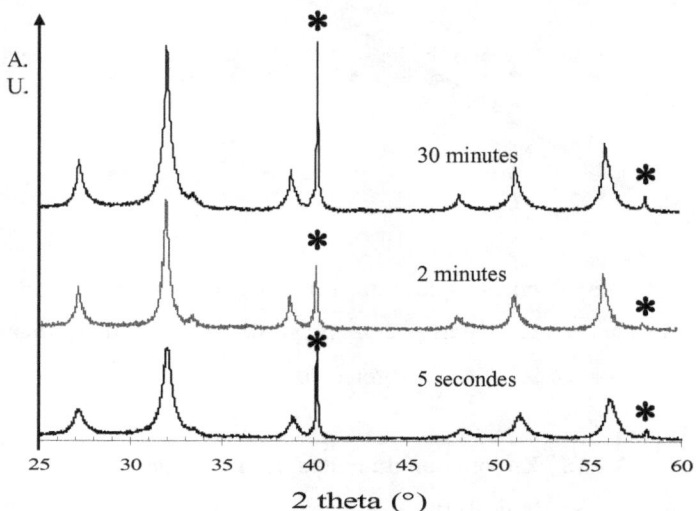

Figure C.II.6 : Diffractogrammes obtenus en fonction du temps de chauffage pour $[Fe^{2+}] = 0.3$ M et $[EtO^-] = 0.7$ M (protocole I). Les *
correspondent aux raies du fer métallique. Les autres raies correspondent à la phase spinelle

Ces figures prouvent que les deux phases sont obtenues dès les premiers instants de traitement microondes. Quel que soit le temps de traitement, le précipité gris vert obtenu initialement par mélangeage des réactifs se transforme intégralement en précipité noir. On a constaté qu'un mélange témoin n'ayant pas subi le traitement donne un diffractogramme présentant uniquement les raies de la phase spinelle.

On notera que, pour 5 secondes de traitement, l'intensité de la raie 100 (110) de la phase métallique est plus faible avec le protocole II qu'avec le protocole I.

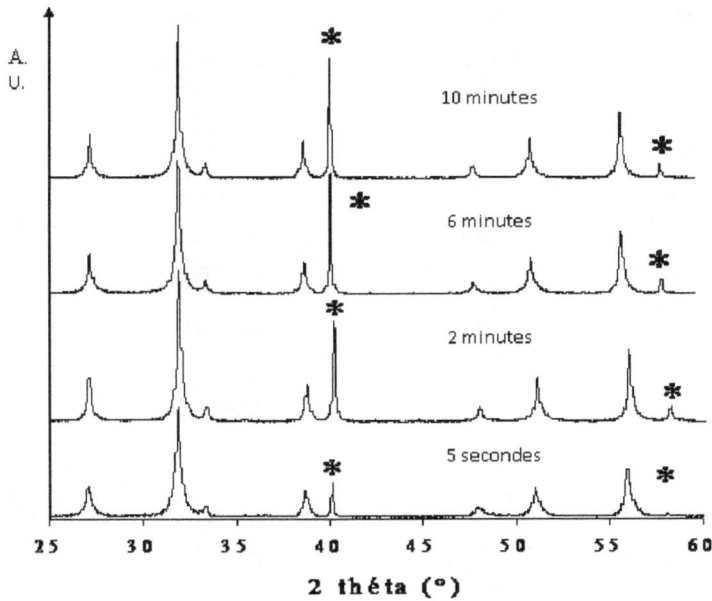

Figure C.II.7 : Diffractogrammes obtenus en fonction du temps de chauffage pour $[Fe^{2+}]$ = 0.2 M et $[EtO^-]$ = 1 M (protocole II). Les * correspondent aux raies du fer métallique. Les autres raies correspondent à la phase spinelle

Le **tableau C.II.1** et la **figure C.II.8** décrivent les résultats obtenus lors de la détermination des paramètres de maille de la phase spinelle en fonction du temps de chauffage avec les 4 logiciels utilisés (voir annexe) pour le protocole I. Le paramètre de maille de la phase métallique (a = 0.2866(4) nm) n'apparaît pas car il n'évolue pas avec le temps de traitement. Les résultats concordent pour les temps les plus courts (<2 minutes) alors que des déviations importantes sont mises en évidence pour les temps les plus longs. On observe le même comportement pour les échantillons préparés avec le protocole II.

	Chi d5	Unitcell	Lapod	Celref
Sans	0.8374(0)	0.8373(7)	0.8373(8)	0.8373(3)
5 secondes	0.8375(8)	0.8375(5)	0.8375(5)	0.8375(0)
10 secondes	0.8374(6)	0.8372(0)	0.8372(8)	0.8374(0)
15 secondes	0.8374(6)	0.8374(4)	0.8375(4)	0.8374(1)
30 secondes	0.8377(4)	0.8379(2)	0.8379(4)	0.8379(4)
1 minute	0.8380(0)	0.8379(8)	0.8381(2)	0.8381(7)
2 minutes	0.8388(0)	0.8387(8)	0.8386(2)	0.8387(5)
4 minutes	0.8387(7)	0.8392(0)	0.8393(1)	0.8385(5)
6 minutes	0.8394(1)	0.8395(4)	0.8388(5)	0.8393(0)
8 minutes	0.8385(5)	0.8396(0)	0.8394(0)	0.8390(0)
10 minutes	0.8390(4)	0.8389(1)	0.8400(6)	0.8392(8)
30 minutes	0.8394(6)	0.8395(7)	0.8402(8)	0.8393(0)

Tableau C.II.1 : Paramètres de maille (nm) de la phase spinelle en fonction du temps de traitement calculés à l'aide de quatre logiciels (protocole I)

222

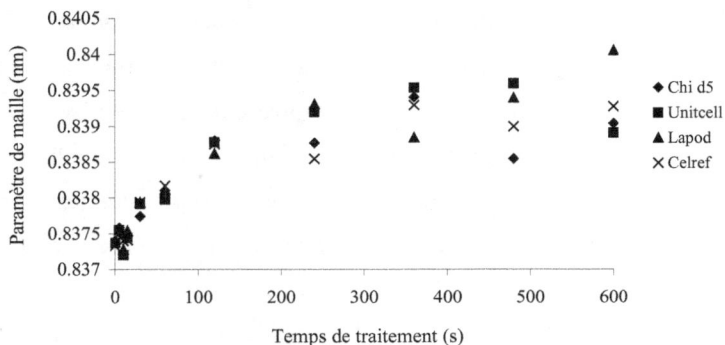

Figure C.II.8 : Paramètres de maille (nm) de la phase spinelle calculés à l'aide de quatre logiciels en fonction du temps de traitement pour $[Fe^{2+}] = 0.3$ M, $[EtO^-] = 0.7$ M (protocole I)

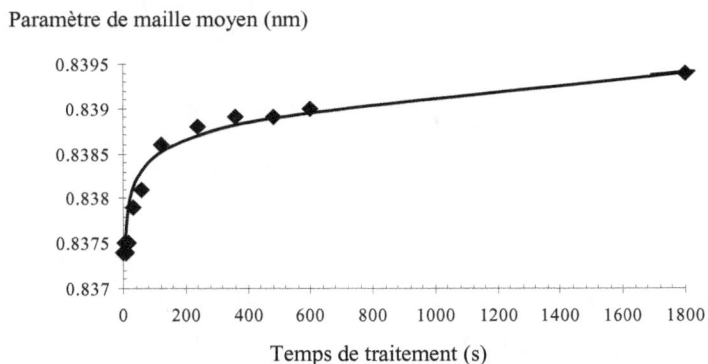

Figure C.II.9 : Paramètres de maille de la phase spinelle en fonction du temps de chauffage pour $[Fe^{2+}] = 0.3$ M, $[EtO^-] = 0.7$ M (protocole I)

La **figure C.II.9** décrit l'évolution du paramètre de maille moyen en fonction du temps de traitement. Pendant les 20 premières secondes de traitement, le paramètre de maille de la phase spinelle est de 0.837(5) nm, c'est à dire que la phase spinelle a une stœchiométrie intermédiaire entre la maghémite et la magnétite. Ensuite, la **figure C.II.8** met en évidence une augmentation du paramètre de maille en fonction du temps d'application des microondes durant les deux premières minutes. Puis, pour les temps de chauffage supérieurs à 2 minutes, le paramètre se stabilise à une valeur proche du paramètre de maille théorique de la magnétite (0.8390 nm). L'augmentation du paramètre de maille implique une réduction de la phase spinelle au cours du temps, c'est à dire une augmentation de la teneur en fer (II) des nanoparticules car :

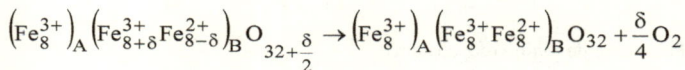

$$\left(Fe_8^{3+}\right)_A \left(Fe_{8+\delta}^{3+} Fe_{8-\delta}^{2+}\right)_B O_{32+\frac{\delta}{2}} \rightarrow \left(Fe_8^{3+}\right)_A \left(Fe_8^{3+} Fe_8^{2+}\right)_B O_{32} + \frac{\delta}{4} O_2$$

3.1.2) Taille des cristallites
3.1.2.1) En fonction des teneurs en précurseurs
3.1.2.1.1) Phase spinelle

La taille des cristallites de la phase spinelle a été déterminée par la méthode de Langford. Cette détermination a mis en évidence deux zones. La séparation est identique à la frontière mise en évidence lors de l'étude du paramètre de maille :

♣ $[EtO^-] < 2\ [Fe^{2+}]$ (gauche de la frontière)

La taille des cristallites de phase spinelle est de (8 ± 2) nm.

♣ [EtO⁻] > 2 [Fe²⁺] (droite de la frontière)

La taille des cristallites varie de manière irrégulière de 10 à 20 nm quel que soit le protocole. De plus, comme lors de la détermination des paramètres de maille, la mise en œuvre de la méthode de Langford a été très difficile en raison de grandes imprécisions. En particulier, lors des affinements, il a été souvent nécessaire de retirer la contribution d'une raie afin d'obtenir des coefficients de régression linéaire acceptables.

3.1.2.1.2) Phase métallique

La taille des particules de fer métallique a été déterminée par la formule de Scherrer car les diffractogrammes ne présentent qu'une seule raie du fer métallique exploitable : la raie d'intensité 100 (110). Cette méthode est moins précise que la méthode de Langford mais elle permet de donner une estimation. La **figure C.II.10** décrit les tailles des cristallites de fer métallique déterminées pour une durée de traitement de 10 minutes (protocole I). Malgré l'imprécision de la méthode, on peut noter que la taille des cristallites dépend principalement de la concentration en ions ferreux de départ. En effet, les cristallites de fer sont d'autant plus petits que la concentration en ions ferreux de départ est faible. Pour le protocole II, les tailles moyennes sont comprises entre 60 et 100 nm. Elles sont plus importantes que celles trouvées avec le protocole I pour une concentration en fer ferreux équivalente (0.2 M).

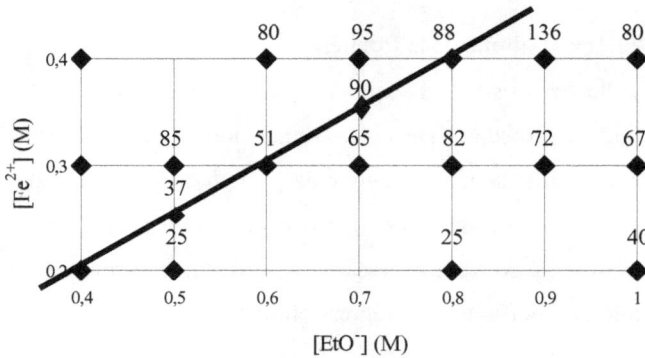

Figure C.II.10 : Tailles des cristallites de fer métallique (nm) déterminées par diffraction des rayons X en fonction des teneurs en précurseurs pour un temps de traitement de 10 minutes (protocole I)

3.1.2.2) En fonction du temps de chauffage
3.1.2.2.1) Phase Spinelle

La **figure C.II.11** présente l'évolution de la taille des grains de phase spinelle déterminée par la méthode de Langford en fonction du temps de chauffage pour le protocole I. Une augmentation de la taille est observée lors des deux premières minutes de traitement (de 10 à 20 nm environ) traduisant une croissance des particules. Ensuite, la taille des particules chute brutalement pour quatre minutes de traitement avant d'augmenter à nouveau pour des temps de chauffage plus longs. Cette évolution inattendue, mise en évidence sur plusieurs séries d'échantillons, est parfaitement reproductible quel que soit le protocole. Cependant, comme lors de l'étude en fonction des teneurs en précurseurs, la mise en œuvre de la méthode de Langford a été très difficile en raison de grandes imprécisions. En particulier, lors des affinements, il a été souvent nécessaire de retirer la contribution d'une raie afin d'obtenir des coefficients de régression linéaire acceptables.

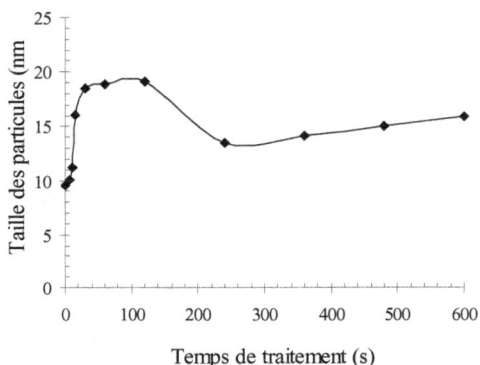

Figure C.II.11 : Tailles moyenne des cristallites de phase spinelle dans les échantillons déterminées par diffraction des rayons X en fonction du temps de chauffage pour $[Fe^{2+}] = 0.3$ M et $[EtO^-] = 0.7$ M (protocole I)

3.1.2.2.2) Phase métallique

En revanche, la taille des particules de fer métallique n'évolue pas avec le temps de chauffage. En effet, les valeurs obtenues par la méthode de Scherrer varient entre 55 et 70 nm pour le protocole I et de 60 à 100 nm pour le protocole II, ce qui reste dans le domaine d'erreur de la méthode. Une étude beaucoup plus précise serait nécessaire dans ce cas pour espérer détecter une évolution. Pour cela, il faudrait utiliser une longueur d'onde plus courte et plus intense afin de pouvoir travailler sur plusieurs raies et avec une meilleure statistique de comptage.

3.1.3) Conclusion

La détermination des paramètres de maille et des tailles de cristallites par diffraction des rayons X pour un temps de traitement de dix minutes a permis de confirmer la frontière mise en évidence lors de la reconnaissance de phase ($[EtO^-] = 2\ [Fe^{2+}]$).

On obtient une phase métallique (paramètre de maille 0.28664 nm) dont la taille des cristallites dépend principalement de la concentration en ions ferreux de départ. En effet, les cristallites de fer sont d'autant plus petits que la concentration en ions ferreux de départ est faible. Une phase spinelle est élaborée simultanément. Selon le rapport éthanoate sur ion ferreux, on obtient :

♣ $[EtO^-] < 2\ [Fe^{2+}]$ (gauche de la frontière)

Une phase spinelle (paramètre 0.838(0) nm, taille de 10 nm) polluée par des traces d'oxyhydroxydes ferriques.

♣ $[EtO^-] > 2\ [Fe^{2+}]$ (droite de la frontière)

Une phase spinelle (paramètre 0.839(0) et taille de 10 à 20 nm) exempte de phases parasites.

L'évolution en fonction du temps de traitement révèle un changement de comportement pour deux minutes de traitement quel que soit le protocole. Dans un premier temps, on observe une évolution continue des paramètres déterminés par diffraction des rayons X tandis qu'après deux minutes, le paramètre de maille moyen reste constant et la taille des cristallites chute brutalement. Lors de cette seconde étape du traitement, on observe une dispersion des valeurs du paramètre de maille selon le logiciel utilisé et les tailles de cristallites semblent évoluer aléatoirement. L'origine de ces anomalies peut être attribuée au caractère antisymétrique des profils de raie expérimentales. Quel que soit le modèle utilisé pour ajuster les profils des raies (Lorentzien ou Voigt), l'ajustement n'est jamais parfait et peut provoquer de grosses erreurs sur les valeurs déterminées. Il semblerait donc qu'un changement du processus réactionnel se produise vers deux minutes de traitement.

La prise en compte explicite de cette dissymétrie des profils de raie implique l'utilisation de codes de calcul susceptibles de recalculer intégralement les diagrammes de diffraction et de proposer une composition des échantillons.

3.2) Diffraction des rayons X associée aux affinements de Rietveld

Afin d'approfondir l'exploitation des diffractogrammes, nous avons choisi de les recalculer grâce à des affinements de type Rietveld [5]. Parmi les différents codes de calcul disponibles, on peut citer Fullprof [6] et XND [7-8]. Nous avons utilisé ce dernier compte tenu de sa disponibilité au laboratoire. Cette technique d'affinement permet, non seulement de remonter aux pourcentages de chaque phase dans les mélanges, mais aussi de déterminer les paramètres de maille et ainsi de les comparer avec ceux obtenus précédemment. Tous les diffractogrammes expérimentaux ont été recalculés avec XND en associant une phase spinelle et une phase métallique. La présence de fer métallique présentant un paramètre de maille connu et constant permet de limiter toute dérive liée au décalage de zéro lors du processus d'ajustement. Pour tous les échantillons et selon le protocole, la courbe présentant la différence entre les diffractogrammes calculé et expérimental présente des irrégularités toujours situées aux mêmes distances interréticulaires. L'indexation de ces irrégularités met en évidence sous forme de traces, la phase feroxyhyte (δ-FeOOH) pour le protocole I ou la phase akaganéïte (β-FeOOH) pour le protocole II.

La chronologie adoptée jusqu'ici était l'étude en fonction des teneurs en précurseurs puis l'étude en fonction du temps. Dans un souci de clarté, nous présenterons d'abord les évolutions en fonction du temps puis nous généraliserons lors de l'étude en fonction des concentrations en précurseurs.

3.2.1) En fonction du temps de chauffage

Les résultats obtenus et les données cristallographiques imposées au système pour un échantillon ayant subi un traitement de 5 secondes sous microondes sont regroupés dans les **tableaux C.II.2** et **C.II.3**. Pour cet échantillon, les facteurs de qualité de l'affinement sont satisfaisants. De plus, la valeur de paramètre de maille déterminée pour la phase spinelle concorde avec la valeur déterminée par les méthodes utilisées précédemment. Des résultats équivalents sont obtenus pour les temps de traitement inférieurs ou égaux à 2 minutes. En revanche, pour les temps de traitement supérieurs, la différence entre les diffractogrammes expérimentaux et calculés est de plus en plus importante et les valeurs de paramètre de maille obtenues ne coïncident plus aussi précisément avec les résultats moyens obtenus précédemment.

Paramètre	Spinelle	Métal
Paramètre de maille (nm)	0.837(3)	0.286(6)
Volume de la maille (nm^3)	0.587	0.235
Z	8	2
Groupe d'espace	Fd$\bar{3}$M	IM$\bar{3}$M
Domaine angulaire expérimenta	45 (25-60)	45 (25-60)
(°)	0.03	0.03
Pas de comptage (°)	45 (25-60)	45 (25-60)
Domaine angulaire calculé (°)	7	2
Nombre de réflexions	24	4
Nombre de paramètres affinés	4	2
Nombre d'atomes	0.0046	0.02
R$_F$	0.0096	0.025
R$_B$		

Facteurs de qualité de l'affinement : Rp = 0.1934; Rwp = 0.2547; Rexp = 0.2253; GoF = 1.13

Tableau C.II.2 : Données de l'affinement par la méthode de Rietveld pour [EtO$^-$] = 0.7 M et [Fe^{2+}] = 0.3 M traité 5 secondes (protocole I)

	Ions (site)	x	y	z	Occupation
Spinelle	Fe^{3+} (8a)	0.125	0.125	0.125	8
	Fe^{3+} (16d)	0.5	0.5	0.5	8
	Fe^{2+} (16d)	0.5	0.5	0.5	8
	O^{2-}	0.2462	0.2462	0.2462	32
métal	Fe(2a)	0.0	0.0	0.0	2

Tableau C.II.3 : Positions atomiques et occupation des sites cristallographiques imposées au système pour [Et0⁻] = 0.7 M et [Fe^{2+}] = 0.3 M traité 5 secondes (protocole I). Seule la position de l'ion oxygène est affinée

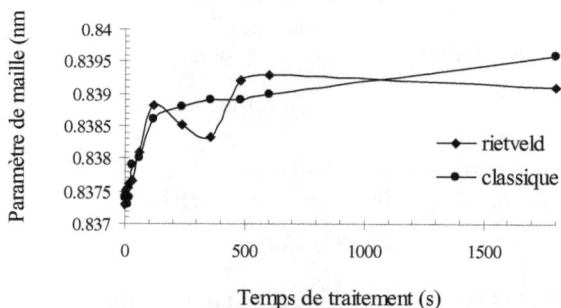

Figure C.II.12 : Paramètres de maille de la phase spinelle déterminés par affinement de Rietveld et par méthode classique (**figure C.II.9**) en fonction du temps de chauffage pour [Fe^{2+}] = 0.3 M et [EtO⁻] = 0.7 M (protocole I)

La **figure C.II.12** compare l'évolution des paramètres de maille obtenus précédemment (**figure C.II.9**) et ceux obtenus par affinements de Rietveld en fonction du temps de chauffage. Les deux courbes mettent en évidence la même évolution. Cependant, pour les temps de traitement supérieurs à deux minutes, l'évolution n'est plus régulière. Ce résultat confirme qu'un changement de la qualité de reconstruction du diffractogramme se produit à partir de deux minutes de traitement. Afin d'analyser l'origine de ce phénomène, nous nous sommes intéressés à la qualité de reconstruction des diffractogrammes par la méthode de Rietveld.

3.2.1.1) Qualité de reconstruction des diffractogrammes

L'analyse de la qualité de reconstruction des diffractogrammes met en évidence deux types de diffractogrammes selon la durée de traitement. Les diffractogrammes correspondant à des temps de chauffage inférieurs ou égaux à deux minutes (**figure C.II.13a**) sont parfaitement recalculés alors que ceux correspondants à des temps de chauffage plus longs ne sont pas totalement superposables aux diffractogrammes expérimentaux (**figure C.II.13b**). En effet, les profils des raies de diffraction de la phase spinelle ne correspondent à aucun profil classique (Lorentz, Gauss, Voigt). Ces raies sont très larges au pied et très fines au sommet par rapport aux profils classiques. D'après la bibliographie [9-11], ce type de profil de raie est caractéristique d'une distribution dont les origines peuvent être diverses (tailles, contraintes, stœchiométrie...). Cette constatation remet en cause, pour les temps de chauffage supérieurs à 2 minutes, les évolutions de paramètre de maille et de taille des cristallites obtenues précédemment et explique les difficultés que nous avons rencontré pour déterminer ces valeurs.

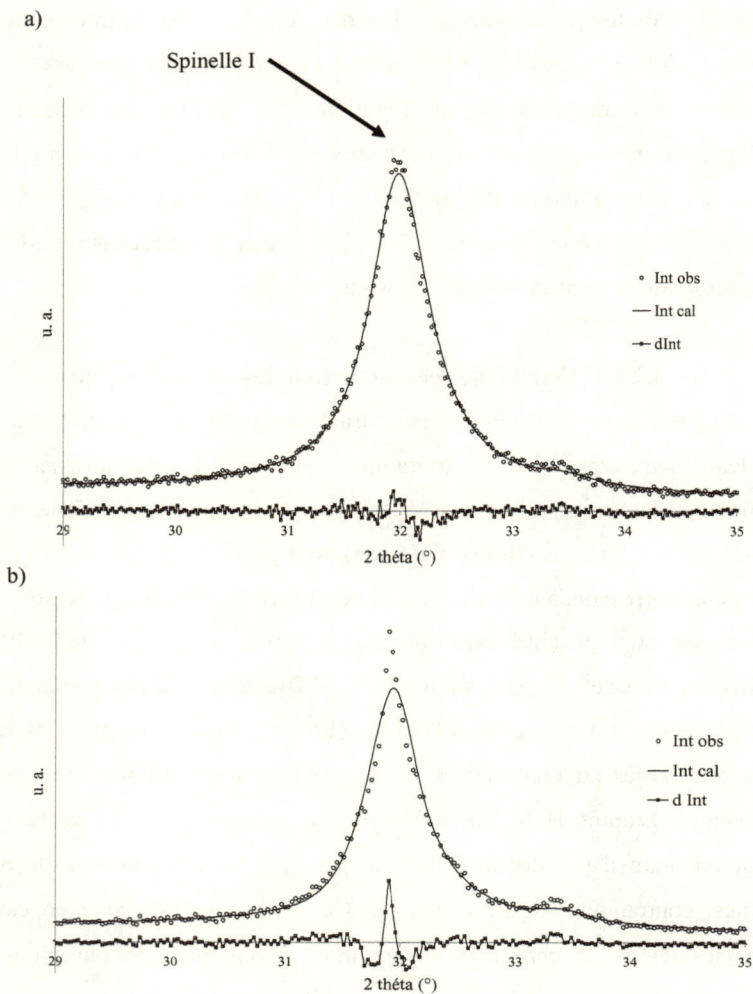

Figure C.II.13 : Superposition des diffractogrammes expérimental et recalculé : détail de la raie d'intensité 100 de la phase spinelle pour $[Fe^{2+}]$ = 0.3 M et $[EtO^-]$ = 0.7 M (protocole I) (a) temps de chauffage de 5 secondes, (b) temps de chauffage de 30 minutes

3.2.1.2) 2ème affinement

Paramètre	Spinelle I	Spinelle II	Métal
Paramètre de maille (nm)	0.838(1)	0.839(8)	0.286(6)
Volume de la maille (nm^3)	0.589	0.592	0.235
Z	8	8	2
Groupe d'espace	Fd$\bar{3}$M	Fd$\bar{3}$M	IM$\bar{3}$M
Domaine angulaire expérimental	45 (25-60)	45 (25-60)	45 (25-60)
(°)	0.03	0.03	0.03
Pas de comptage (°)	45 (25-60)	45 (25-60)	45 (25-60)
Domaine angulaire calculé (°)	7	7	2
Nombre de réflexions	24	24	4
Nombre de paramètres affinés	4	4	2
Nombre d'atomes	0.0194	0.0282	0.0439
R_F	0.0298	0.0450	0.0497
R_B	0.2522	0.2501	
Position atomique de O^{2-}			

Facteurs de qualité de l'affinement : Rp = 0.0719; Rwp = 0.0951; Rexp = 0.075; GoF = 1.27

Tableau C.II.4 : Données de l'affinement par la méthode de Rietveld pour un échantillon obtenu avec [Et0$^-$] = 0.7 M et [Fe^{2+}] = 0.3 M traité 30 minutes (protocole I)

L'obtention par calcul d'un diffractogramme superposable au diffractogramme expérimental implique de considérer plusieurs contributions pour décrire les raies de diffraction de la phase spinelle. Dans un premier temps, nous avons tenté de recalculer le diffractogramme expérimental en considérant la contribution de mailles spinelles de stœchiométrie différentes.

Pour l'ensemble des échantillons ayant subi un traitement sous microondes de plus de deux minutes, les facteurs de qualité deviennent alors satisfaisants confirmant une meilleure reconstruction des diffractogrammes. Les résultats obtenus pour un traitement microondes 30 minutes sous microondes sont regroupés dans le **tableau C.II.4**.

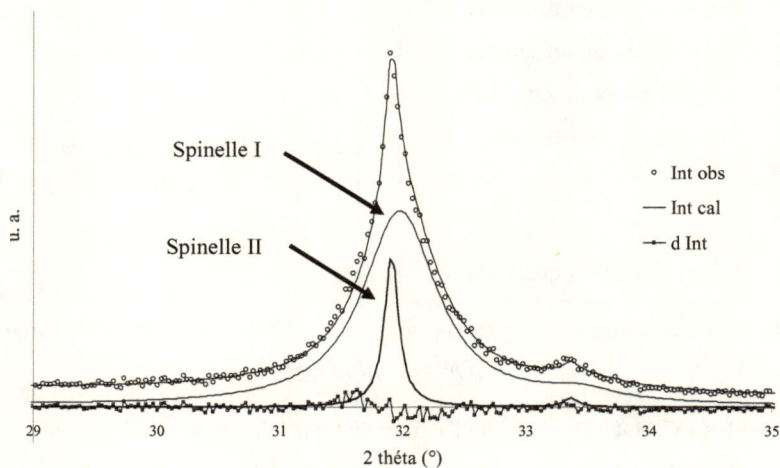

Figure C.II.14 : Superposition des diffractogrammes expérimental et recalculé pour $[Fe^{2+}] = 0.3$ M et $[EtO^-] = 0.7$ M traité 30 minutes (protocole I) : détail de la raie d'intensité 100 de la phase spinelle

Après affinement, les raies calculées et expérimentales sont parfaitement superposables lorsque l'on fait la somme des contributions des deux phases spinelles, de la phase métallique et du fond continu (**figure C.II.14**).

L'hypothèse choisie, à savoir considérer deux contributions pour la phase spinelle, permet une reconstruction satisfaisante des diffractogrammes expérimentaux. Ce résultat peut s'interpréter par la coexistence de deux types de cristallites pour la phase spinelle. On retrouve une contribution identique à celle fournie par les cristallites obtenus pour les temps de chauffage inférieurs à deux minutes (a = 0.838(0) profil de type Voigt) à laquelle vient se superposer une seconde contribution (a = 0.839(6) nm présentant une largeur intégrale plus faible) dont la proportion augmente avec le temps de traitement (12% pour 30 minutes de traitement). L'analyse morphologique des cristallites par microscopie permettra d'affirmer ou d'infirmer cette analyse des diffractogrammes.

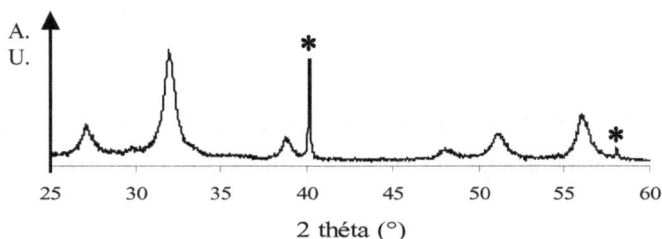

Figure C.II.15 : Diffractogramme obtenu sur un échantillon préparé par mélange de phase spinelle obtenue par synthèse microondes et de fer métallique commercial (8%)

237

En raison de la qualité de reconstruction des diffractogrammes expérimentaux, nous avons pu déduire les proportions spinelle/métal en fonction du temps de traitement à partir des diffractogrammes recalculés. Nous avons validé notre méthode d'estimation avec des échantillons modèles associant un échantillon de phase spinelle seule (zone rond noirs sur la **figure C.II.1**) et du fer métallique commercial (Prolabo, 24 089.235). La **figure C.II.15** décrit un diffractogramme type obtenu.

Les **figures C.II.16** et **C.II.17** présentent les résultats obtenus en fonction du temps de chauffage pour les deux protocoles.

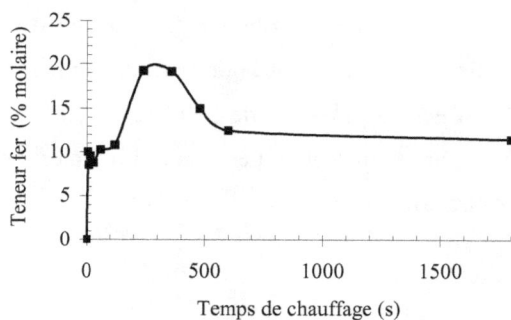

Figure C.II.16 : Proportion de fer métallique en fonction du temps de traitement pour [Fe^{2+}]= 0.3 M et [EtO^-] = 0.7 M (protocole I)

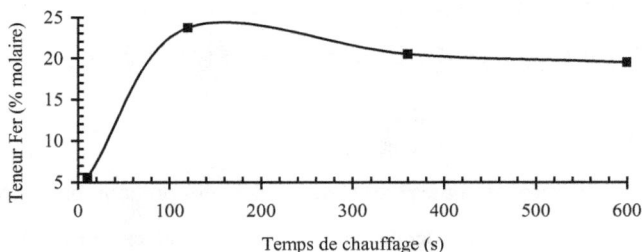

Figure C.II.17 : Evolution de la proportion de fer métallique dans les mélanges en fonction du temps de chauffage [Fe^{2+}] = 0.2M et [EtO^-] = 1M (protocole II)

Dans le cas du protocole I, il apparaît une augmentation de la proportion de fer métallique jusqu'à 4 minutes puis une diminution rapide jusqu'à 10 minutes de traitement et enfin une stabilisation. Pour le protocole II, le maximum est observé pour une durée de traitement de deux minutes. Il semble donc que le protocole II conduise à des cinétiques plus rapides que celles du protocole I.

3.2.2) En fonction des teneurs en précurseurs

Le calcul des diffractogrammes par la méthode de Rietveld met en évidence deux zones dans l'espace concentration en ions ferreux/éthanoate pour un temps de référence de 10 minutes. La séparation est identique à la frontière mise en évidence lors de l'étude du paramètre de maille ([EtO^-] = 2 [Fe^{2+}]) :

♣ [EtO⁻] < 2 [Fe²⁺] (gauche de la frontière)

Les diffractogrammes sont recalculés en prenant en compte une seule phase spinelle et la phase métallique. Les pourcentages de fer métallique présentés par la **figure C.II.18** sont très faibles (de 0 à 5%).

♣ [EtO⁻] > 2 [Fe²⁺] (droite de la frontière)

Les diffractogrammes sont recalculés en prenant en compte deux phases spinelles et la phase métallique. Ce résultat est en accord avec les conclusions de l'étude en fonction du temps de traitement qui avait montré qu'il était nécessaire de faire intervenir deux phases spinelles dans le calcul pour les temps de traitement supérieurs à deux minutes. Les proportions de phase métallique (**Figure C.II.18**) sont plus importantes et confirment l'augmentation de la proportion de métal avec la concentration en base. On peut noter que pour les concentrations en ions ferreux de 0.4 M, les pourcentages sont moins élevés. Pour ces échantillons, comme nous l'avons déjà remarqué lors de l'étude des paramètres de maille, la quantité de précipité formée dès le mélangeage est très importante et remplit presque totalement l'autoclave. Ceci implique des inhomogénéités au chauffage et ralentit donc les processus.

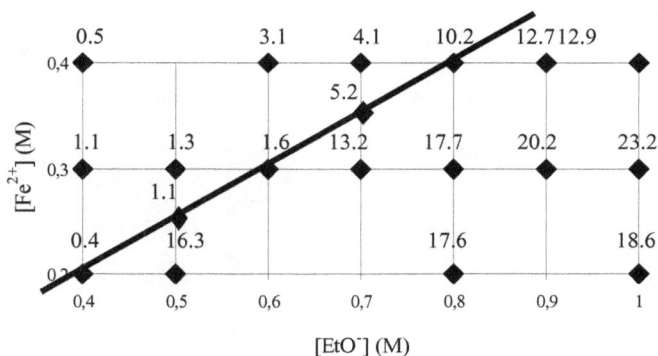

Figure C.II.18 : Proportions molaires de fer métallique pour un temps de traitement de 10 minutes (protocole I)

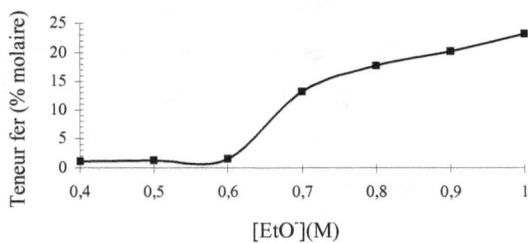

Figure C.II.19 : Evolution du pourcentage de fer métallique en fonction de la teneur en éthanoate pour $[Fe^{2+}] = 0.3$ M et un temps de traitement de 10 minutes (protocole I)

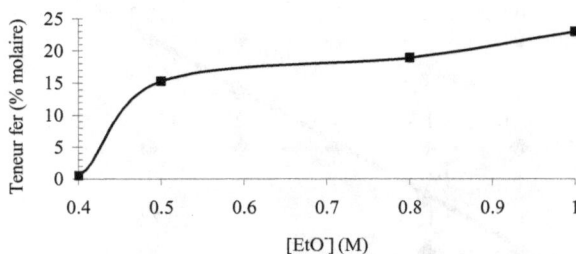

Figure C.II.20 : Evolution du pourcentage de fer métallique en fonction de la teneur en éthanoate pour $[Fe^{2+}] = 0.2$ M et un temps de traitement de 2 minutes (protocole II)

Les **figures C.II.19** et **C.II.20** décrivent selon le protocole, l'évolution du pourcentage de fer métallique en fonction de la teneur en éthanoate du mélange réactionnel. Dans les deux cas, la teneur en fer métallique est significative uniquement dans la zone $[EtO^-] > 2\ [Fe^{2+}]$ (droite de la frontière). Ce résultat atteste que la production de fer métallique est corrélée au rapport des concentrations éthanoate sur ion ferreux égal à 2.

3.3) Microscopie électronique à transmission

Les caractérisations par microscopie électronique à transmission ont été effectuées à l'Institut de Physique et de Chimie des Matériaux de Strasbourg (IPCMS).

3.3.1) La phase métallique

Quel que soit le protocole, les particules de fer métallique n'ont jamais pu être observées malgré leur taille de grain moyenne (déterminée par diffraction des rayons X) plus importante que celle des particules de phase

spinelle. On peut attribuer cette constatation à la faible proportion de particules de métal dans l'échantillon. En effet, les particules de métal sont de taille plus importantes et plus denses que les particules de phase spinelle d'une part et la proportion de métal est certainement faible d'autre part. Une autre explication envisageable est l'élimination de la phase métallique lors de la coupe à l'ultramichrotome car elle est trop dure à couper. Cependant, un cliché de diffraction, obtenu dans une zone où n'apparaissent que des grains de phase spinelle, met en évidence le fer métallique comme le présente la **figure C.II.21**.

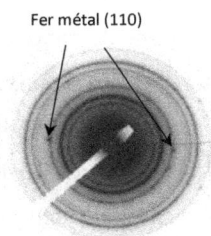

Fer métal (110)

Figure C.II.21 : Diagramme de diffraction obtenu sur un échantillon obtenu avec $[Fe^{2+}] = 0.3$ M et $[EtO^-] = 0.7$ M traité 4 minutes (protocole I). Les cercles correspondent aux réflexions de la phase spinelle

3.3.2) La phase spinelle

Nous présenterons d'abord l'évolution en fonction du temps de traitement pour les protocoles I (de 5 secondes à 30 minutes) et II (de 5 secondes à 10 minutes) puis nous généraliserons lors de l'étude en fonction des concentrations en précurseurs. Pour tous les échantillons, aucune trace de chlorure provenant du précurseur et de sodium provenant de la base n'a été détectée par microsonde.

3.3.2.1) En fonction du temps de chauffage

La **figure C.II.22** présente les clichés obtenus pour un échantillon de référence traité une minute. Pour les temps de chauffage inférieurs ou égaux à deux minutes, les clichés obtenus présentent systématiquement des arrangements de grains sous forme de bâtonnets micrométriques. L'arrangement des grains sous forme de bâtonnets résulte certainement des propriétés magnétiques des phases constituant les échantillons. Si on augmente le grandissement, ces bâtonnets apparaissent comme constitués de grains quasi sphériques d'une dizaine de nanomètres en moyenne. Pour ces temps de traitement, les tailles des grains de phase spinelle observés sont du même ordre de grandeur que celles déterminées par l'analyse des diffractogrammes (de 10 à 20 nm). D'après l'affinement de ces derniers par la méthode de Rietveld, ces échantillons sont constitués d'une seule phase spinelle de stœchiométrie intermédiaire entre la maghémite et la magnétite. Le paramètre de maille évolue de 0.8375 à 0.838(0) nm. Des morphologies similaires sont obtenues avec le protocole II.

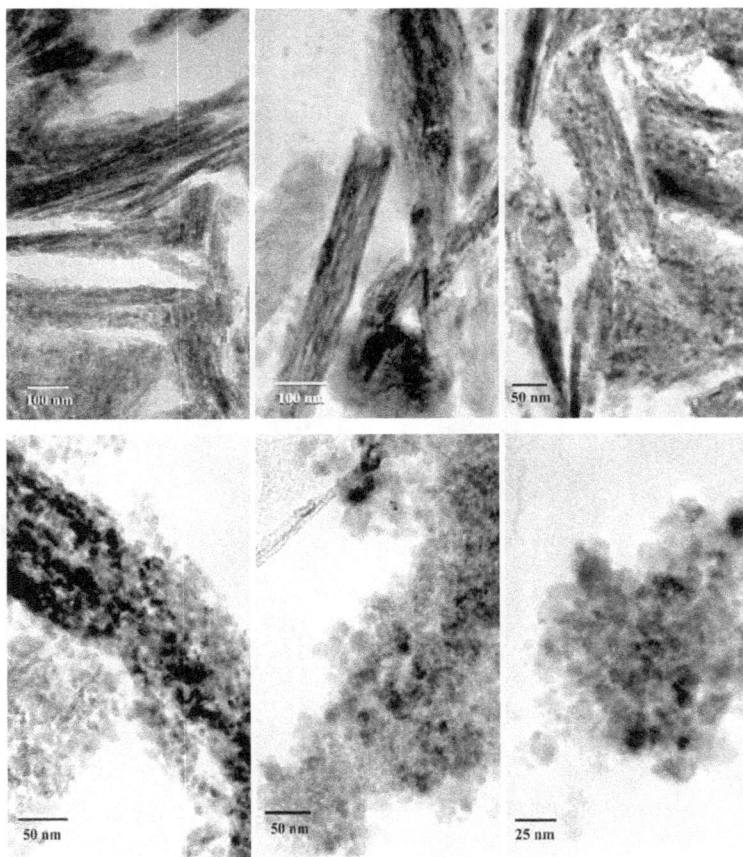

Figure C.II.22 : Clichés obtenus par microscopie électronique à
transmission pour $[Fe^{2+}]$ = 0.3 M et $[EtO^-]$ = 0.7 M traité 1 minute (protocole
I)

Les figures **C.II.23** et **C.II.24** décrivent la morphologie des
cristallites obtenu pour les protocoles I et II respectivement pour les temps

de chauffage supérieurs à deux minutes. Ces clichés présentent les mêmes grains quasi sphériques que précédemment accompagnés de cristaux en losanges de tailles plus importante pouvant aller de 50 à 200 nm pour 30 minutes de temps de chauffage avec le protocole I et pour 10 minutes de temps de chauffage avec le protocole II.

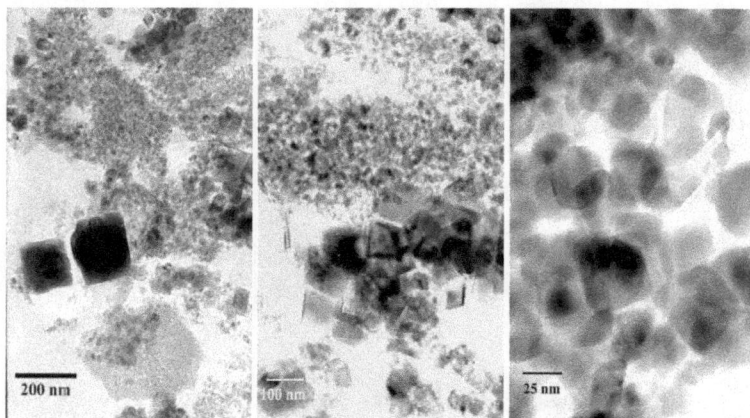

Figure C.II.23 : Clichés obtenus par microscopie électronique à transmission pour [Fe^{2+}] = 0.3 M et [EtO$^-$] = 0.7 M traité 30 minutes (protocole I)

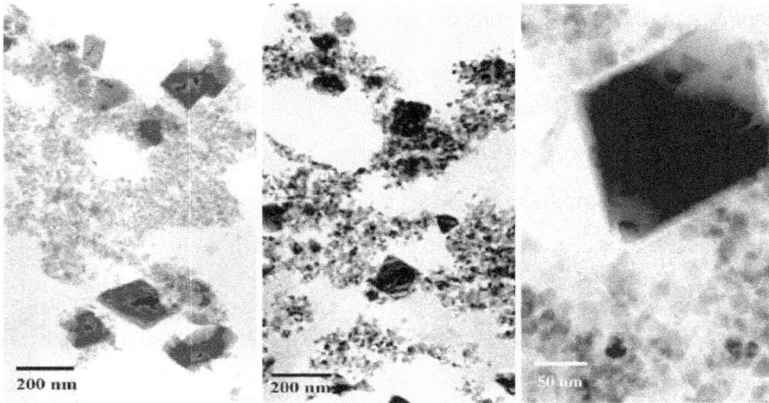

Figure C.II.24 : Clichés obtenus par microscopie électronique pour $[Fe^{2+}]$ = 0.2 M et $[EtO^-]$ = 1 M traité 10 minutes (protocole II)

La proportion de ces cristaux augmente avec le temps de chauffage. Cette analyse morphologique des cristallites par microscopie permet de confirmer les résultats de l'analyse des diffractogrammes qui nécessitait deux phases spinelles pour assurer une reconstruction acceptable des diffractogrammes expérimentaux. L'une des phases est identique à celle que nous avons observée pour les temps de chauffage inférieurs à deux minutes (spinelle I sur la **figure C.II.14,** grains quasi sphériques) à laquelle vient se superposer une seconde contribution dont la stœchiométrie est proche de celle de la magnétite (Spinelle II, losanges : a = 0.839(6)).

3.3.2.2) En fonction des teneurs en précurseurs

Nous avons mis en évidence, par microscopie électronique à transmission, en terme de morphologie des cristallites, deux zones dans l'espace concentration en ions ferreux/éthanoate pour un temps de référence de 10 minutes. La séparation est identique à la frontière mise en évidence lors des études précédentes ([EtO$^-$] = 2 [Fe^{2+}]) :

♣ [EtO$^-$] < 2 [Fe^{2+}] (gauche de la frontière)

   La microscopie met en évidence uniquement des grains quasi sphériques de phase spinelle d'une dizaine de nanomètres.

♣ [EtO$^-$] > 2 [Fe^{2+}] (gauche de la frontière)

La microscopie confirme la coexistence de grains quasi sphérique d'une dizaine de nanomètres et de cristaux plus gros (losanges).

3.4) Analyse thermogravimétrique

Dans la littérature, l'analyse thermogravimétrique a été utilisée pour déterminer la teneur en métal de nanocomposites métal/spinelle de taille micrométrique [12]. En effet, l'oxydation des phases spinelle et métallique conduit à l'hématite. A partir de la prise de masse de l'échantillon, on peut déterminer la composition de l'échantillon ayant subi le traitement oxydant. En effet, si x est la teneur en fer de l'échantillon, on a :

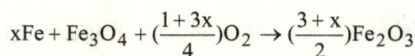

$$xFe + Fe_3O_4 + (\frac{1+3x}{4})O_2 \rightarrow (\frac{3+x}{2})Fe_2O_3$$

et m la prise de masse lors de l'oxydation, on a la relation entre m et x :

$$x = \frac{232m - 8}{24 - 56m}$$

Le détail des calculs est présenté dans l'annexe IV concernant la thermogravimétrie. On remarque qu'une petite variation de la prise de masse

248

implique une variation importante de la composition. Compte tenu de la taille nanométrique de nos cristallites , la quantité d'eau adsorbée est relativement importante. Préalablement à toute oxydation, il est donc nécessaire d'éliminer l'eau adsorbée car le départ de cette eau minorerait la prise de masse résultant de l'oxydation. L'élimination totale de l'eau adsorbée est donc la condition limitative de l'utilisation de l'analyse thermogravimétrique pour déterminer la composition des échantillons. La présence de traces d'oxyhydroxydes minorera également cette prise de masse puisque ce dernier se transforme en oxyde avec élimination d'eau. Dans l'hypothèse ou l'on élimine préalablement la totalité de l'eau adsorbée, l'écart entre les compositions obtenues par thermogravimétrie et par affinements de Rietveld devrait permettre d'affiner l'estimation de la teneur en oxyhydroxyde.

3.4.1) Premier essai

Avant le traitement thermique oxydant, les échantillons sont placés 24 heures sous azote à 60°C afin d'éliminer l'eau adsorbée et les impuretés éventuelles. La **figure C.II.25** montre une courbe thermogravimétrique obtenue avec une thermobalance Setaram TAG 24 symétrique pour un échantillon de référence ($[Fe^{2+}] = 0.3$ M et $[EtO^-] = 0.7$ M traité 30 minutes protocole I).

Le thermogramme met en évidence une légère perte de masse de 60°C à 100°C suivie de deux vagues d'oxydation. Entre 120°C et 300°C, Il y a superposition de deux phénomènes :

♣ une prise de masse correspondant très probablement à l'oxydation du fer métallique de taille nanométrique très réactif,

♣ une perte de masse correspondant probablement à un départ d'eau adsorbée.

Au delà de 300°C, seule l'oxydation intervient. Elle correspond à une prise de masse relativement importante.

D'après le thermogramme obtenu, la prise de masse mesurée est largement sous estimée. En conséquence, ce protocole opératoire n'a pas permis d'éliminer totalement l'eau adsorbée.

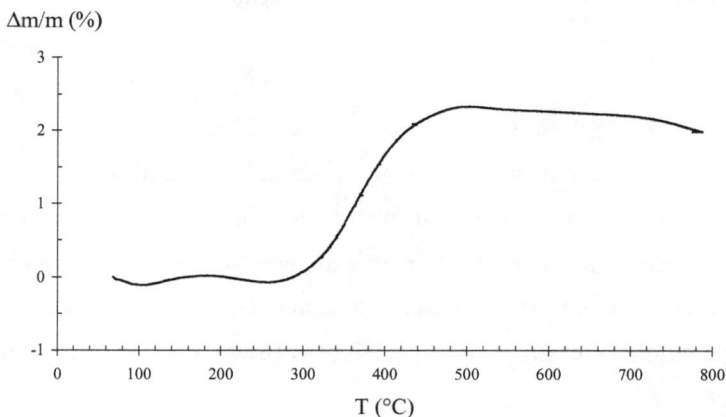

Figure C.II.25 : Thermogramme obtenu pour $[Fe^{2+}] = 0.3$ M et $[EtO^-] = 0.7$ M traité 30 minutes (protocole I)

3.4.2) Deuxième essai

Afin d'éliminer totalement l'eau adsorbée des échantillons, un deuxième type de traitement préliminaire a été mis en place avant le traitement thermique oxydant. Il a été réalisé à l'Institut de Physique et de Chimie des Matériaux de Strasbourg (IPCMS). Nous avons utilisé une thermobalance Setaram 92 non symétrique qui présente l'avantage d'être équipée d'un système de vide primaire permettant de dégazer les échantillons plus efficacement avant traitement. L'échantillon a été placé 24 heures sous vide primaire avant le traitement thermique oxydant. La **figure C.II.26** présente le thermogramme correspondant à un essai réalisé avec l'échantillon de référence ($[Fe^{2+}] = 0.2$ M, $[EtO^-] = 1$ M traité 10 minutes, protocole II). Malgré ce protocole, une perte de masse ($\approx 0.5\%$) est mise en évidence avant 100°C. Celle-ci est moins importante que dans le cas précédent mais le traitement sous vide n'est pas parvenu à éliminer la totalité de l'eau adsorbée.

Les prises de masse observées par analyse thermogravimétrique sont de l'ordre de 4% (**figure C.II.26**). En conséquence, les quantités de fer estimées à partir de la formule sont de l'ordre de 5 %. D'après l'allure des thermogrammes, cette teneur en fer est sous estimée car nous n'avons pas éliminé la totalité de l'eau adsorbée. A partir des compositions obtenues par les affinements de Rietveld (18.6% en fer métallique), on prévoit une prise de masse théorique de 5.5%. On estime donc la quantité d'eau adsorbée restante à 1.5%. La masse d'un échantillon oxydé directement (sans élimination préalable de l'eau) ne change pas après traitement oxydant. La perte de masse due au départ d'eau adsorbée sur cet échantillon est donc sensiblement égale à la prise de masse due à l'oxydation, soit théoriquement

5.5%. En conséquence, les traitements effectués ont permis d'éliminer préalablement à l'oxydation environ 4% d'eau adsorbée.

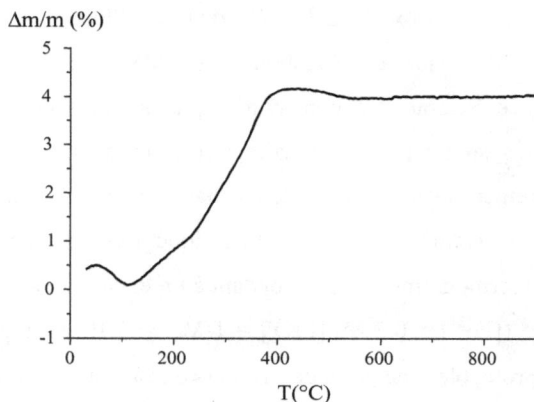

Figure C.II.26 : Thermogramme obtenu pour $[Fe^{2+}] = 0.2$ M et $[EtO^-] = 1$ M traité 10 minutes (protocole II)

3.5) Mesures magnétiques

Les caractérisations magnétiques ont été effectuées à l'Institut de Physique et de Chimie des Matériaux de Strasbourg (IPCMS) et par A. Granovsky à la faculté de physique de l'Université d'Etat Lomonosov de Moscou.

Le cycle d'hystérésis présenté **figure C.II.27** est caractéristique des propriétés magnétiques de nos échantillons synthétisés avec le protocole I. Les aimantation à saturation obtenues varient entre 60 et 80 uem.g^{-1} tandis que les champs coercitifs sont très faibles (environ 60 Oe). On peut noter une saturation très rapide des cycles pour des champs assez faibles, l'aimantation est donc très facile à exploiter.

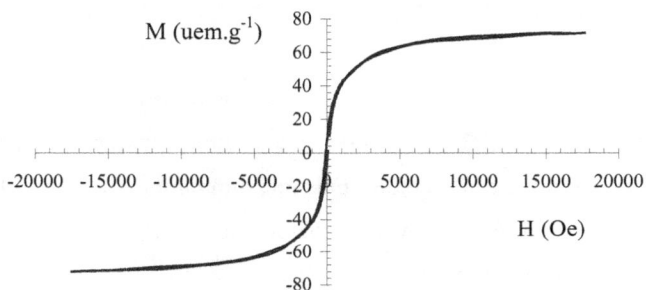

Figure C.II.27 : Cycle d'hystérésis enregistré à température ambiante sur un échantillon obtenu avec $[Fe^{2+}] = 0.3$ M et $[EtO^-] = 0.7$ M traitée 30 minutes (protocole I)

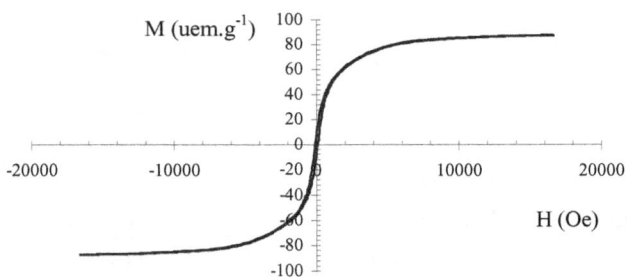

Figure C.II.28 : Cycle d'hystérésis enregistré à température ambiante sur un échantillon obtenu avec $[Fe^{2+}] = 0.3$ M et $[EtO^-] = 0.7$ M traitée 30 minutes (protocole I)

Le cycle d'hystérésis présenté **figure C.II.28** est caractéristique des propriétés magnétiques de nos échantillons synthétisés avec le protocole II. Les aimantations à saturation obtenues varient entre 60 et 90 uem.g^{-1} tandis que les champs coercitifs sont très faibles (entre 30 et 90 Oe).

L'évolution de l'aimantation à saturation enregistrée à 4 et 300 K est présentée **figure C.II.29**. On observe une augmentation de l'aimantation avec un maximum à deux minutes puis une diminution pour 6 et 10 minutes. Il apparaît une corrélation avec l'évolution temporelle de la teneur en fer métallique des échantillons **(figure C.II.17)**.

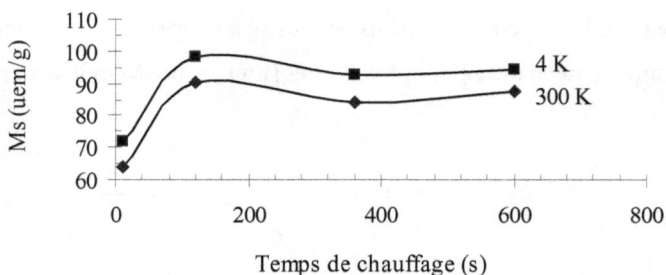

Figure C.II.29 : Evolution de l'aimantation à saturation en fonction du temps de traitement pour [Fe^{2+}] = 0.2 M et [EtO^{-}] = 1 M (protocole II)

Afin de faciliter l'interprétation de ces mesures, on rappelle les propriétés magnétiques de la magnétite et du fer métallique **(tableau C.II.5)**. Le fer métallique présente une forte aimantation à saturation et un champ coercitif très faible alors que la magnétite présente une aimantation plus faible et un champ coercitif plus important que le fer métallique.

	Fer métallique [13]	Magnétite (100 nm) [14]
Aimantation (uem.g^{-1})	216	89
Champ coercitif (Oe)	1	133

Tableau C.II.5 : Propriétés magnétiques des phases spinelle et métallique à température ambiante

La maghémite γ-Fe$_2$O$_3$ n'apparaît pas dans ce tableau car les résultats donnés par la littérature mettent en évidence de grandes différences au niveau de son aimantation à saturation (30 à 76 uem.g^{-1}) [15] en fonction du mode de synthèse employé. De tels écarts proviennent certainement de stœchiométries en oxygène imparfaitement contrôlées. Malgré cela, de nombreux travaux montrent que la maghémite est superparamagnétique (champ coercitif nul) lorsque la taille des grains est inférieure à 15 nm [16].

En ce qui concerne l'aimantation, les valeurs mesurées sont inférieures ou égales à la valeur de la phase spinelle seule. L'évolution est corrélée à la teneur en fer métallique. Il semble donc que l'aimantation des échantillon ne dépende en première approximation que de la teneur en fer en dépit de valeurs très inférieures à l'aimantation du fer pur. Les faibles proportions de fer dans les échantillons expliquent les valeurs des aimantations par unité de masse observées. Toutefois, on notera qu'entre 6 et 10 minutes de traitement, l'aimantation est constante alors que la teneur en fer diminue. Cette différence s'explique par la présence de cristallites de spinelle II qui contribuent à l'aimantation totale de l'échantillon analysé. En ce qui concerne la phase spinelle I, la faible taille des grains induit certainement un comportement superparamagnétique.

L'évolution du champ coercitif enregistrée à 300 K est présentée **figure C.II.30**. On note une augmentation conséquente du champ coercitif jusqu'à 2 minutes de traitement suivie d'une diminution puis d'une stabilisation. D'après les données de la littérature, le champ coercitif mesuré résulte essentiellement des phases spinelles en présence. La dépendance du champ coercitif avec la taille des particules est décrite par la **figure C.II.31**. Le champ coercitif d'une particule superparamagnétique (taille inférieure à 10 nm pour la phase spinelle) est nul puisque le moment magnétique suit parfaitement le champ appliqué. L'augmentation de la taille des grains provoque une augmentation du champ coercitif. Le maximum correspond à la transition monodomaine/multidomaine magnétique. L'allure de la courbe expérimentale obtenue peut s'interpréter en fonction de ces remarques. En effet, pour les temps de traitement inférieurs à 2 minutes, l'augmentation du champ coercitif résulte de la croissance des grains de spinelle I de 10 à 20 nm (**Figure C.II.11**). Au delà de deux minutes de traitement, nous avons coexistence entre ces grains de spinelle I et des cristallites de taille plus importante de spinelle II (taille moyenne 100 nm). Ces cristallites provoquent une chute du champ coercitif moyen des échantillons en raison de leur taille.

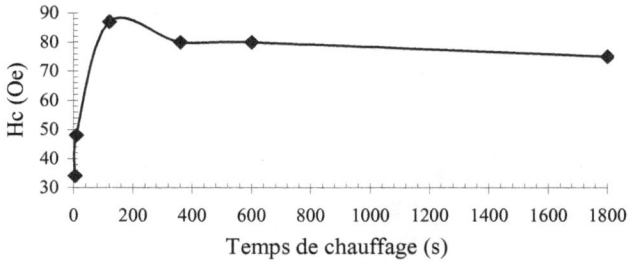

Figure C.II.30 : Evolution du champ coercitif en fonction du temps de traitement pour [Fe^{2+}] = 0.3 M et [EtO$^-$] = 0.7 M (protocole I)

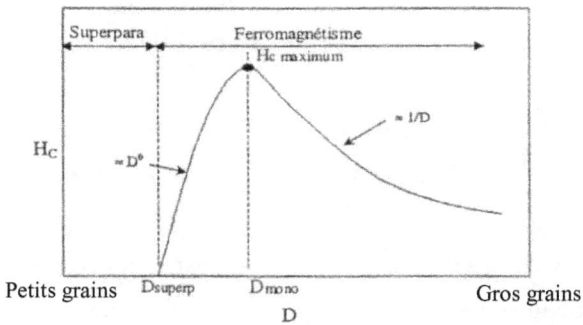

Figure C.II.31 : Evolution du champ coercitif en fonction de la taille des particules [17]

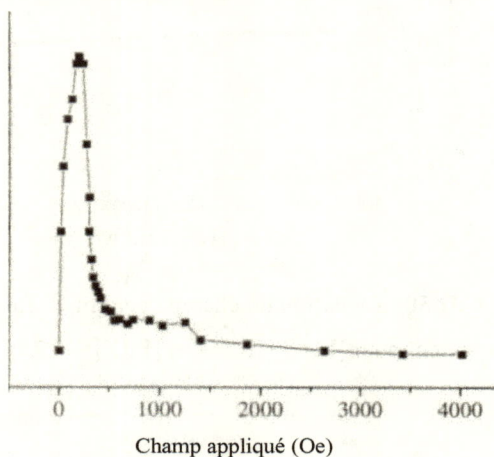

Distribution de champs anisotropes (u.a.)

Champ appliqué (Oe)

Figure C.II.32 : Distribution des particules en champ anisotrope pour [Fe^{2+}] = 0.2 M et [EtO$^-$] = 0.8 M (protocole II) [18]

La figure **C.II.32** décrit la distribution des particules en champ anisotrope. Cette distribution est obtenue en appliquant dans un premier temps un champ magnétique d'environ 8 kOe afin de saturer l'aimantation de l'échantillon. Dans un second temps, ce champ est coupé et l'échantillon est tourné d'un angle de 15 degrés alors que l'aimantation rémanente est mesurée. Dans un troisième temps, un champ magnétique de 20 Oe est appliqué et le changement de direction de l'aimantation est mesuré. La distribution des particules en champ anisotrope obtenue prouve qu'il existe des particules présentant une anisotropie magnétique importante dans nos échantillons. Il apparaît un maximum pour 200 Oe et une distribution large de 500 à 1300 Oe.

3.6) Mesures électromagnétiques

Les mesures électromagnétiques ont été effectuées au Laboratoire Central de Recherche (LCR) de Thalès-Orsay.

Ces tests ont été réalisés sur des échantillons de référence d'hexaferrite (source Thalès) et des poudres de fer ex-carbonyl (source société Saphyr). La caractérisation fréquentielle a été réalisée à l'aide d'un analyseur de réseau et d'une sonde coaxiale. Les échantillons ont été dispersés dans une résine époxy. La dispersion de nos échantillons a conduit aux taux de charge les plus faibles (15% volumique) alors que les autres échantillons préparés par d'autres techniques dans le cadre du programme matériaux du CNRS (voir annexes VIII et IX) conduisent à des taux de charge compris entre 30 et 50 %. Ce comportement provient certainement de la taille des particules de spinelle qui limite la mouillabilité de la poudre vis à vis de la résine.

La **figure C.II.33** décrit l'évolution fréquentielle des parties réelle et imaginaire de la permittivité diélectrique (ε_r', ε_r'') et de la perméabilité magnétique (μ_r', μ_r''). Les irrégularités observées à basse fréquence (200 MHz) pour la perméabilité magnétique proviennent de résonances liées aux dimensions de la pastille. On observe une décroissance en fonction de la fréquence des parties réelle et imaginaire de la permittivité diélectrique.

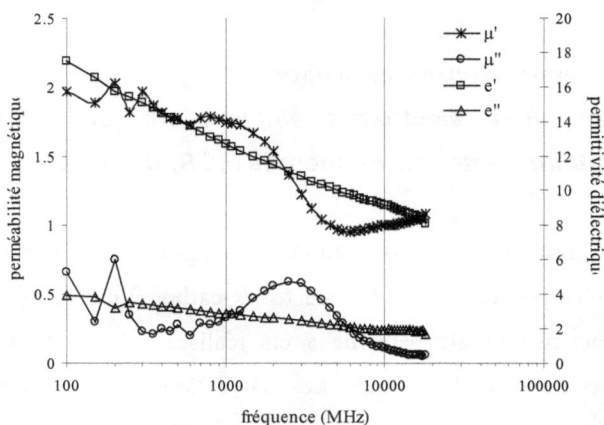

Figure C.II.33 : Courbes de perméabilité magnétique et de permittivité diélectrique relatives complexes pour $[Fe^{2+}] = 0.3$ M et $[EtO^-] = 1$ M traité 10 minutes

Le **tableau C.II.6** compare les valeurs de perméabilité magnétique mesurées et les valeurs normalisées par rapport au taux de charge à la fréquence de 1GHz. Les valeurs de μ_r' mesurées sur nos échantillons sont proches des valeurs de l'échantillon Saphyr avec des pertes magnétiques (μ_r'') légèrement plus faibles. Sur le plan de la perméabilité magnétique, nos échantillons sont donc équivalents aux échantillons industriels de référence (Saphyr). Le **tableau C.II.7** compare les valeurs permittivité diélectrique mesurées et les valeurs normalisées par rapport au taux de charge à la fréquence de 0.1 GHz. Les valeurs de ε_r' et ε_r'' mesurées pour nos échantillons sont largement supérieures aux valeurs des deux échantillons de référence. Cette valeur élevée de la permittivité diélectrique pourrait être éventuellement attribuée à un phénomène de percolation au sein de la pastille.

Echantillon	μ_r'	μ_r''	μ_r' / Taux de charge	μ_r'' / Taux de charge
$[Fe^{2+}] = 0.3$ M $[EtO^-] = 1$ M	1.75	0.59	10.94	3.69
Hexaferrite LCR	1.89	2.82	1.97	2.94
Fer ex-carbonyle Saphyr	5.77	2.31	11.10	4.44

Tableau C.II.6 : Valeurs de perméabilité magnétique mesurées à 1GHz et normalisées par rapport au taux de charge pour $[Fe^{2+}] = 0.3$ M et $[EtO^-] = 1$ M traité 10 minutes (protocole I)

Echantillon	ε_r'	ε_r''	ε_r' / Taux de charge	ε_r'' / Taux de charge
$[Fe^{2+}] = 0.3$ M $[EtO^-] = 1$ M	18	4	112.5	25
Hexaferrite LCR	18	0.5	18.75	0.52
Fer ex-carbonyle Saphyr	33	2.8	63.46	5.38

Tableau C.II.7 : Valeurs de permittivité diélectrique mesurées à 100 MHz et normalisées par rapport au taux de charge pour $[Fe^{2+}] = 0.3$ M et $[EtO^-] = 1$ M traité 10 minutes (protocole I)

3.7) Spectrométrie Mössbauer

Les caractérisations par spectrométrie Mössbauer ont été effectuées au Laboratoire de Physique de l'Etat Condensé du Mans (LPECM).

La figure **C.II.34** présente les spectres expérimentaux obtenus sur un échantillon préparé avec $[Fe^{2+}] = 0.2$ M et $[EtO^-] = 1$ M traité 10 minutes (protocole II) ainsi que le résultat du traitement par le logiciel Mosfit avec la décomposition en différentes composantes. A 300K, on remarque un ensemble de raies assez bien résolues alors que le spectre à basse température (77K) présente moins de raies. Cette différence correspond à une perte de résolution spectrale. L'analyse des spectres expérimentaux révèle néanmoins la présence de trois contributions avec des raies larges correspondant a priori à des sites de fer à la valence 0 et 3 (**Tableau C.II.8**). Des modèles d'ajustement avec plus de composantes (en introduisant des contraintes entre paramètres hyperfins et/ou en imposant les valeurs de déplacements quadripolaires à zéro) ont également été proposés mais la tendance reste la même. La valence 0 correspond sans ambiguïté aux cristallites de fer métallique tandis que les autres correspondent certainement, compte tenu de la différence des valeurs de déplacement isomérique, à la présence de Fe^{3+} en sites tétraédriques et octaédriques dans les phases spinelles. Des valeurs de déplacements isomériques plus élevées peuvent être obtenues, ce qui correspondrait à une valence intermédiaire entre Fe^{3+} et Fe^{2+}, mais le manque de résolution dû à la superposition des raies ne peut permettre de conclure clairement.

		Déplacement isomérique (mm.s^{-1})	Effet quadripolaire (mm.s^{-1})	Champ hyperfin (T)	Proportion (% atomique de fer)
300 K	Fe^{3+}	0.29	0	49	32
300 K	Fe^{3+}	0.57	0.05	45.2	46
300 K	Fe^0	-0.01	-0.02	33.1	22
77 K	Fe^{3+}	0.58	-0.21	52.5	30
77 K	Fe^{3+}	0.49	0.06	43.9	46
77 K	Fe^0	0.1	-0.03	33.4	24

Tableau C.II.8 : Paramètres Mössbauer déterminés lors de la déconvolution des spectres pour [Fe^{2+}] = 0.2 M et [EtO$^-$] = 1 M traité 10 minutes (protocole II)

Sachant que l'échantillon est constitué a priori, en plus de la phase métallique, d'un mélange de deux phases spinelles dont les stœchiométries sont différentes, il est difficile de séparer les contributions respectives des deux dernières phases. En effet, les spectres Mössbauer des phases idéales de magnétite et maghémite sont différents compte-tenu du nombre de sites de fer présents (les valeurs des paramètres sont données dans le **tableau C.II.9**) mais les écarts à la stœchiométrie, la présence de défauts structuraux, la présence de zones désordonnées aux joints de grains et d'éventuels effets de relaxation superparamagnétique viennent perturber sérieusement la structure hyperfine. A température ambiante et à 77K, l'analyse Mössbauer permet de confirmer que les deux phases spinelles sont présentes mais leurs proportions ne peuvent être précisément appréciées.

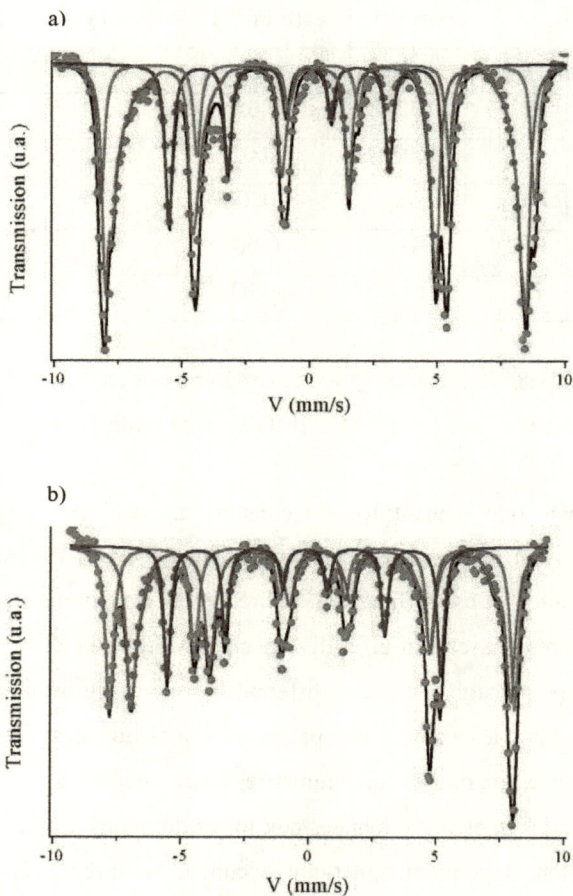

Figure C.II.34 : Spectres Mössbauer (a) à 77K, (b) à 300K, d'un échantillon préparé avec $[Fe^{2+}] = 0.2M$ et $[EtO^-] = 1M$ traité 10 minutes (protocole II).

Seules les proportions de phases oxyde et métallique sont précisément estimées. On peut se demander si l'enregistrement de spectres à 4K hors champ et sous champ extérieur aurait pu apporter plus d'informations. A priori, les effets de désordre, de surface, d'interface et de stœchiométrie empêchent la résolution des structures hyperfines et par conséquent, d'estimer précisément les proportions des deux phases spinelles.

		Déplacement isomérique (mm.s^{-1})	Déplacement quadripolaire (mm.s^{-1})	Champ hyperfin (T)
γ-Fe$_2$O$_3$	300K	0.27	0	49
		0.41	0	50
	77K	0.40	0	51
		0.50	0	52
Fe$_3$O$_4$	300K	0.25	0	49
		0.65	0	46
	77K	0.40	0	51
		0.54	0	53
		0.69	0	52
		0.74	0.60	48
		1.15	2.20	35

Tableau C.II.9 : Paramètres Mössbauer des phases cristallines maghémite et magnétite établis à partir d'une compilation de résultats.

On notera que les teneurs atomiques en fer sont de l'ordre de 23 %. Cette teneur atomique correspond à des teneurs molaires de 37 et 47 % selon que l'on prenne respectivement la maghémite ou la magnétite comme phase spinelle lors du calcul. Les teneurs en fer métallique sont donc beaucoup plus importantes que celles déterminées à partir de la diffraction de rayons X par la méthode de Rietveld (19 %). Deux raisons sont envisageables :

♣ Le facteur de Lamb-Mössbauer peut être affecté lors de l'étude de systèmes nanométriques. Cependant il faut souligner que les particules de la phase spinelle majoritaire (spinelle I) de petite taille (environ 20 nm) ne semblent pas isolées puisqu'elles forment des agrégats laissant apparaître une surface libre importante. En raison de la rupture de symétrie, la contribution de cette surface libre devient importante compte-tenu de l'effet de confinement et provoque un ramollissement du réseau en surface (liaisons pendantes) qui conduit à une sous estimation de la phase spinelle majoritaire.

♣ Contrairement à la diffraction des rayons X, la spectrométrie Mössbauer est une technique d'investigation locale et la réponse est donc sensible à tous les types d'environnements. Par conséquent, elle prend en compte les joints de grains [19] alors qu'ils contribuent au bruit de fond pour la diffraction de rayons X. Il est donc possible que les joints de grains autour des particules de métal soient comptés dans la proportion de métal en Mössbauer alors que ces mêmes joints de grains ne peuvent être quantifiés facilement par diffraction des rayons X. Des études sur des poudres de fluorures nanostructurées préparés par broyage à haute énergie ont montré qu'une proportion atomique maximale de 15% en fer pouvait être mise en évidence par spectrométrie Mössbauer sans pour cela être quantifiée par diffraction des rayons X.

3.8) Bilan

Nos résultats ont permis de définir deux domaines de concentrations en ion ferreux et éthanoate répondant aux objectifs visés de l'étude qui étaient l'élaboration :

- ♣ d'oxydes mixtes de fer : 0.1 M < [EtO$^-$] < 0.3 M,
- ♣ de mélanges fer métallique/oxyde mixte : [EtO$^-$] > 0.4 M.

Nous avons focalisé notre étude sur ces deux zones.

Pour les deux domaines de concentration, l'apparition de la phase spinelle et/ou des mélanges métal/spinelle est concomitante avec l'apparition d'un précipité gris vert lors du mélange initial des réactifs. Après traitement, plus la teneur en éthanoate est importante, plus la couleur orangée du surnageant est faible attestant de la diminution de la teneur en ion ferreux de la solution. Lorsque le rapport éthanoate sur fer est supérieur à deux, on obtient des mélanges spinelle/fer métallique non pollués par des oxydes ou oxyhydroxydes ferriques. Le précipité gris vert obtenu lors du mélange initial des réactifs, difficilement caractérisable en raison de sa réactivité chimique, est vraisemblablement un diéthanoate de fer (Fe(OEt)$_2$) [2-3].

3.8.1) Domaine spinelle

Il n'y a pas d'évolution du paramètre de maille des cristallites ni en fonction des concentrations des précurseurs, ni en fonction du temps de chauffage. Ces valeurs de paramètre de maille correspondent à une phase spinelle dans un état d'oxydation intermédiaire entre la maghémite et la magnétite. Il est donc impossible dans ces conditions opératoires d'obtenir de la maghémite ou de la magnétite en une seule étape, c'est à dire que l'état d'oxydation n'est pas maîtrisé. Comme pour les modes de préparation conventionnelles, un traitement thermique sous pression d'oxygène contrôlée sera nécessaire afin d'amener les poudres à la stœchiométrie en oxygène souhaitée. Finalement, le chauffage microondes ne permet pas un contrôle de la stœchiométrie en oxygène et de la croissance des cristallites. De plus, les échantillons sont pollués par des traces de composés ferriques.

3.8.2) Domaine métal/spinelle

On obtient une phase métallique (paramètre de maille 0.286(6) nm) dont la taille des cristallites dépend principalement de la concentration en ions ferreux de départ. En effet, les cristallites de fer sont d'autant plus petits que la concentration en ions ferreux de départ est faible. Une phase spinelle est élaborée simultanément. L'ensemble des caractérisations réalisées a permis de confirmer la frontière mise en évidence lors de la reconnaissance de phase ($[EtO^-] = 2\ [Fe^{2+}]$). Selon le rapport éthanoate sur ion ferreux, on obtient :

♣ $[EtO^-] < 2\ [Fe^{2+}]$ (gauche de la frontière)

Une phase spinelle I (paramètre 0.838(0) nm, taille des cristallites de 10 nm) polluée par des traces d'oxyhydroxydes ferriques.

Les pourcentages de fer métallique sont très faibles (de 0 à 5%).

La microscopie électronique à transmission met en évidence uniquement des grains quasi sphériques de phase spinelle d'une dizaine de nanomètres.

L'évolution en fonction du temps de traitement ne révèle aucun changement de comportement.

♣ [EtO⁻] > 2 [Fe²⁺] (droite de la frontière)

Deux phases spinelles I et II (paramètres 0.838(0) et 0.839(6) nm) exemptes de phases parasites.

Les proportions de phase métallique sont comprises entre 12 à 23%. Elles sont plus importantes comparativement à la zone précédente et confirment l'augmentation de la proportion de métal avec la concentration en base.

La microscopie électronique à transmission confirme la coexistence de grains quasi sphériques d'une dizaine de nanomètres et de cristaux plus gros en forme de losanges.

L'évolution en fonction du temps de traitement révèle un changement de comportement pour les temps de traitement supérieurs à deux minutes et quel que soit le protocole de mélange des réactifs. Avant deux minutes, on a formation d'une phase métallique associée à une phase spinelle I de stœchiométrie intermédiaire entre la maghémite et la magnétite (a = 0.838(0) nm) présentant des tailles moyennes de grains d'une dizaine de nanomètres. Ces cristallites ont les mêmes caractéristiques que ceux observés dans la zone précédente ([EtO⁻] < 2 [Fe²⁺]). Après deux minutes, la proportion de phase métallique et l'aimantation à saturation diminuent alors que de

269

nouveaux cristallites en forme de losange de taille moyenne proche de 100 nm et de stœchiométrie proche de la magnétite apparaissent (spinelle II).

Les deux protocoles de mélange conduisent aux mêmes constatations hormis une cinétique réactionnelle apparemment plus rapide dans le cas du protocole II.

3.9) Proposition de mécanismes réactionnels

La réactivité extrême des ions ferreux en solution aqueuse nous a contraints à définir des conditions opératoires particulières. En effet, activer thermiquement l'hydrolyse des espèces ferreuses en solution aqueuse est inutile puisque des traces d'ions hydroxydes provoquent une condensation instantanée conduisant à la précipitation d'oxyhydroxydes ferriques. Nos conditions opératoires, par la préparation en milieu éthanolique d'un diéthanoate ferreux, permettent de limiter la présence de coordinats hydroxo dans la sphère de coordination des ions ferreux. Dans ces conditions opératoires, le chauffage de la solution de précurseurs permet d'obtenir des mélanges associant des nanoparticules de fer métallique et de spinelle. La présence de fer métallique atteste d'un processus de dismutation. Pour les temps de traitement inférieurs à deux minutes, l'avancement de ce processus de dismutation est corrélé à la durée de traitement puisque la teneur en fer augmente proportionnellement à cette dernière. Un mélange réactionnel n'ayant pas subi de traitement microondes conduit exclusivement à la phase spinelle par un processus d'oxydation. Il y a donc compétition entre un processus d'oxydation à température ambiante conduisant à la phase spinelle seule et un processus de dismutation activé thermiquement conduisant à des mélanges phase spinelle/fer métallique. De manière générale, pour les deux processus, on peut proposer un mécanisme de création de liaison Fe-O-Fe en deux étapes :

♣ Etape 1 : Hydrolyse (i) :

$$Fe(OCH_2CH_3)_2 + H_2O \rightarrow Fe(OH)(OCH_2CH_3) + CH_3CH_2OH$$

♣ Etape 2 : Condensation (ii) :

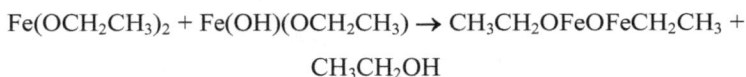

$$Fe(OCH_2CH_3)_2 + Fe(OH)(OCH_2CH_3) \rightarrow CH_3CH_2OFeOFeCH_2CH_3 + CH_3CH_2OH$$

De la même manière que dans les procédés sol-gel [20-21], l'eau joue un rôle essentiel dans le processus de condensation des ions ferreux. L'éthanoate est un ligand ou coordinat beaucoup moins labile que l'eau. En conséquence, l'utilisation de l'éthanoate de fer permet, en limitant la réactivité du précurseur ferreux, de contrôler le processus de condensation. Ces deux processus sont également envisageables pour les ions ferriques présents dans la solution.

3.9.1) Processus d'oxydation

Ce premier processus se déroule naturellement à température ambiante et conduit à l'obtention d'une phase spinelle de stœchiométrie intermédiaire entre la maghémite et la magnétite. On propose l'équation bilan suivante qui suppose une oxydation préliminaire au processus de condensation (iii) :

$$(1\text{-}\delta)\ Fe(OCH_2CH_3)_2 + (2\text{+}\delta)\ Fe(OCH_2CH_3)_3 + (4 + \delta/2)\ H_2O \rightarrow Fe_3O_{4+\delta/2} +$$
$$(8\text{+}\delta)\ CH_3CH_2OH$$

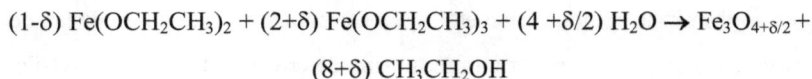

Les ions sodium provenant de l'éthanoate et les ions chlorures provenant du sel ferreux forment du chlorure de sodium.

L'oxydation préliminaire peut résulter de l'action de l'oxygène de l'air et/ou des traces d'eau présentes dans le milieu. Dans le deuxième cas, on suppose une oxydation de l'éthanoate ferreux par l'eau analogue à l'oxydation anaérobie de l'hydroxyde ferreux décrite par l'équation bilan suivante (iv) :

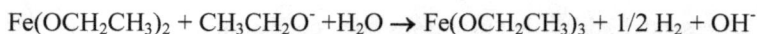

$$Fe(OCH_2CH_3)_2 + CH_3CH_2O^- + H_2O \rightarrow Fe(OCH_2CH_3)_3 + 1/2\ H_2 + OH^-$$

Cette oxydation par l'eau génère des ions hydroxydes favorisant l'étape d'hydrolyse décrite par l'équation i. On privilégie l'écriture faisant intervenir un ion éthanoate produisant des ions hydroxydes plutôt que la réduction d'éthanol en éthanoate décrite par l'équation bilan suivante (v) :

$$Fe(OCH_2CH_3)_2 + CH_3CH_2OH \rightarrow Fe(OCH_2CH_3)_3 + 1/2\ H_2$$

Ce second processus d'oxydation parait difficilement envisageable dans nos conditions opératoires.

3.9.2) Processus de dismutation

Les deux conditions sine qua non pour que le processus de dismutation ait lieu sont :

♣ la précipitation totale des ions ferreux sous forme de diéthanoate de fer (minimum 2 ions éthanoate pour un ion ferreux),

♣ le chauffage du milieu réactionnel.

L'équation bilan générale de dismutation est la suivante (vi) :

$$3 \ Fe(OCH_2CH_3)_2 \rightarrow 2 \ Fe(OCH_2CH_3)_3 + Fe^0$$

Cette équation bilan implique l'intervention de trois molécules d'éthanoate ferreux. Il est connu que les processus moléculaires à trois partenaires sont fortement défavorisés au sens de la théorie des collisions. Il parait donc logique d'observer la dismutation uniquement dans les cas ou le diethanoate ferreux est précipité. L'obtention du précipité rend possible l'échange électronique entre 3 atomes de fer voisins.

La coexistence en solution de diéthanoate ferreux et ferrique conduit obligatoirement par les étapes d'hydrolyse et condensation à la précipitation de la phase spinelle.

Considérons dans un premier temps la réaction de dismutation (vii) :

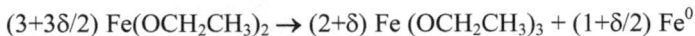

$$(3+3\delta/2) \ Fe(OCH_2CH_3)_2 \rightarrow (2+\delta) \ Fe \ (OCH_2CH_3)_3 + (1+\delta/2) \ Fe^0$$

273

Dans un deuxième temps, on associe à cette réaction de dismutation la quantité adéquate en éthanoate ferreux $(1-\delta)$ pour obtenir par hydrolyse et condensation une phase spinelle de stœchiométrie intermédiaire entre la maghémite et la magnétite. On obtient l'équation (viii) :

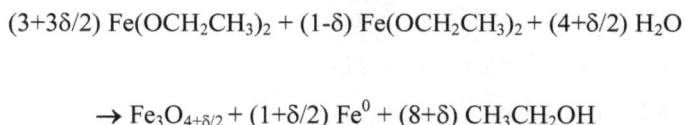

$$(3+3\delta/2)\ Fe(OCH_2CH_3)_2 + (1-\delta)\ Fe(OCH_2CH_3)_2 + (4+\delta/2)\ H_2O$$

$$\rightarrow Fe_3O_{4+\delta/2} + (1+\delta/2)\ Fe^0 + (8+\delta)\ CH_3CH_2OH$$

qui conduit après simplification à l'équation (ix) :

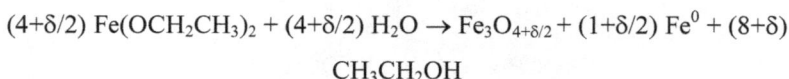

$$(4+\delta/2)\ Fe(OCH_2CH_3)_2 + (4+\delta/2)\ H_2O \rightarrow Fe_3O_{4+\delta/2} + (1+\delta/2)\ Fe^0 + (8+\delta)$$
$$CH_3CH_2OH$$

Le chemin réactionnel qui conduit à la phase spinelle à partir des éthanoates ferreux et ferriques est identique dans les deux processus d'oxydation ou de dismutation. Dans les deux cas, on obtient des nanoparticules de phase spinelle de stœchiométrie et de taille identique. La réaction de dismutation telle que nous l'avons écrite ne fait pas intervenir l'eau. On pourrait donc penser qu'en absence d'eau, la dismutation soit possible tout en éliminant la réaction concurrente d'oxydation. De telles conditions opératoires devraient permettre de maximiser le rendement de dismutation mais l'absence d'eau ne permettrait plus les étapes d'hydrolyse et condensation qui permettent d'élaborer l'oxyde à partir des éthanoates ferreux et ferriques. On obtiendrait donc des mélanges fer métallique/éthanoate ferrique qui évolueraient anarchiquement lors des étapes d'isolement conduisant à des oxyhydroxydes ferriques.

Nos résultats ont montré une évolution en fonction du temps de traitement avec un changement de comportement pour les temps de traitement supérieurs à deux minutes et quel que soit le protocole de mélange des réactifs. Avant deux minutes, on a formation d'une phase métallique associée à une phase spinelle I de stœchiométrie intermédiaire entre la maghémite et la magnétite (a = 0.838(0) nm) présentant des tailles moyennes de grains d'une dizaine de nanomètres. Après deux minutes, la proportion de phase métallique diminue alors que de nouveaux cristallites en forme de losange de taille moyenne proche de 100 nm et de stœchiométrie proche de la magnétite apparaissent (spinelle II).

Les grains de la phase spinelle II, plus gros et plus riches en ions ferreux, proviennent obligatoirement de la phase spinelle I. En effet, il est connu que la maghémite n'est stable qu'en dessous d'une certaine taille (environ 30 nm) [22] et le grossissement des grains tend à faire évoluer la stœchiométrie vers celle de la magnétite, c'est à dire un enrichissement en ions ferreux. Dans notre cas, le grossissement des grains de spinelle s'accompagne effectivement d'un enrichissement en ions ferreux comparativement aux ions ferriques. Sachant que ce phénomène de grossissement des grains est corrélé à la présence de fer métallique d'une part et à la diminution de la teneur en fer d'autre part, on peut imaginer que l'oxydation du fer métallique permet de fournir des ions ferreux qui assurent la croissance des nanoparticules de spinelle II.

La **figure C.II.35** résume ce scénario associant oxydation et dismutation.

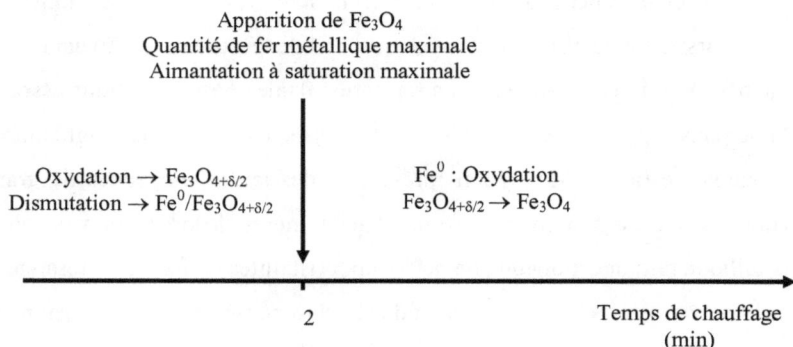

Apparition de Fe_3O_4
Quantité de fer métallique maximale
Aimantation à saturation maximale

Oxydation → $Fe_3O_{4+\delta/2}$
Dismutation → $Fe^0/Fe_3O_{4+\delta/2}$

Fe^0 : Oxydation
$Fe_3O_{4+\delta/2}$ → Fe_3O_4

2

Temps de chauffage
(min)

Figure C.II.35 : Histogramme présentant les résultats expérimentaux et l'évolution des entités en fonction du temps de chauffage

Bibliographie

[1] T. Caillot, D. Aymes, D. Stuerga, N. Viart et G. Pourroy, Microwave flash synthesis of iron and magnetite particles by disproportionation of ferrous alcoholic solutions, Journal of Material Sciences, 37, p1, 2002.

[2] B. D. Jain et R. K. Multani, Alcoholates of $FeCl_2$, Curr. Sci., 35, 20, p516, 1966.

[3] R. W. Adams, E. Bishop, R. L. Martin et G. Winter, Magnetism, electronic spectra and structure of transition metal alkoxides, Aust. J. Chem., 19, p207, 1966.

[4] J.I. Langford, The use of the Voigt function in determining microstructural properties from diffraction data by means of pattern decomposition, Accuracy in Powder Diffraction II, E. Prince, J. K. Stalick eds, Nist Spec. Publ., Gaithersburg, 846, p110, 1992.

[5] H. M. Rietveld, A profile refinement method for nuclear and magnetic structure, J. Appl. Cryst., 2, p65, 1969.

[6] J. Rodriguez-Carvajal (I.L.L), Fullprof program, Original code : D. B. Wiles, R.A. Young et A. Sakthivel, Adaptation for PC software.

[7] J. F. Bérar et G. Baldinozzi, XND code : from X-ray laboratory data to incommensurately modulated phases. Rietveld modelling of complex materials, IUCR-CPD Newsletter, 20, p3, 1998.

[8] J. F. Bérar et P; Lelann, ESDs and estimated probable error obtained in Rietveld refinements with local correlation, J. App. Cryst., 24, p1, 1991.

[9] J. Plevert et D. Louer, Formes de pics de diffraction des rayons X par des solides à cristallisation fine, J. Chim. Phys., 87, p1427, 1990.

[10] J. Plevert, Diffraction des rayons X par les solides polycristallins. Aspects méthodologiques de la diffractométrie séquentielle et analyses structurales et microstructurales de solides inorganiques, thèse de doctorat, Université de Rennes 1 : Rennes, 1990.

[11] J. I. Langford, D. Louër et P. Scardi, Effect of a crystallite size distribution on X-ray diffraction line profiles and whole-powder-pattern fitting, J. Appl. Cryst., 33, 2, p964, 2000.

[12] S. Läkamp, Composites métal / spinelle à base de fer et de cobalt : les paramètres de la synthèse et leur influence sur les propriétés physiques, thèse de doctorat, Université Louis Pasteur : Strasbourg I, 1996.

[13] P. Weiss et R. Forrer, Ann. Phys., 12, p279, 1929.

[14] O. Özdemir, D. J. Dunlop et B. M. Moskowitz, Changes in remanence, coercivity and domain state at low temperature in magnetite, Earth and planetary Sci. Let., 194, p343, 2002.

[15] S. Veintemillas-Verdaguer, M. P. Morales et C. J. Serna, Continuous production of γ-Fe$_2$O$_3$ ultrafine powders by laser pyrolysis, Mat. Let., 35, p227, 1998.

[16] J. L. Dormann, D. Fiorani et E. Tronc, Magnetic relaxation in fine-particle systems, Adv. Chem. Phys., 98, p283, 1997.

[17] F. Tihay-Schweger, Synthèse de nanoparticules magnétiques par décomposition de clusters bi-métalliques en matrice de silice mésoporeuse, thèse de doctorat, Université Louis Pasteur : Strasbourg I, 2002.

[18] J. C. Niepce, D. Stuerga, T. Caillot, J. P. Clerk, A. Granovsky, M. Inoue, N. Perov, G. Pourroy, et A. Radkovskaya, The magnetic properties of magnetic nanoparticles producted by microwave flash synthesis of ferrous alcoholic solutions, Magnetics Conference, INTERMAG Europe, Digest of Technical Papers, IEEE International, p487, 2002.

[19] H. Guérault, Propriétés structurales et magnétiques de poudres de fluorures nanostructurés MF$_3$ (M = Fe, Ga) obtenues par broyage mécanique, Thèse de doctorat, Université de Maine : Le Mans, 2000.

[20] C. Sanchez, J. Livage, M. Henry et F. Babonneau, Chemical modification of alkoxide precursors, J. Non-Cryst. Sol., 100, p65, 1988.

[21] M. Mehring, G. Guerrero, F. Dahan, P. H. Mutin et A. Vioux, Syntheses, characterizations, and single-crystal X-ray structures of soluble titanium alkoxide phosphonates, Inorg. Chem., 39, 15, p3325, 2000.

[22] M. S. Multani et P. Ayyub, Size and pressure driven phase transitions, Cond. Mat. News, 1, p25, 1991.

Chapitre III : Analyse de la pertinence de notre protocole expérimental

Dans le chapitre précédent, nous avons utilisé dans notre protocole expérimental, des solutions éthanoliques de chlorure ferreux additionnées d'éthanoate de sodium. Selon les concentrations des précurseurs, on élabore soit des mélanges spinelle/fer métallique, soit une phase spinelle seule. D'après la littérature, de telles conditions opératoires n'avaient jamais été testées en synthèse conventionnelle ou sous champ microondes. En effet, notre protocole opératoire diffère de ceux de la littérature par la nature du solvant (éthanol) et de la base de Lewis utilisée (éthanoate de sodium). Cependant, lors de la mise en œuvre de notre protocole opératoire, nous avons également réalisé des essais de traitements microondes en utilisant des solutions aqueuses et éthanoliques en présence d'hydroxyde de sodium qui ont montré la pertinence de notre protocole expérimental. Dans un premier temps, l'intérêt de ces tests est de confirmer les avantages de l'utilisation de l'éthanoate de sodium par rapport à l'hydroxyde de sodium. Dans un second temps, on analysera l'effet du solvant.

Dans un souci de confronter nos échantillons d'oxyde de fer élaborés par traitement microondes à ceux élaborés conventionnellement par chimie douce, nous avons aussi préparé des échantillons de référence par cette dernière technique. Le choix de ces échantillons de référence a été favorisé par le savoir faire de l'équipe "Matériaux à grains fins".

Dans une première partie, nous testerons le traitement microondes de solutions éthanoliques de chlorure ferreux en présence d'hydroxyde de sodium puis, dans une deuxième partie, nous testerons le traitement microondes de solutions aqueuses de chlorure ferreux en présence d'hydroxyde de sodium. Enfin, dans la troisième partie, nous décrirons l'élaboration par chimie douce de spinelle de stœchiométrie contrôlée.

1) Effet des ions hydroxydes

Afin de connaître les influences respectives des ions hydroxydes et éthanoate, nous avons choisi de tester diverses teneurs en hydroxyde de sodium (de 0.3 à 1 M) pour une concentration en fer ferreux constante (0.2 M) en solution éthanolique. Les conclusions de l'étude éthanol/éthanoate présentée dans le chapitre II nous permettront d'analyser et de comparer les résultats de ces synthèses. Le domaine de concentration choisi permet de mettre en évidence le seuil d'apparition du fer métallique ainsi que l'évolution en fonction de la teneur en base. Les durées de traitement sont de deux et dix minutes. Le mode de mélangeage des réactifs est celui correspondant au protocole I (partie C, chapitre I).

1.1) Diffraction des rayons X

La **figure C.III 1** décrit les diffractogrammes obtenus en fonction de la concentration en ions hydroxydes pour un temps de traitement de référence de 10 minutes. Ils mettent en évidence les raies du fer métallique et d'une phase spinelle ainsi qu'une légère pollution par des traces d'akaganéïte. Des traces de chlorure de sodium sont aussi détectées traduisant un lavage non complet. Le seuil d'apparition du fer métallique correspond à une concentration en ions hydroxydes égale à la concentration en ions éthanoate observée précédemment (0.4 M).

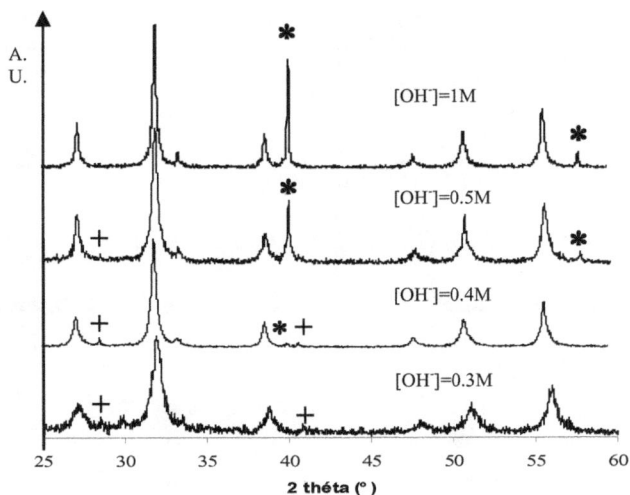

Figure C.III.1 : Diffractogrammes obtenus en fonction de la concentration en hydroxyde de sodium pour $[Fe^{2+}] = 0.2$ M et un temps de traitement de 10 minutes. Les * correspondent aux raies du fer métallique et les + à la raie d'intensité 100 du chlorure de sodium. Les autres raies correspondent à la phase spinelle

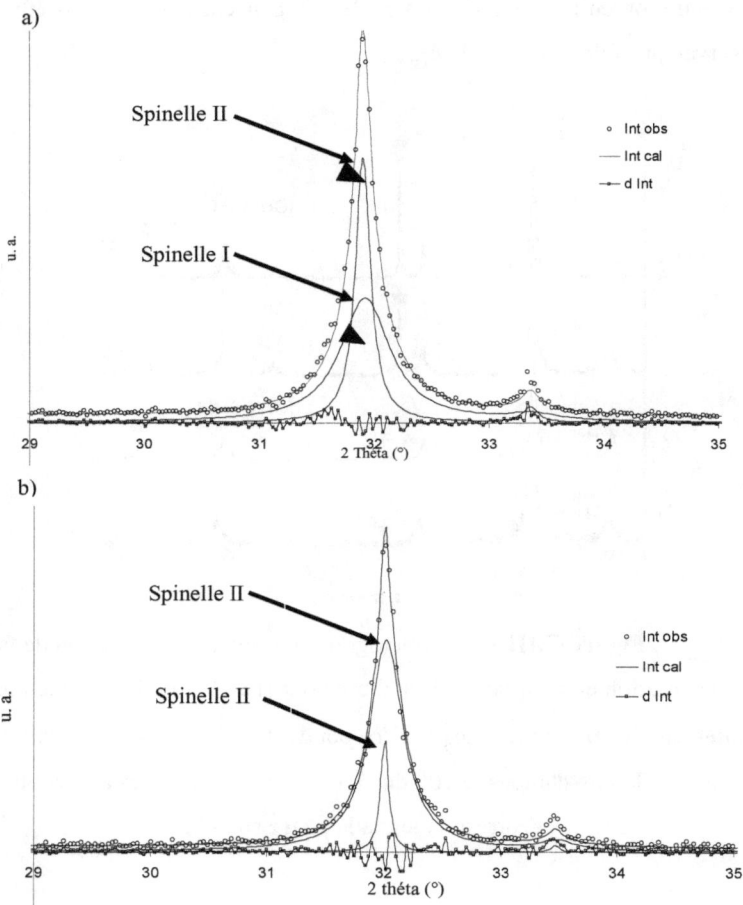

Figure C.III.2 : Superposition des diffractogrammes expérimental et recalculé pour $[Fe^{2+}] = 0.2$ M et $[HO^-] = 1$ M: détail de la raie d'intensité 100 de la phase spinelle. (a) 2 minutes de traitement, (b) 10 minutes de traitement

Les tailles des cristallites de fer métallique estimées avec la méthode de Scherrer sont du même ordre de grandeur que celles obtenues avec l'éthanoate de sodium (de 60 à 100 nm). La détermination des paramètres de maille et des tailles de cristallites de la phase spinelle se heurte aux mêmes problèmes que ceuxrencontrés lors de l'étude précédente (éthanol/éthanoate). Sur la base des résultats obtenus lors cette l'étude, nous avons donc recalculé les diffractogrammes par la méthode de Rietveld.

1.2) Diffraction des rayons X et affinements de Rietveld

L'obtention par calcul d'un diffractogramme superposable au diffractogramme expérimental implique de considérer plusieurs contributions pour décrire les raies de diffraction de la phase spinelle. Pour l'ensemble des échantillons constitués de phase spinelle et de fer métallique, les facteurs de qualité sont satisfaisants confirmant une bonne reconstruction des diffractogrammes. Les paramètres du calcul sont identiques à ceux présentés lors de l'étude précédente (**tableau C.II.4**). Les **figures C.III.2a et C.III.2b** présentent la qualité de reconstruction de la raie d'intensité 100 de la phase spinelle respectivement pour deux et dix minutes de traitement. Les diffractogrammes expérimentaux, et recalculés se superposent parfaitement.

Pour deux minutes de traitement, comme lors de l'étude précédente avec l'éthanoate de sodium, la raie de la phase spinelle se décompose en une raie large présentant un paramètre de maille intermédiaire entre la maghémite et la magnétite (a=0.838(0) nm) (spinelle I) et une raie plus fine de paramètre de maille proche de celui de la magnétite (a=0.839(4) nm) (spinelle II). La raie large correspond à des petits grains d'une dizaine de nanomètres et la raie fine à des cristaux d'environ 100 nm. On note que la proportion des cristaux de spinelle II ($\approx$35%) est beaucoup plus importante que celle obtenue lors de l'étude précédente ($\approx$12% pour 30 minutes de traitement). L'apparition des cristaux de spinelle II semble donc avoir lieu beaucoup plus tôt avec une croissance plus rapide.

Pour dix minutes de traitement, la reconstruction des diffractogrammes expérimentaux est différente puisque les deux contributions nécessaires pour reconstruire le diffractogramme (**figure C.III.2b**) présentent le même paramètre de maille avec des valeurs proches de celui de la magnétite (a=0.839(6) nm et a=0.839(8) nm). Les profils de raie sont du même type. Dans ce cas, les deux contributions nécessaires mettent en évidence une distribution en taille de cristaux de même nature plutôt que deux types de cristaux, comme précédemment. L'utilisation de l'hydroxyde de sodium semble conduire rapidement à des cristaux de magnétite (spinelle II) en présence de fer métallique. Cependant, la magnétite présente une distribution en taille très importante.

Les proportions de fer métallique déterminées par affinements de Rietveld sont du même ordre de grandeur que lors de l'étude précédente, c'est à dire une vingtaine de pour cents de métal. Entre 2 et 10 minutes, on observe une légère diminution de la proportion de fer métallique quelles que soient les concentrations de départ. Nous pouvons aussi noter dans ces échantillons la présence d'akaganéïte en faible proportion.

1.3) Microscopie électronique à transmission

Les clichés obtenus pour un temps de traitement de 10 minutes présentent uniquement des cristaux de taille variant de 50 à 200 nm comme le montre la **figure C.III.3**.

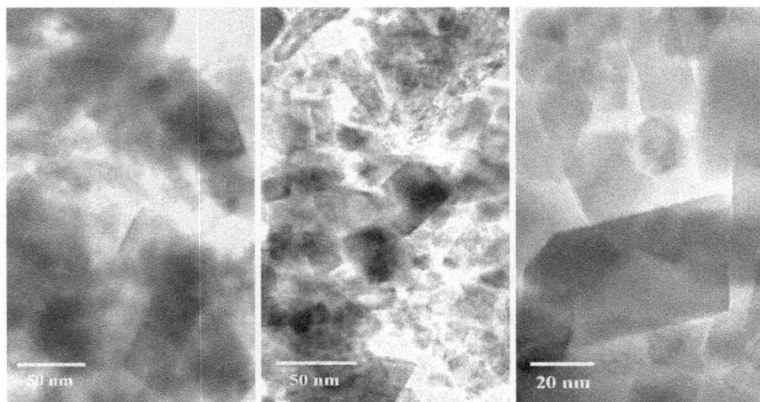

Figure C.III.3 : Clichés obtenus par microscopie électronique pour $[Fe^{2+}]$ = 0.2 M et $[HO^-]$ = 1 M pour un temps de traitement de 10 minutes

Pour cet échantillon, les résultats déterminés lors de l'affinement de Rietveld sont donc bien confirmés et des mélanges fer métallique / magnétite sont obtenus.

1.4) Mesures magnétiques

Le cycle d'hystérésis présenté **figure C.III.4** est caractéristique des propriétés magnétiques de nos échantillons synthétisés avec l'hydroxyde de sodium. L'aimantation à saturation obtenue est de 95 uem.g^{-1} tandis que le champ coercitif est de 110 Oe. On peut noter une saturation très rapide des cycles pour des champs assez faibles, l'aimantation est donc très facile à exploiter.

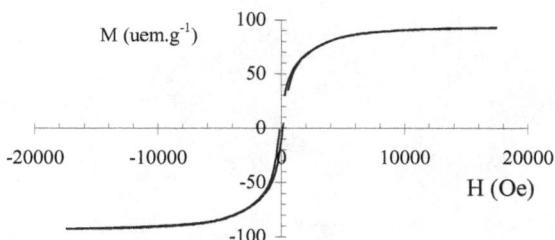

Figure C.III.4 : Cycle d'hystérésis enregistré à température ambiante sur un échantillon obtenu avec $[Fe^{2+}]$ = 0.2M, $[HO^-]$ = 1M traité 10 minutes

En comparaison avec l'étude avec l'éthanoate de sodium, on note que l'aimantation à saturation est plus élevée en utilisant l'hydroxyde de sodium. On constate que la valeur de l'aimantation à saturation est supérieure à la valeur théorique de la magnétite donnée par la littérature [1]. L'amélioration de l'aimantation à saturation provient certainement de la proportion de phase spinelle II beaucoup plus importante que celle obtenue en présence d'éthanoate.

1.5) Notre interprétation

Bien que ces conditions opératoires conduisent aux mêmes types de phases (une phase métallique associée à deux phases spinelles) que celles obtenues avec les mélanges éthanol/éthanoate, il faut cependant remarquer que la cinétique de réaction est tellement rapide que le contrôle temporel de la croissance des grains, si bien maîtrisé par notre protocole, n'est plus envisageable. Ces résultats confirment l'interprétation proposée pour les mélanges éthanol/éthanoate puisque dans ces conditions opératoires, la forte teneur en ions hydroxydes de la solution conduit à la précipitation d'hydroxyde ferreux dont l'hydrolyse est instantanée.

2) Effet du solvant : tests en solution aqueuse

La grille décrite par la **figure C.III.5** présente les 15 couples testés pour chaque concentration en hydroxyde/ions ferreux. La teneur en chlorure ferreux est comprise entre 0.1 et 0.2 M tandis que la teneur en hydroxyde de sodium varie de 0 à 1 M. Le mode de mélange des réactifs mis en œuvre est le protocole I défini lors de l'étude éthanol/éthanoate (partie C, chapitre I). La durée de traitement microondes (10 minutes) est une durée de référence. Le nombre total d'échantillons testés est proche de 20.

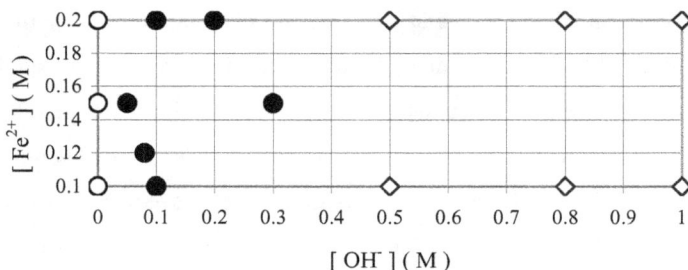

Figure C.III.5 : Domaines de concentrations en $[Fe^{2+}]$ et $[OH^-]$ étudiés présentées pour un temps de traitement de 10 minutes

L'identification de phase par diffraction des rayons X a mis en évidence trois domaines définis par des labels différents :

♣ *ronds blancs*

Comme nous l'avons détaillé au cours du chapitre I, le traitement de la solution aqueuse d'ions ferreux conduit à la précipitation d'une très faible quantité d'hématite.

♣ *ronds noirs*

Pour les concentrations en hydroxyde comprises entre 0.05 et 0.3 M, un précipité vert est obtenu lors du mélangeage des réactifs. Après traitement, les poudres sont noires et la couleur verte du surnageant est atténuée par rapport au cas précédent. La diffraction des rayons X met en évidence une phase spinelle polluée par des traces d'akaganéïte et d'hématite. Pour tous les échantillons, le paramètre de maille de la phase spinelle est de l'ordre de 0.8375 nm. Ces valeurs de paramètre de maille correspondent à une phase spinelle dans un état d'oxydation intermédiaire entre la maghémite et la magnétite. La taille des cristallites est d'environ 10 nm quelles que soient les concentrations de départ. Les phases spinelles obtenues en solution aqueuse présentent donc les mêmes caractéristiques que celles obtenues en milieu alcoolique. Il est donc impossible dans ces conditions opératoires d'obtenir de la maghémite ou de la magnétite en une seule étape et, comme pour les modes de préparation conventionnelles, un traitement thermique sous pression d'oxygène contrôlée sera nécessaire afin d'amener les poudres à la stœchiométrie en oxygène souhaitée. Finalement, là encore, le chauffage microondes ne permet pas un contrôle de la stœchiométrie en oxygène et de la croissance des cristallites. De plus, les échantillons sont pollués par des traces de composés ferriques. Le traitement microondes limite la production de composés ferriques et favorise la cristallisation de la phase spinelle.

♣ _losanges blancs_

Pour les plus grandes concentrations en base (losanges blancs sur la **figure C.III.5**), le diffractogramme présenté **figure C.III.6** met en évidence un mélange de phase spinelle et de ferroxyhyte et aucune trace de fer métallique n'a été détectée. Le diffractogramme correspondant à un échantillon témoin sans traitement est parfaitement superposable. Dans ce cas, le chauffage microondes n'a aucune action sur le mélange.

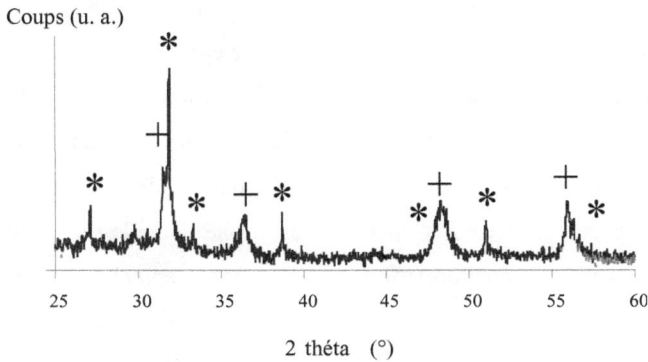

Figure C.III.6 : Diffractogramme obtenu pour $[Fe^{2+}] = 0.1$ M, $[HO^-] = 1$ M et un temps de traitement de 10 minutes. Les ∗ correspondent aux raies de la phase spinelle et les + aux raies de la ferroxyhyte

Contrairement aux essais dans l'éthanol, l'étude en solution aqueuse n'a pas permis d'obtenir de mélanges fer métallique/phase spinelle. On ne peut pas pour autant exclure totalement l'éventualité d'une réaction de dismutation suivie d'une oxydation totale du fer métallique qui conduirait au même résultat.

3) Echantillons de référence préparés par chimie douce

3.1) Identification de phase

Les conditions opératoires ont été décrites au cours du chapitre I. Deux types d'échantillons ont été obtenus selon la température de synthèse :

♣ pour les températures de synthèse inférieures à la température ambiante, les diffractogrammes révèlent de la goethite (**figure C.III.7**). Pour ces températures, la formation de la phase spinelle semble être bloquée au profit d'une oxydation complète des ions ferreux en milieu basique. Laberty et Navrotsky [2] ont montré que la formation d'oxydes (hématite) et d'oxyhydroxydes (goethite, akaganéïte) du fer ferrique est favorisée thermodynamiquement alors que la formation de phases spinelles est favorisée cinétiquement. Cependant, la phase spinelle est stable une fois formée car la transformation de la phase spinelle en goethite est extrêmement lente. Donc, lorsque la température diminue, la formation de la phase spinelle n'est plus favorisée cinétiquement et n'a plus lieu. Le système évolue vers l'état d'équilibre thermodynamique, c'est à dire vers la formation de la goethite observée aux températures inférieures à l'ambiante,

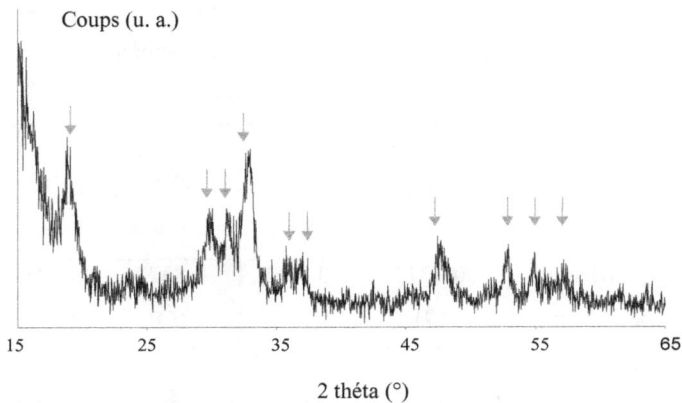

Figure C.III.7 : Diffractogramme obtenu sur une poudre synthétisée à 10°C. Les raies marquées correspondent à la goethite. Les autres raies peuvent être attribuées à des phases parasites comme des oxyhydroxydes [3-4]

♣ pour les températures de synthèse supérieures ou égales à la température ambiante, la phase spinelle seule est obtenue. Cependant, les diffractogrammes obtenus mettent en évidence un bruit de fond très important et des raies de diffraction mal définies. Les poudres brutes contiennent donc certainement une phase amorphe importante et des résidus de synthèse.

3.2) Paramètres de maille

Les paramètres de maille obtenus sont présentés dans le **tableau C.III.1**. Aux erreurs expérimentales près dues en particulier à la mauvaise cristallinité des échantillons, leur détermination permet de vérifier l'homogénéité de la gamme de poudre. Les paramètres de maille sont compris entre 0.8370 et 0.8380 nm. La phase spinelle a donc une stœchiométrie en oxygène intermédiaire entre la maghémite et la magnétite.

synthèse	ambiante		50°C	70°C	90°C
	ajout rapide NH$_3$	ajout lent NH$_3$			
paramètre de maille (nm)	0.8372 (9)	0.8368 (5)	0.8372 (6)	0.8378 (1)	0.8377 (5)
Surface Spécifique (m^2.g^{-1})	173,5	169,9	132,5	116,6	100,1
taille B.E.T (nm)	6,8 ± 0,25	6,9 ± 0,25	9 ± 0,3	10,1 ± 0,35	12,2 ± 0,4
taille D.R.X (nm)	7,8 ± 2	8,9 ± 2	10,4 ± 2	9,9 ± 2	11,2 ± 2

Tableau C.III.1 : Résultats expérimentaux des caractérisations des poudres brutes [3]

3.3) Taille des particules

Les tailles ont été déterminées à partir des diffractogrammes (méthode de langford) et par mesure de surface spécifique. Les deux méthodes présentent des résultats assez similaires comme le montre le **tableau C.III.1**. Les tailles de grains obtenues sont bien dans la gamme nanométrique comme souhaité. Les écarts entre celles-ci en fonction de la température de synthèse sont assez faibles mais suffisants pour pouvoir utiliser ces poudres pour des études fondamentales après traitement thermique [3-4].

Les échantillons ont été observés par microscopie électronique à balayage. Malgré la lyophilisation, les poudres sont très agglomérées si bien que la technique n'a pas permis d'observer les grains élémentaires. Cependant, d'après les travaux antérieurs à celui-ci sur la synthèse des mêmes poudres par le même protocole [5], les grains sont quasi sphériques. De plus, plusieurs éléments viennent consolider cette thèse :

♣ les points correspondant aux différentes réflexions sur le diagramme de Langford s'alignent parfaitement traduisant une homogénéité en taille dans toutes les directions cristallines,

♣ les tailles de cristallites déterminées par mesure de surface spécifique et par diffraction des rayons X sont équivalentes.

Tous ces éléments viennent démontrer que les grains de phase spinelle obtenue par chimie douce sont de forme quasi sphérique.

Les poudres brutes de phase spinelle obtenues par chimie douce et sous chauffage microondes présentent donc, a priori, les mêmes caractéristiques en ce qui concerne la stœchiométrie et la taille des grains. Dans les deux cas, un traitement thermique sous pression d'oxygène contrôlée est nécessaire afin d'obtenir des poudres parfaitement propres et de stœchiométrie voulue. Le protocole mis en place dans le cas d'un chauffage microondes nécessite des concentrations en base moins élevées et semble donc prometteur d'un point de vue écologique. Cependant, il reste à s'affranchir des phases parasites observées dans les poudres.

En conclusion, on pourra donc traiter thermiquement sous atmosphère contrôlée les deux types de poudres obtenues pour obtenir des phases spinelles stœchiométriques comme la maghémite ou la magnétite. La dernière partie de ce chapitre est consacrée à la mise en œuvre de ces traitements sur les poudres brutes obtenues par chimie douce pour tenter d'obtenir de la maghémite stœchiométrique de taille contrôlée nécessaire à la mise en œuvre d'autres études envisagées par l'équipe "Matériaux à grains fins".

3.4) Traitement thermique

Pour ces poudres, les conditions de traitement thermique oxydant idéales ont été déterminées et sont présentées dans le **tableau C.III.2**. Ce traitement sous atmosphère contrôlée en oxygène est composé d'une rampe de montée en température à 0.34°C/min et d'un palier de 2 heures à 250°C pour les poudres les plus fines (< 10 nm). Pour les poudres de taille un peu plus élevée (> 10 nm), le palier est de 5 heures et la température de palier de 300°C. Ces conditions ont été déterminées grâce au dispositif de régulation de la pression d'oxygène au sein d'un four ou d'une thermobalance présentés en annexe (annexe IV : L'analyse thermogravimétrique).

Température de synthèse (°C)	Rampe (°C/min)	Température de traitement (°C)	Palier (heures)
Ambiante. Ajout lent			
Ambiante. Ajout rapide		250	2
50°C	0,34		
70°C		300	5
90°C			

Tableau C.III.2 : Conditions du traitement thermique oxydant [3]

La **figure C.III.8** présente les diffractogrammes d'une poudre synthétisée à la température ambiante (a) d'une part et d'une poudre synthétisée à 90°C (b) d'autre part, les deux poudres ayant été traitées thermiquement à 300°C pendant 5 heures sous air reconstitué. Une grande proportion d'hématite est détectée pour la poudre synthétisée à l'ambiante alors qu'aucune trace n'est détectée sur la poudre synthétisée à 90°C. Ces résultats mettent en évidence une très grande différence de réactivité entre les poudres obtenues malgré des tailles de particules voisines.

Les raies de diffraction obtenues sont parfaitement symétriques avec des facteurs de forme compris entre 0.6466 et 0.9396. Ceci met en évidence une bonne distribution la taille des grains [6]. En effet, une mauvaise distribution conduirait certainement à des profils de raie lorentziens.

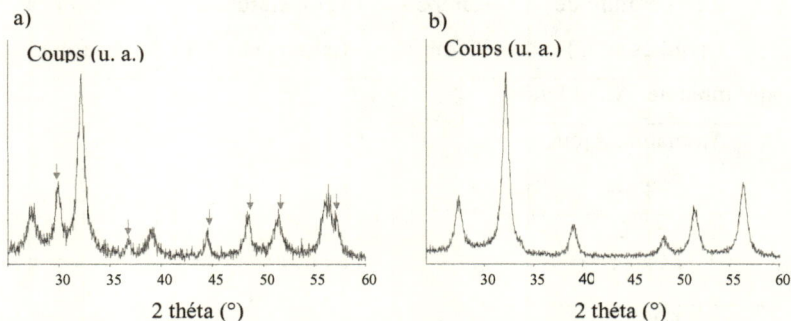

Figure C.III.8 : Diffractogrammes obtenus sur une poudre synthétisée à la température ambiante (a) et sur une poudre synthétisée à 90°C (b) traitées thermiquement 5 heures à 300°C. Les raies pointées par des flèches correspondent à l'hématite, les autres raies correspondent à la maghémite [3-4]

Les traitements thermiques sous pression d'oxygène contrôlée ont permis d'obtenir une gamme de quatre poudres de γ-Fe_2O_3 (a = 0,8347 nm) de stœchiométrie parfaitement contrôlée présentant une répartition granulométrique très étroite et de taille moyenne variant de 9 à 14 nm. Le **tableau C.III.3** présente les caractérisations par diffraction des rayons X et par BET des poudres finales obtenues. Toutes les poudres présentent le paramètre de maille théorique de la maghémite, c'est à dire que tous les cations fer sont bien à la valence 3. Les valeurs de taille des particules déterminées par rayons X et par BET concordent aux erreurs expérimentales près.

	traitement **250°C** palier **2** heures			traitement **300°C** palier **5** heures	
synthèse	ambiante		50°C	70°C	90°C
	ajout rapide NH$_3$	ajout lent NH$_3$			
paramètre de maille (nm)	0.8347 (5)	0.8347 (3)	0.8347 (4)	0.8347 (2)	0.8347 (1)
Surface Spécifique (m^2.g^{-1})	132,6	143,2	115,9	107,9	89,2
taille B.E.T (nm)	9,3 ± 0,3	8,6 ± 0,3	10,6 ± 0,3	11,4 ± 0,2	13,8 ± 0,3
taille D.R.X (nm)	8,4 ±2	8.1±2	9.2 ±2	10.7 ±2	12.3 ±2

Tableau C.III.3 : Résultats expérimentaux des caractérisations des poudres traitées thermiquement [3]

Un cliché obtenu par microscopie électronique à transmission est présenté **figure C.III.9**. Il met en évidence des grains sphériques avec une distribution en taille resserrée et confirme les résultats obtenus par diffraction des rayons X.

Figure C.III.9 : Photo obtenue au microscope électronique à transmission pour une poudre synthétisée à la température ambiante et traitée à 250°C [4]

En conclusion, la mise en œuvre de traitements thermiques sous pression d'oxygène contrôlée a permis d'obtenir de la maghémite stœchiométrique et de taille contrôlée à partir des poudres brutes obtenues par chimie douce. Par ailleurs, les poudres brutes de phase spinelle obtenues par chimie douce et sous chauffage microondes présentent les mêmes caractéristiques en ce qui concerne la stœchiométrie et la taille des grains. Il parait donc envisageable de transposer ces traitements aux poudres brutes obtenues par microondes.

Bibliographie

[1] O. Özdemir, D. J. Dunlop et B. M. Moskowitz, Changes in remanence, coercivity and domain state at low temperature in magnetite, Earth and planetary Sci. Let., 194, p343, 2002.

[2] C. Laberty et A. Navrotsky, Energetics of stable and metastable low-temperature iron oxides and oxyhydroxides, Geochimica and cosmochimica acta, 62, 17, p2905, 1998.

[3] T. Belin, Rôle de la nature de l'interface externe dans des nanograins de maghémite γ-Fe_2O_3, DEA de chimie physique, Université de Bourgogne : Dijon, 1999.

[4] T. Belin, N. Guigue-Millot, T. Caillot, D. Aymes et J. C. Niepce, Influence of grain size, oxygen stoichiometry and synthesis conditions on the γ-Fe_2O_3 vacancies ordering and lattice parameter, 163, p459, 2002.

[5] N. Guigue-Millot, Synthèse et propriétés de ferrites nanométriques : influence de la taille des grains et de la nature de la surface sur les propriétés structurales et magnétiques de ferrites de titane synthétisés par chimie douce et mécanosynthèse, thèse de doctorat, Université de Bourgogne : Dijon, 1998.

[6] J. I. Langford, D. Louër et P. Scardi, Effect of a crystallite size distribution on X-ray diffraction line profiles and whole-powder-pattern fitting, J. Appl. Cryst., 33, 2, p964, 2000.

Partie D : Vers la synthèse de solides composés de phase(s) métallique(s) et d'oxyde(s)

Introduction

Dans la partie précédente, nous avons montré que le traitement microondes de mélanges associant l'éthanol et l'éthanoate ferreux conduisait à des échantillons constitués de fer métallique et de phases spinelles. Ces conditions opératoires que nous avons définies permettent donc d'élaborer des oxydes associant les valences II et III de l'élément fer.

Un des objectifs de notre travail était d'élaborer des oxydes mixtes associant plusieurs éléments avec plusieurs valences et plus particulièrement des oxydes mixtes de fer substitués au cobalt, nickel, manganèse et zinc associés à une phase métallique. Dans cette partie, nous présenterons les résultats obtenus en élaboration de ce type d'oxydes mixtes. Les caractérisations des échantillons se limitent à la reconnaissance de phases par diffraction des rayons X, à l'analyse morphologique par microscopie électronique à transmission et à l'enregistrement de quelques cycles d'hystérésis.

Chapitre I : Les solides fer/cobalt et fer/nickel

1) Au départ de mélanges fer/cobalt

1.1) Protocole expérimental

Les concentrations en éthanoate et en fer ont été choisies dans le domaine où l'on élabore des solides métal/phase spinelle. Afin d'être certain de former les éthanoates de fer et de cobalt, on utilise un excès d'éthanoate tel que 2 ($[Co^{2+}]$ + $[Fe^{2+}]$) < $[EtO^-]$. La concentration en ion cobalt a été choisie telle que $[Co^{2+}]/[Fe^{2+}]$ = 0.5. En relation avec ces conditions, nous avons choisi les concentrations suivantes :

$$[Fe^{2+}] = 0.2 \text{ M} \qquad [Co^{2+}] = 0.1 \text{ M} \quad [EtO^-] = 1 \text{ M}$$

On précise que les concentrations choisies devraient permettre d'éviter les problèmes d'inhomogénéité du mélange résultant d'une quantité trop importante de précipité. Les protocoles et les étapes d'isolement et de lavage sont les mêmes que ceux utilisés pour le fer seul. Les durées de traitement varient de 10 secondes à 10 minutes. Nous présenterons uniquement les résultats obtenus avec le protocole de mélange II.

1.2) Caractérisation des poudres obtenues

1.2.1) Diffraction des rayons X

Les diffractogrammes obtenus en fonction du temps de traitement sont décrits par la **figure D.I.1**. Ils mettent en évidence une phase spinelle contenant du cobalt et une phase métallique. Pour certains temps de traitement (30 secondes, 1 minute et 10 minutes), une seconde phase métallique est mise en évidence. Cette ou ces phases métaliques sont des intermétalliques fer cobalt présentant des compositions plus ou moins riches en cobalt. Le cobalt métallique est généré par réduction de l'ion divalent par le fer métallique produit lors de la dismutation (partie II, chapitre V). Le bruit de fond est très faible et de légères traces d'akaganéïte apparaissent.

Pour l'ensemble des échantillons élaborés, le paramètre de maille de la phase spinelle est de l'ordre de 0.839(8) nm. Contrairement aux mélanges obtenus avec le fer, le paramètre de maille de la phase spinelle n'évolue pas avec le temps de traitement. Sa valeur est supérieure aux valeurs théoriques de la magnétite (0.8396 nm) et du ferrite de cobalt (0.8392 nm). Cette valeur est identique aux valeurs obtenues par G. Pourroy [1].

Les tailles des cristallites de cette phase spinelle déterminées par la méthode de Langford varient entre 80 et 110 nm.

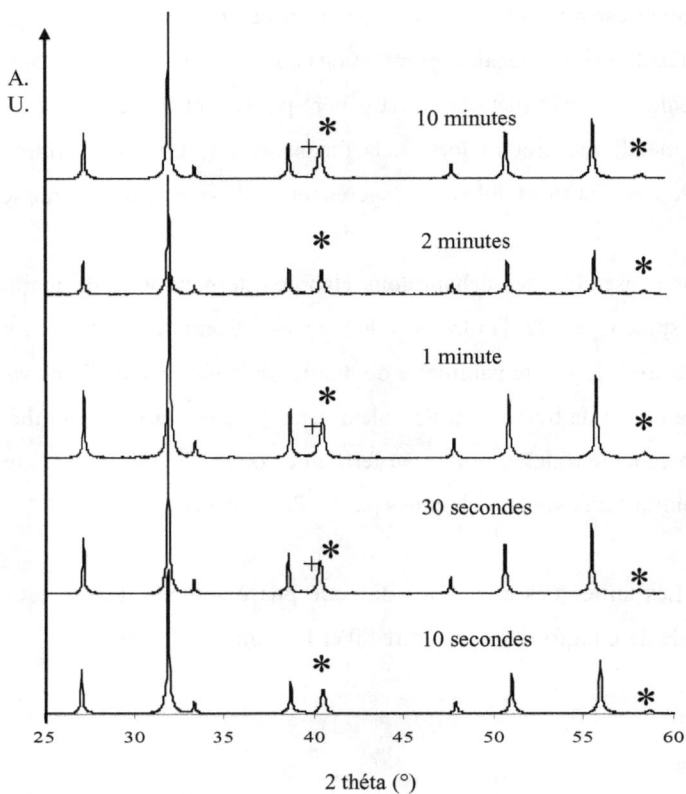

Figure D.I.1 Diffractogrammes obtenus avec $[Fe^{2+}] = 0.2M$, $[Co^{2+}] = 0.1$ M et $[EtO^-] = 1M$. Les * et les + correspondent aux raies des deux alliages fer-cobalt détectés. Les autres raies correspondent à la phase spinelle

1.2.2) Microscopie électronique à transmission

Les figures **D.I.2, D.I.3 et D.I.4** présentent des objets sans forme particulière, de taille relativement importante, correspondant aux phases métalliques associées à des cristallites de spinelle se présentant sous forme de plaquettes losangiques de taille allant de 50 à 200 nm d'une part et sous forme de petits cristaux d'une vingtaine de nanomètres d'autre part. D'après les analyses effectuées par microsonde; les zones métalliques sont plus riches en cobalt et les zones de phase spinelle sont plus riches en fer.

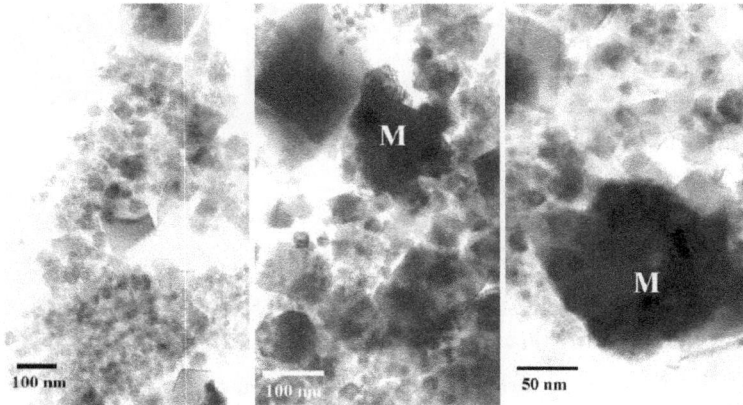

Figure D.I.2 : Clichés obtenus par microscopie électronique à transmission pour $[Fe^{2+}] = 0.2$ M, $[Co^{2+}] = 0.1$ M et $[EtO^-] = 1$ M traité 10 secondes. M correspond à la phase métallique. Les autres cristaux plus petits correspondent à la phase spinelle

On peut noter que, contrairement à l'étude ne mettant en jeu que le fer, on a ici présence de petits et de gros cristaux de phase spinelle dès 10 secondes de traitement.

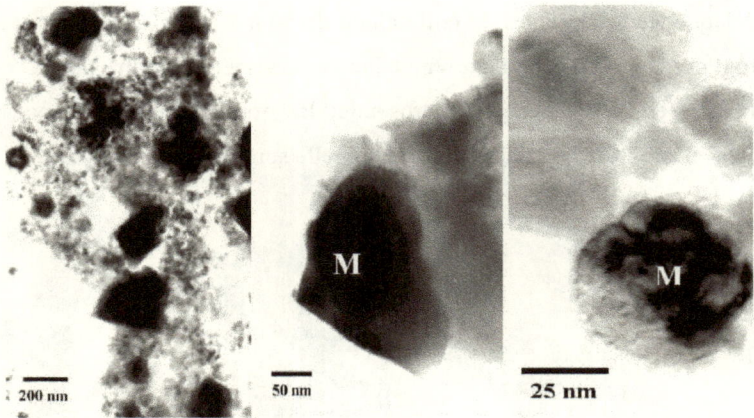

Figure D.I.3 : Clichés obtenus par microscopie électronique à transmission pour $[Fe^{2+}] = 0.2$ M, $[Co^{2+}] = 0.1$ M et $[EtO^-] = 1$ M traité 1 minute. M correspond à la phase métallique. Les autres cristaux plus petits correspondent à la phase spinelle

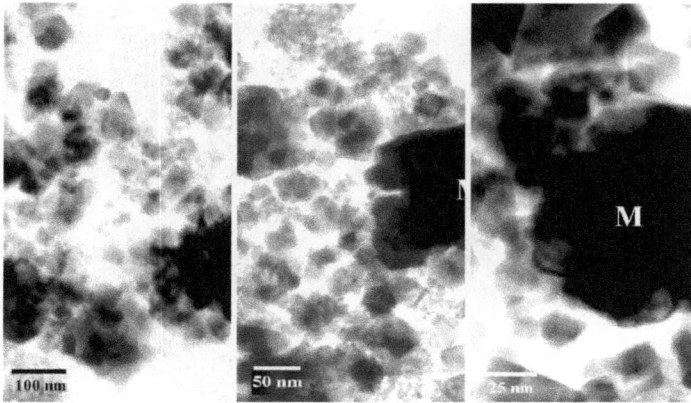

Figure D.1.4 : Clichés obtenus par microscopie électronique à transmission
pour $[Fe^{2+}] = 0.2$ M, $[Co^{2+}] = 0.1$ M et $[EtO^-] = 1$ M traité 10 minutes. M
correspond à la phase métallique. Les autres cristaux plus petits
correspondent à la phase spinelle

Les **figure D.I.5** et **D.I.6** détaillent les bords de cristallites de phase
spinelle. Ces bords sont très nets et continus pour 10 secondes de traitement.
En revanche, pour une minute de traitement, la **figure D.I.6** révèle une
couche superficielle d'épaisseur voisine de 5 nm. Dans les deux cas, les
cristallites semblent être constituées de plaquettes.

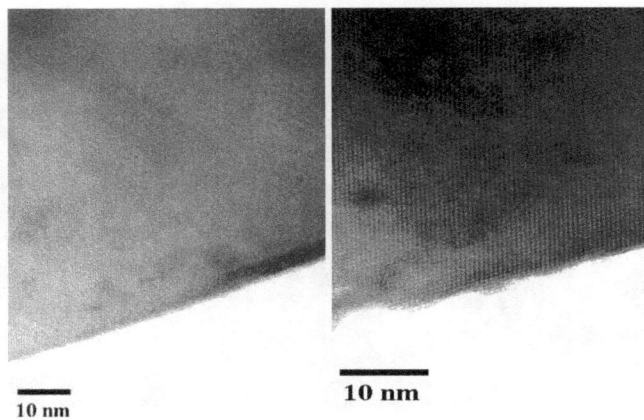

10 nm   10 nm

Figure D.I.5 : Clichés obtenus par microscopie électronique à transmission
pour $[Fe^{2+}] = 0.2$ M, $[Co^{2+}] = 0.1$ M et $[EtO^-] = 1$ M traité 10 secondes

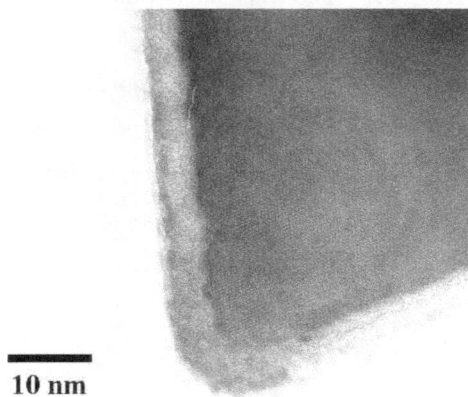

10 nm

Figure D.I.6 : Clichés obtenus par microscopie électronique à transmission
pour $[Fe^{2+}] = 0.2$ M, $[Co^{2+}] = 0.1$ M et $[EtO^-] = 1$ M traité 1 minute

1.2.3) Mesures magnétiques

Le cycle d'hystérésis présenté **figure D.I.7** est caractéristique des propriétés magnétiques de nos échantillons. On peut noter que la saturation n'est pas tout à fait atteinte pour le champ maximum (18000 Oe). Les aimantations à saturation obtenues varient entre 88 et 94 uem.g^{-1} tandis que les champs coercitifs sont de l'ordre de 1000 Oe. Les valeurs d'aimantation sont du même ordre de grandeur que celles obtenues par synthèse conventionnelle et les valeurs de champ coercitif sont plus faibles (environ 1500 Oe en conventionnel) [1]. Cette différence s'explique certainement par la taille des cristallites, plus faible dans notre cas.

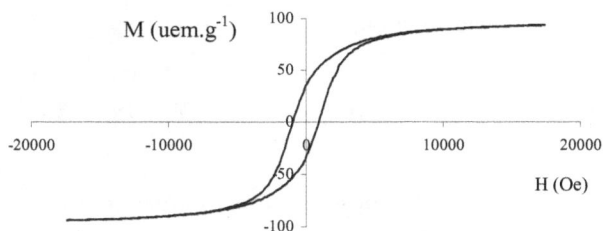

Figure D.I.7 : Cycle d'hystérésis enregistré à température ambiante sur un échantillon préparé avec [Fe^{2+}] = 0.2 M, [Co^{2+}] = 0.1 M et [EtO$^-$] = 1 M traité 10 minutes

311

1.3) Conclusion

L'analyse morphologique des échantillons met en évidence des cristallites de taille relativement importante comparativement à ceux obtenus avec le fer seul. Il semble que la cinétique réactionnelle soit plus importante.

2) Au départ de mélanges fer/nickel

2.1) Protocole expérimental

Les concentrations en éthanoate et en fer ont été choisies dans le domaine où l'on élabore des solides métal/phase spinelle. Afin d'être certain de former les éthanoates de fer et de nickel, on utilise un excès d'éthanoate telle que $2\ ([Ni^{2+}] + [Fe^{2+}]) < [EtO^-]$. La concentration en ion nickel a été choisie tel que $[Ni^{2+}]/[Fe^{2+}] = 0.5$. En relation avec ces conditions, nous avons choisi les concentrations suivantes :

$$[Fe^{2+}] = 0.2\ M \qquad [Ni^{2+}] = 0.1\ M \qquad [EtO^-] = 1\ M$$

Les concentrations choisies devraient permettre d'éviter les problèmes d'inhomogénéité du mélange résultant d'une quantité trop importante de précipité. Les protocoles et les étapes d'isolement et de lavage sont les mêmes que ceux utilisés pour le fer seul. Les durées de traitement varient de 10 secondes à 10 minutes.

2.2) Caractérisation par diffraction des rayons X

Quel que soit le protocole de mélangeage utilisé (I ou II) et le temps de traitement, les diffractogrammes obtenus (**Figure D.I.8**) présentent toujours

312

un bruit de fond très important. Les échantillons contiennent donc une proportion importante de phases amorphes et/ou d'impuretés.

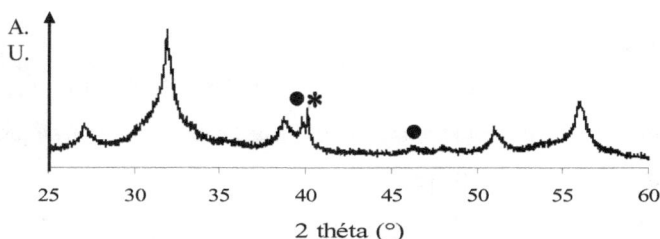

Figure D.I.8 : Diffractogramme obtenus avec $[Fe^{2+}] = 0.2M$, $[Ni^{2+}] = 0.1$ M et $[EtO^-] = 1M$ traité 2 minutes. Les $*$ correspondent aux raies du fer métallique et les • à l'alliage $FeNi_3$. Les autres raies correspondent à la phase spinelle

Les phases mises en évidence sont une phase spinelle, des phases métalliques et des traces d'akaganéïte. Contrairement au cas du fer seul, deux phases sont observées pour la partie métallique. Ces deux phases sont identifiées comme du fer métallique et un intermétallique de composition $FeNi_3$. Ces mélanges contiendraient donc une phase métallique riche en fer et une autre riche en nickel. Le nickel métallique est généré par réduction de l'ion divalent par le fer métallique produit lors de la dismutation (partie II, chapitre V).

Cette difficulté d'obtention des mélanges métal/spinelle pour les éléments fer/nickel avait déjà été rencontrée par G Pourroy et ses collaborateurs en synthèse conventionnelle. Les échantillons semblent difficiles à cristalliser et il est nécessaire de les chauffer à 800°C sous argon pour les obtenir "propres" [2].

Bibliographie

[1] S. Läkamp, Composites métal / spinelle à base de fer et de cobalt : les paramètres de la synthèse et leur influence sur les propriétés physiques, thèse de doctorat, Université Louis Pasteur : Strasbourg I, 1996.

[2] J.C. Yamegni-Noubeyo, T. Bouakham, G. Pourroy, J. Werckmann et G. Ehret, Nickel-Iron Alloy/Magnetite Composites : Synthesis and Microstructure, J. Solid Sta. Chem., 135, p210, 1998.

Chapitre II : Les solides Fer/Manganèse/Zinc

1) Au départ de mélanges fer manganèse

1.1) Protocole expérimental

Les concentrations en éthanoate et en fer ont été choisies dans la domaine où l'on élabore des solides métal/phase spinelle. Afin d'être certain de former les éthanoates de fer et de manganèse, on utilise un excès d'éthanoate tel que $2 \, ([Mn^{2+}] + [Fe^{2+}]) < [EtO^-]$. La concentration en ion manganèse a été choisie telle que $[Mn^{2+}]/[Fe^{2+}] = 0.5$. En relation avec ces conditions, nous avons choisi les concentrations suivantes :

$$[Fe^{2+}] = 0.2 \text{ M} \qquad [Mn^{2+}] = 0.1 \text{ M} \qquad [EtO^-] = 1 \text{ M}$$

Les concentrations choisies devraient permettre d'éviter les problèmes d'inhomogénéité du mélange résultant d'une quantité trop importante de précipité. Les protocoles et les étapes d'isolement et de lavage sont les mêmes que ceux utilisés pour le fer seul. Les durées de traitement varient de 10 secondes à 10 minutes. Nous présenterons uniquement les résultats obtenus avec le protocole de mélange I.

1.2) Caractérisation par diffraction des rayons X

La **figure D.II.1** présente le diffractogramme obtenu pour un temps de traitement de deux minutes. On observe les raies du fer métallique et les raies d'une phase spinelle. Il y a donc bien eu dismutation de l'ion ferreux lors de ces synthèses. Comme dans le cas du fer seul, avec le protocole de mélange I, le bruit de fond est assez important et de la feroxyhyte (δ-

FeOOH) en petite quantité est détectée. Les raies de la phase spinelle sont très antisymétriques exprimant certainement une distribution de stœchiométrie et de taille des cristallites d'oxyde.

Pour l'ensemble des échantillons élaborés, le paramètre de maille de la phase spinelle est proche 0.845(5) nm quel que soit le temps de traitement. Contrairement aux mélanges obtenus avec le fer, le paramètre de maille de la phase spinelle n'évolue pas. Sa valeur est intermédiaire entre les valeurs théoriques du ferrite de manganèse (0.8499 nm) et de l'oxyde de manganèse de structure spinelle Mn_3O_4 (0.8420 nm). Les concentrations de départ ont été choisies tel que $[Mn^{2+}]/[Fe^{2+}] = 0.5$, c'est à dire dans des proportions correspondant à celles du ferrite de manganèse. Par ailleurs, la phase métallique ne contient que du fer métallique. Il en résulte donc un excès de manganèse contenu dans la phase spinelle conduisant à un paramètre de maille intermédiaire entre le ferrite de manganèse et l'oxyde de manganèse Mn_3O_4.

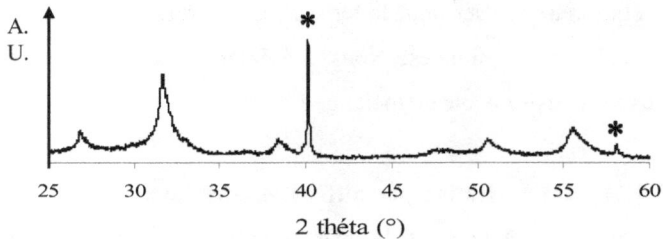

Figure D.II.1 : Diffractogramme obtenu pour un temps de traitement de 2 minutes $[Fe^{2+}] = 0.2$ M, $[Mn^{2+}] = 0.1$ M et $[EtO^-] = 1$ M. Les ∗ correspondent aux raies du fer métallique. Les autres raies correspondent à la phase spinelle

316

En raison du niveau de bruit, il est difficile de donner des estimations de tailles des cristallites par les méthodes de Langford et de Scherrer. Cependant, l'évolution temporelle semble se rapprocher de celle observée pour le fer seul. En effet, les raies de diffraction des deux phases présentent les mêmes morphologies et il semble que deux types de cristaux de phase spinelle soient présents pour les temps de traitement supérieurs à deux minutes (raies larges au pied et fines au dessus).

2) Au départ de mélanges fer zinc
2.1) Protocole expérimental

Les concentrations en éthanoate et en fer ont été choisies dans le domaine où l'on élabore des solides métal/phase spinelle. Afin d'être certain de former les éthanoates de fer et de zinc, on utilise un excès d'éthanoate tel que $2\ ([Zn^{2+}] + [Fe^{2+}]) < [EtO^-]$. La concentration en ion zinc a été choisie telle que $[Zn^{2+}]/[Fe^{2+}] = 0.5$. En relation avec ces conditions, nous avons choisi les concentrations suivantes :

$$[Fe^{2+}] = 0.2\ M \qquad [Zn^{2+}] = 0.1\ M \quad [EtO^-] = 1\ M$$

On précise que les concentrations choisies devraient permettre d'éviter les problèmes d'inhomogénéité du mélange résultant d'une quantité trop importante de précipité. Les protocoles et les étapes d'isolement et de lavage sont les mêmes que ceux utilisés pour le fer seul. Les durées de traitement varient de 10 secondes à 10 minutes. Nous présenterons uniquement les résultats obtenus avec le protocole de mélange I.

2.2) Caractérisation par diffraction des rayons X

Les diffractogrammes dont l'un est présenté **figure D.II.2** mettent en évidence un mélange de phases. Le fer métallique est présent ainsi qu'une phase spinelle. Il y a donc bien eu dismutation de l'ion ferreux lors de ces synthèses.

Cependant, à ces deux phases, vient s'ajouter une troisième phase identifiée comme de l'oxyde de zinc ZnO. Cet oxyde est présent quel que soit le temps de chauffage. Le zinc semble ne pas réagir complètement avec l'ion ferreux et une partie de celui-ci réagit seul pour donner la phase parasite détectée.

Les concentrations de départ ont été choisies telle que $[Zn^{2+}]/[Fe^{2+}] =$ 0.5, c'est à dire dans des proportions correspondant à celles du ferrite de zinc. Par ailleurs, la phase métallique ne contient que du fer métallique. Il en résulte un excès de zinc lors de la formation de la phase spinelle. Cependant, contrairement au cas du manganèse, il n'existe pas d'oxyde de structure spinelle de formule Zn_3O_4. L'excès de zinc forme donc uniquement la phase parasite ZnO.

318

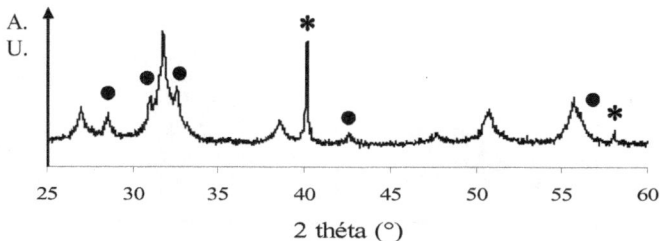

Figure D.II.2 : Diffractogramme avec $[Fe^{2+}] = 0.2$ M, $[Zn^{2+}] = 0.1$ M et $[EtO^-] = 1$ M traité 2 minutes. Les * correspondent aux raies du fer métallique et les • à l'oxyde de zinc. Les autres raies correspondent à la phase spinelle

Suite à ces résultats, nous avons essayé de diminuer le rapport zinc/fer pour essayer d'obtenir un solide métal/phase spinelle ne contenant pas d'oxyde de zinc. La diminution de la teneur en zinc ne pose pas trop de problèmes dans l'optique de la préparation de solides fer/manganèse/zinc pour les applications industrielles. En effet, les teneurs en zinc des ferrites utilisés pour ces applications sont de l'ordre de 10 % [1]. Les concentrations utilisées sont maintenant de :

$$[Fe^{2+}] = 0.2 \text{ M} \qquad [Zn^{2+}] = 0.05 \text{ M} \qquad [EtO^-] = 1 \text{ M}$$

Avec ce rapport, les diffractogrammes obtenus, dont l'un est présenté **figure D.II.3** pour un temps de traitement de deux minutes, mettent en évidence du fer métallique et une phase spinelle. Cependant, dans ce cas aussi, quel que soit le temps de traitement, de l'oxyde de zinc en quantité assez importante est détecté. Le zinc semble donc réagir seul et ne pas se

319

combiner avec le fer ferrique produit par dismutation pour former un ferrite de zinc.

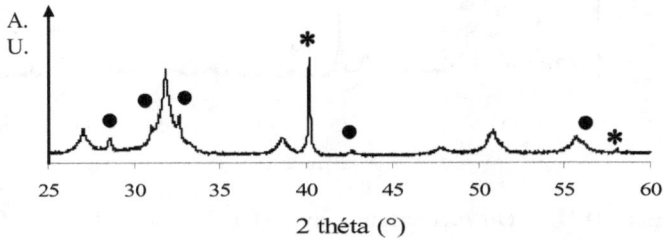

Figure DII.3 : Diffractogramme avec $[Fe^{2+}] = 0.2$ M, $[Zn^{2+}] = 0.05$ M et $[EtO^-] = 1$ M traité 2 minutes. Les * correspondent aux raies du fer métallique et les • à l'oxyde de zinc. Les autres raies correspondent à la phase spinelle

Le zinc est connu pour ce type de comportement [2], c'est à dire que cet élément s'associe difficilement au fer pour former des ferrites et forme plutôt un oxyde seul au dessus d'un rapport zinc/fer critique.

3) Au départ de mélanges fer manganèse zinc
3.1) Protocole expérimental

Les concentrations en éthanoate et en fer ont été choisies dans le domaine où l'on élabore des solides métal/phase spinelle. Afin d'être certain de former les éthanoates de fer, de manganèse et de zinc, on utilise un excès d'éthanoate tel que $2 \, ([Mn^{2+}] + [Zn^{2+}] + [Fe^{2+}]) < [EtO^-]$. Les concentrations en ion manganèse et zinc ont été choisies telles que $([Mn^{2+}] + [Zn^{2+}]) / [Fe^{2+}] = 0.5$. En relation avec ces conditions, nous avons choisi les concentrations suivantes :

$[Fe^{2+}] = 0.2$ M $\quad [Mn^{2+}] = 0.05$ M $[Zn^{2+}] = 0.05$ M $\quad [EtO^-] = 1$ M

Les concentrations choisies devraient permettre d'éviter les problèmes d'inhomogénéité du mélange résultant d'une quantité trop importante de précipité. Les protocoles et les étapes d'isolement et de lavage sont les mêmes que ceux utilisés pour le fer seul. Les durées de traitement varient de 10 secondes à 10 minutes. Nous présenterons uniquement les résultats obtenus avec le protocole de mélange II.

3.2) Caractérisation des poudres obtenues

3.2.1) Diffraction des rayons X

Les diffractogrammes obtenus, dont l'un est présenté **figure D.II.4** pour un temps de traitement de 2 minutes, mettent en évidence du fer métallique, une phase spinelle et de l'oxyde de zinc.

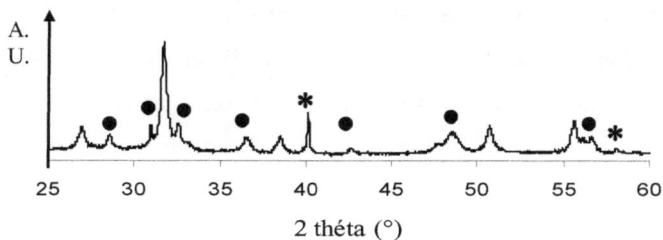

Figure D.II.4 : Diffractogramme obtenu pour un temps de traitement de 2 minutes $[Fe^{2+}] = 0.2$ M, $[Mn^{2+}] = 0.05$ M, $[Zn^{2+}] = 0.05$ M et $[EtO^-] = 1$ M. Les * correspondent aux raies du fer métallique et les • à l'oxyde de zinc. Les autres raies correspondent à la phase spinelle

La présence de cette phase parasite s'explique de la même façon que lors de l'étude avec le fer et le zinc. En effet, les concentrations de départ ont été choisies tel que $([Mn^{2+}] + [Zn^{2+}])/[Fe^{2+}] = 0.5$, c'est à dire dans des proportions correspondant à celles d'un ferrite de manganèse zinc. Par ailleurs, la phase métallique ne contient que du fer métallique. Il en résulte un excès de manganèse et de zinc lors de la formation de la phase spinelle. Comme vu précédemment, un excès de manganèse peut être inclus dans la structure spinelle alors qu'un excès de zinc ne peut pas l'être.

Comme dans le cas du zinc seul, les concentrations en manganèse et en zinc ont été divisées par deux et de nouveaux essais ont été effectués avec :

$$[Fe^{2+}] = 0.2 \text{ M} \qquad [Mn^{2+}] = 0.025 \text{ M} \quad [Zn^{2+}] = 0.025 \text{ M} \, [EtO^-] = 1 \text{ M}$$

Les temps de traitement varient de 10 secondes à 10 minutes. La **figure D.II.5** présente les diffractogrammes obtenus en fonction du temps de traitement. Les deux phases sont bien présentes et le bruit de fond est assez faible. Comme pour les autres synthèses réalisées avec le mode de mélange II, une légère pollution à l'akaganèïte est mise en évidence.

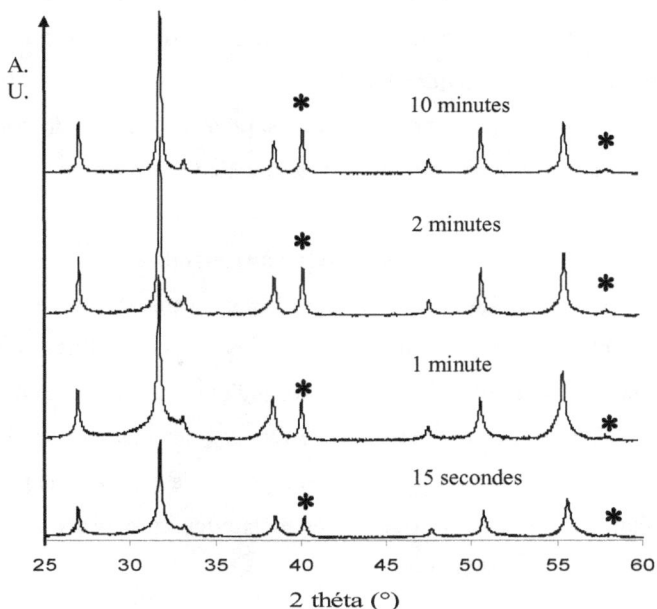

Figure D.II.5 : Diffractogrammes obtenus avec $[Fe^{2+}] = 0.2$ M, $[Mn^{2+}] =$ 0.025 M, $[Zn^{2+}] = 0.025$ M et $[EtO^-] = 1$ M. Les ∗ correspondent aux raies du fer métallique. Les autres raies correspondent à la phase spinelle

Pour l'ensemble des échantillons élaborés, le paramètre de maille de la phase spinelle est proche 0.845(0) nm quel que soit le temps de traitement. Contrairement aux mélanges obtenus avec le fer, le paramètre de maille de la phase spinelle n'évolue pas. Sa valeur est intermédiaire entre les valeurs théoriques du ferrite de manganèse (0.8499 nm) et du ferrite de zinc (0.8441 nm).

323

La morphologie des raies de diffraction nous a conduit à ne pas donner d'estimation de taille des cristallites par la méthode de Langford. En effet, les raies de diffraction présentent les mêmes morphologies que lors de l'étude mettant en jeu uniquement le fer et il semble que deux types de cristaux de phase spinelle soient présents pour les temps de traitement supérieurs à deux minutes (raies sont larges au pied et fines au dessus).

3.2.2) Microscopie électronique à transmission

La **figure D.II.6** présente des objets sans forme particulière correspondant aux phases métalliques associées à des cristallites de spinelle se présentant sous forme de plaquettes losangiques de taille allant de 50 à 200 nm. Contrairement à l'étude avec le fer seul, les phases métalliques et spinelle sont facilement mises en évidence grâce à la microsonde puisque la phase métallique ne contient que du fer métallique et la phase spinelle les éléments fer, manganèse et zinc.

Le zinc est bien présent dans la structure spinelle puisqu'il est détecté par microsonde. On note que les cristaux de phase spinelle sont de deux types pour dix minutes de traitement (**figure D.II.6**), des petits cristaux d'une dizaine de nanomètres et des cristaux losangiques de tailles comprises entre 50 et 200 nm. Ces cristaux semblent correspondre aux deux types de phases spinelles mises en évidence lors de l'étude avec le fer seul et confirment les remarques faites précédemment concernant les profils des raies de diffraction pour les temps de traitement supérieurs à deux minutes.

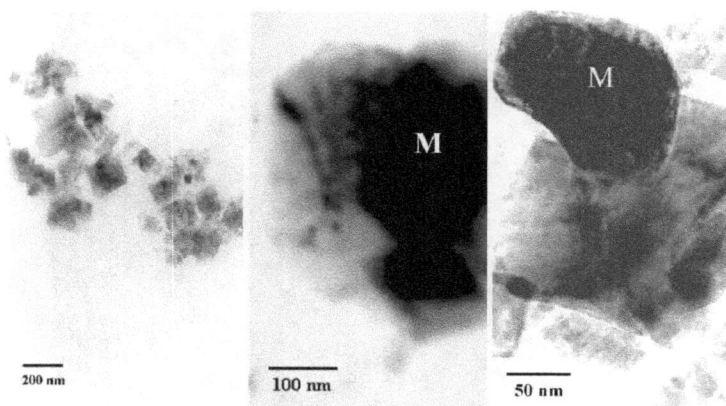

Figure D.III.6 : Clichés obtenus par microscopie électronique à transmission pour $[Fe^{2+}]$ = 0.2 M, $[Mn^{2+}]$ = 0.025 M, $[Zn^{2+}]$ = 0.025 M et $[EtO^-]$ = 1 M traité 10 minutes. M correspond à la partie métallique. Les autres cristaux correspondent à la phase spinelle

Par microscopie électronique en transmission, en sélectionnant l'unique tache présente correspondant au fer métallique sur un diagramme de diffraction, il a été possible d'obtenir une image en champ sombre (**figure D.II.7**). Les parties claires correspondent au fer métallique.

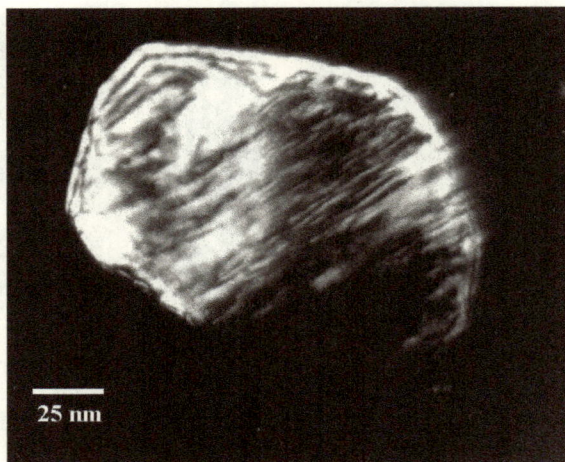

Figure D.II.7 : Micrographie en champ sombre d'une particule. Les parties claires correspondent à la phase métallique de maille cubique centrée

3.2.3) Mesures magnétiques

Le cycle d'hystérésis présenté **figure D.II.8** est caractéristique des propriétés magnétiques de nos échantillons. On peut noter une saturation très rapide des cycles pour des champs assez faibles, l'aimantation est donc très facile à exploiter. L'aimantation à saturation augmente de 50 à 88 uem.g^{-1} de 10 secondes à 10 minutes de traitement. tandis que le champ coercitif évolue de 50 à 80 Oe. Ces valeurs obtenues ne peuvent être comparées à celles obtenues sur d'autres échantillons puisque ce type d'échantillon n'a encore jamais été obtenu en synthèse conventionnelle, à notre connaissance.

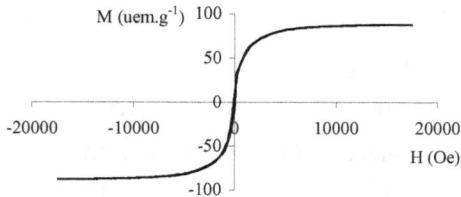

Figure D.II.8 : Cycle d'hystérésis enregistré à température ambiante sur un
échantillon préparé avec $[Fe^{2+}] = 0.2$ M, $[Mn^{2+}] = 0.025$ M, $[Zn^{2+}] = 0.025$
M et $[EtO^-] = 1$ M traité 10 minutes

Contrairement à la chimie conventionnelle [3], il est possible d'obtenir des
mélanges fer métallique/ferrite de manganèse zinc sous microondes avec des
teneurs en manganèse et en zinc représentatives et de l'ordre de grandeur de
celles utilisées dans les ferrites de manganèse zinc fabriqués pour des
applications industrielles dans l'industrie.

En conclusion, Ces résultats expérimentaux montrent que les
conditions opératoires que nous avons définies permettent d'élaborer des
solides constitués de phase métallique et/ou intermétallique et d'oxyde mixte
de fer dopé au cobalt, nickel, manganèse et zinc. Il est donc possible de
contrôler les étapes d'hydrolyse et condensation d'ions métalliques a priori
incompatibles en solution aqueuses. Le caractère non oxydant de l'éthanol
limite l'oxydation des phases métalliques et/ou intermétalliques.

Bibliographie

[1] T. Caillot, Dosage des matières premières et du ferrite par fluorescence X, Compte rendu de stage, Thomson Passive Components : Beaune, 1997.

[2] C. Rath, K. K. Sahu, S. Anand, S. K. Date, N. C. Mishra et R. P. Das, Preparation and characterization of nanosize Mn-Zn ferrite, J. Mag. Mag. Mat., 202, p77, 1999.

[3] G. Pourroy, Fe or Co-Fe alloy/manganèse ferrite composites, J. All. Comp., 278, p264, 1998.

Conclusion générale et perspectives

Conclusion générale et perspectives

1) Nos résultats

1.1) Un protocole de synthèse original

Notre objectif principal était d'élaborer par synthèse flash microondes des oxydes mixtes associés éventuellement à des métaux. Le défi était de proposer des conditions opératoires microondes originales pour amorcer thermiquement en solution un processus de condensation inorganique associant les valences 0, II et III de l'élément fer au sein d'un oxyde mixte associé à une phase métallique. Soucieux de ne pas limiter l'éventuelle transposition industrielle de ce protocole, nous nous sommes imposé des contraintes supplémentaires. Ces contraintes confèrent une relative rusticité à nos conditions opératoires pour permettre une mise en œuvre relativement facile.

Nous avons montré que les conditions pH-métriques de précipitation en solution aqueuse des valences II et III du fer sont incompatibles. En milieu acide, aucune condensation des espèces n'est observée alors que des traces d'ions hydroxydes provoquent une condensation instantanée conduisant à la précipitation d'oxyhydroxydes ferriques. En solution aqueuse, il n'existe donc pas d'alternative entre un précurseur inerte à la condensation (milieu acide) et un précipité instable vis à vis de l'oxydation (milieu basique). Les processus de condensation des ions ferreux dans l'eau, associés à une oxydation, sont instantanés et ne permettent pas, en conséquence, de préserver l'état d'oxydation de l'ion ferreux. Il était donc

330

impossible d'associer en solution aqueuse les deux valences du fer dans un processus de condensation inorganique contrôlée.

Afin de s'affranchir totalement des limites des processus de thermohydrolyse en solution aqueuse, nous avons défini des conditions opératoires originales mettant en œuvre des solutions éthanoliques de chlorure ferreux additionnées d'éthanoate de sodium. D'après la littérature, de telles conditions opératoires n'avaient encore jamais été testées aussi bien en chauffage conventionnel que sous microondes.

Les conditions opératoires utilisant l'éthanol et l'ethanoate de sodium permettent de s'affranchir des fortes teneurs en base (G. Pourroy [1]) et de l'utilisation des glycols (F. Fievet [2]). Ce nouveau protocole de synthèse microondes nous a permis d'élaborer des solides métal/oxydes mixtes substitués associant d'autres éléments à l'élément fer.

1.2) L'élaboration de solides fer métallique/phase spinelle

Nos résultats ont permis de définir un domaine de concentrations en ion ferreux (0.2 M < $[Fe^{2+}]$ < 0.4 M) et éthanoate ($[EtO^-]$ > 0.4 M) répondant aux objectifs visés de l'étude qui étaient l'élaboration de mélanges fer métallique/oxyde mixte.

Une phase métallique (paramètre de maille 0.2866(4) nm) et deux phases spinelles I et II (paramètres de maille 0.838(0) et 0.839(6) nm) sont obtenues et aucune phase parasite n'est détectée. La taille des cristallites de fer métallique dépend principalement de la concentration en ions ferreux de départ.

L'évolution en fonction du temps de traitement révèle un changement de comportement pour les temps de traitement supérieurs à deux minutes. Avant deux minutes, il y a formation d'une phase métallique associée à une phase spinelle I de stœchiométrie intermédiaire entre la maghémite et la magnétite (a = 0.838(0) nm) présentant des tailles moyennes de grains d'une dizaine de nanomètres. Après deux minutes, la proportion de phase métallique et l'aimantation à saturation diminuent alors que de nouveaux cristallites en forme de losanges de taille moyenne proche de 100 nm et de stœchiométrie proche de la magnétite apparaissent (spinelle II).

1.3) Le mécanisme proposé

La présence de fer métallique atteste d'un processus de dismutation. Pour les temps de traitement inférieurs à deux minutes, l'avancement de ce processus de dismutation est corrélé à la durée de traitement puisque la teneur en fer augmente proportionnellement à cette dernière. Un mélange réactionnel n'ayant pas subi de traitement microondes conduit exclusivement à la phase spinelle par un processus d'oxydation. Il y a donc compétition entre un processus d'oxydation à température ambiante conduisant à la phase spinelle seule et un processus de dismutation activé thermiquement conduisant à des mélanges phase spinelle/fer métallique.

Le processus d'oxydation se déroule naturellement à température ambiante et conduit à l'obtention d'une phase spinelle I de stœchiométrie intermédiaire entre la maghémite et la magnétite. Nous proposons l'équation bilan suivante qui suppose une oxydation partielle préliminaire au processus de condensation :

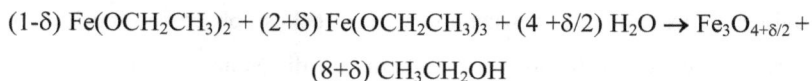

$$(1-\delta)\ Fe(OCH_2CH_3)_2 + (2+\delta)\ Fe(OCH_2CH_3)_3 + (4+\delta/2)\ H_2O \rightarrow Fe_3O_{4+\delta/2} + (8+\delta)\ CH_3CH_2OH$$

L'équation bilan générale du processus de dismutation est la suivante :

$$3\ Fe(OCH_2CH_3)_2 \rightarrow 2\ Fe(OCH_2CH_3)_3 + Fe^0$$

La coexistence en solution d'éthanoates ferreux et ferrique conduit obligatoirement par les étapes d'hydrolyse et condensation à la précipitation de la phase spinelle I. L'équation bilan générale est la suivante :

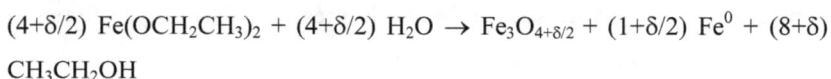

$$(4+\delta/2)\ Fe(OCH_2CH_3)_2 + (4+\delta/2)\ H_2O \rightarrow Fe_3O_{4+\delta/2} + (1+\delta/2)\ Fe^0 + (8+\delta)\ CH_3CH_2OH$$

le chemin réactionnel qui conduit à la phase spinelle I à partir des éthanoates ferreux et ferriques est identique dans les deux processus d'oxydation ou de dismutation.

Après deux minutes de traitement, l'oxydation d'une partie du fer métallique permet de fournir des ions ferreux qui assurent la croissance des nanoparticules de spinelle II, plus gros et plus riches en ions ferreux que les nanoparticules de spinelle I.

1.4) Pertinence de notre protocole opératoire

L'étude avec l'hydroxyde de sodium en solution éthanolique met en évidence les mêmes constatations que celles observées en solution éthanolique avec l'éthanoate de sodium. La différence essentielle est une vitesse de réaction beaucoup plus importante puisque une proportion importante de cristaux de spinelle II est mise en évidence dès deux minutes de traitement. Ces résultats confirment l'interprétation proposée pour les mélanges éthanol/éthanoate puisque dans ces conditions opératoires, la forte teneur en ions hydroxydes de la solution conduit à la précipitation d'hydroxyde ferreux dont l'hydrolyse est instantanée. Cette étude montre que le choix de l'éthanoate de sodium lors de la mise en œuvre de notre protocole opératoire, a permis de s'affranchir de la présence d'hydroxyde ferreux et ainsi de diminuer la vitesse d'hydrolyse.

Contrairement aux études dans l'alcool, l'étude en solution aqueuse n'a pas permis d'obtenir de mélanges fer métallique/phase spinelle. Cette constatation justifie l'utilisation de l'éthanol comme solvant contrairement aux protocoles décrits dans la littérature.

1.5) Comparaison avec les échantillons de références préparés par chimie douce

Les poudres brutes de phase spinelle obtenues par chimie douce et sous chauffage microondes présentent les mêmes caractéristiques en ce qui concerne la stœchiométrie en oxygène et la taille des grains. Dans les deux cas, un traitement thermique sous pression d'oxygène contrôlée est nécessaire afin d'obtenir des poudres parfaitement "propres" et de stœchiométrie en oxygène voulue. Ces traitements thermiques sous pression d'oxygène contrôlée ont été utilisés notamment pour obtenir de la maghémite stœchiométrique de taille contrôlée.

1.6) L'élaboration de mélanges phase métallique/ferrites substitués

Le second objectif de notre travail était d'élaborer des oxydes mixtes associant plusieurs éléments avec plusieurs valences et plus particulièrement des oxydes mixtes de fer substitués au cobalt, nickel, manganèse et zinc associé à une phase métallique. Nos premiers résultats montrent que le protocole que nous avons défini permet d'élaborer des solides associant une phase métallique à des oxydes mixtes :

♣ intermétallique fer-cobalt/ferrite de cobalt,

♣ intermétallique fer-nickel/ferrite de nickel,

♣ fer métallique/ferrite de manganèse,

♣ fer métallique/ferrite de manganèse zinc.

Les caractérisations de ces échantillons se sont limitées à la reconnaissance de phase par diffraction des rayons X, à l'analyse morphologique par microscopie électronique à transmission et à l'enregistrement de quelques cycles d'hystérésis.

2) Perspectives

2.1) Avons nous préparé des nanocomposites ?

Dans l'ensemble du mémoire, nous n'avons jamais utilisé les mots-clés composites ou nanocomposites. La présence de fer métallique a été montrée de façon évidente par diffraction des rayons X, spectrométrie Mössbauer et sur les clichés de diffraction en microscopie électronique à transmission.

L'analyse sommaire par diffraction des rayons X (méthode de Scherrer) montrerait que les particules métalliques présentent une taille moyenne proche de 100 nm. Toutefois, l'observation par microscopie électronique à transmission de la zone à partir de laquelle un cliché de diffraction montrant de façon évidente la présence de fer métallique a été enregistré, ne révèle que des particules de petite taille (environ 20 nm). Comment concilier ce résultat avec la stabilité temporelle du fer métallique en dépit des conditions d'isolement (lavage à l'eau) et de stockage (oxygène de l'air)? Rappelons ici qu'un échantillon vieux d'une année et stocké à l'air révèle toujours, par diffraction des rayons X, la présence de fer métallique.

L'explication plausible, qui nécessite d'être prouvée dans le cadre de la continuité de ce travail, pourrait être la présence de nanocomposites associant fer métallique et phase spinelle au sein du même grain. La phase spinelle protègerait le métal. Compte tenu des tailles de grains observées, la seule solution imaginable est l'existence de clusters de fer métallique au sein d'un grain de ferrite.

2.2) Continuité de ces travaux

Nos résultats ont prouvé la capacité de nos conditions opératoires à élaborer des ferrites substitués. Le contrôle du taux de substitution parait envisageable à partir des solutions initiales en précurseurs.

L'étude de composés substitués dérivant de la structure pérovskite est envisageable dans la continuité de cette étude. Nos conditions opératoires semblent pouvoir répondre à ce nouvel objectif, particulièrement pour les oxydes mixtes associant des ions alcalins à des métaux de transition.

2.3) Réacteur flux continu

Le système RAMO est un réacteur de type batch dont le volume utile est limité actuellement à 20 cm^3. Compte tenu de la rusticité de notre protocole opératoire, on peut facilement imaginer la transposition de nos conditions de synthèse batch en conditions de synthèse flux continu permettant l'élaboration en grande quantité des mélanges de nanoparticules métalliques et d'oxyde.

Bibliographie

[1] S. Läkamp, Composites métal / spinelle à base de fer et de cobalt : les paramètres de la synthèse et leur influence sur les propriétés physiques, thèse de doctorat, Université Louis Pasteur : Strasbourg I, 1996.

[2] G. Viau, Nucleation and growth of bimetallic CoNi and FeNi monodisperse particles prepared in polyols, Thèse de doctorat, Université de Paris7-Denis Diderot, 1995.

Annexes

Annexe I : Les mesures de surface spécifique

Les isothermes d'adsorption sont enregistrés à l'aide d'un sorbtomètre de type Autosorb Quantachrome par adsorption de molécules d'azote. La surface spécifique des poudres est déduite de ces isothermes à l'aide de l'équation B.E.T généralisée en utilisant un programme d'affinement de l'isotherme basé sur la méthode des moindres carrés.

Lorsque les particules sont supposées sphériques, monodisperses et lisses, on déduit leur diamètre à partir de la mesure de surface spécifique grâce à l'équation :

$$\phi(\text{nm}) = \frac{6000}{\mu * S}$$

μ : masse volumique (g.cm^{-3})
S : surface spécifique (m^2.g^{-1})

L'erreur commise sur les diamètres de grains est de l'ordre de 5 pour cents.

Annexe II : La diffraction des rayons X et l'analyse microstructurale

1) Appareillage et enregistrement des diagrammes de diffraction

1.1) Montage expérimental

L'originalité du D 5000 Siemens développé dans l'équipe " Matériaux à grains fins" du LRRS est l'utilisation d'un faisceau parfaitement monochromatique de longueur d'onde $\lambda = 0.1392$ nm (K_β du cuivre) grâce à un monochromateur arrière en graphite. Ce système présenté **figure I.1** permet, de plus, d'éliminer les problèmes liés à la fluorescence des poudres analysées.

Les lois de Bragg et de focalisation doivent être respectées :

♣ La loi de Bragg afin d'obtenir un faisceau parfaitement monochromatique tel que :

$$2d\sin\theta = n\lambda$$

d : distance interréticulaire

θ : angle de bragg

λ : longueur d'onde

n : un entier

♣ La loi de focalisation afin d'optimiser l'intensité du faisceau et donc, d'augmenter la résolution tel que:

$$\rho = 2R\sin\theta$$

2R : rayon de courbure du cristal

R : rayon du cercle de focalisation

ρ : distance entre le point de focalisation

et le cristal

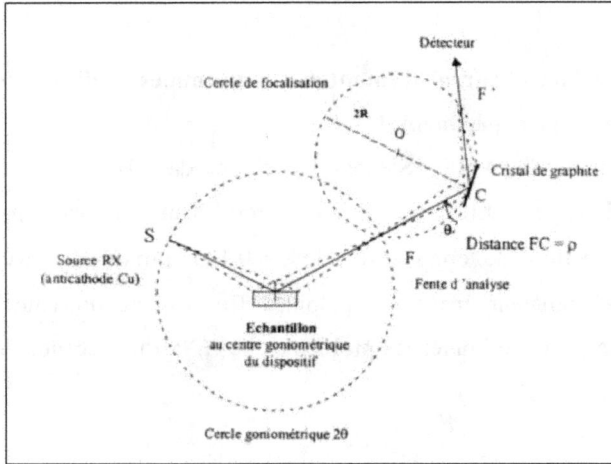

Figure I.1 : Montage schématique du D5000 Siemens utilisé [1]

Le système retenu de type θ-2θ (**figure I.1**) permet un ajustement parfait de ces deux lois.

1.2) Optimisation des conditions d'enregistrement

5 paramètres sont ajustables :

♣ l'ouverture de la fente anti-divergente avant l'échantillon,

♣ l'ouverture de la fente anti-divergente après l'échantillon,

En général, les conditions utilisées sont des fentes anti-divergentes de 1 mm, ces fentes permettent d'avoir une intensité importante en limitant suffisamment les divergences du faisceau.

♣ le temps de comptage par pas,

Ce paramètre n'est limité que par le temps disponible. Il est généralement compris entre 50 et 100 secondes pour les poudres que nous caractérisons.

♣ l'ouverture de la fente d'analyse,

♣ le pas d'enregistrement.

Des études précédentes [1-2] ont montré que l'ouverture de la fente d'analyse et le pas d'enregistrement doivent être égaux afin d'accéder au maximum d'informations sur les raies de diffraction. En général, une fente d'analyse de 0.05 mm (0.014° 2θ) est associée à un pas de 0.014°.

Cependant, lorsque l'on s'intéresse à des poudres composées de grains nanométriques, les raies deviennent larges et moins intenses. Dans ce cas, le pas peut être augmenté tout en gardant le même nombre de points par raie de diffraction. Ainsi, l'ouverture de la fente d'analyse qui est augmentée elle aussi, permet d'obtenir des intensités plus élevées. C'est pourquoi il vaut mieux travailler dans ce cas en doublant le pas (0.028° 2θ) et la fente d'analyse (0.1 mm (0.028° 2θ).

2) Analyse microstructurale

2.1) Les paramètres définissant les raies de diffraction

La **figure II.2** décris les paramètres définissant une raie de diffraction :

♣ La position : $2\theta_0$ qui est reliée au paramètre de maille. Ce paramètre dépend de la composition moyenne du volume diffractant ainsi que de son état mécanique,

♣ l'intensité : elle peut être exprimée de deux façons : l'intensité maximale I_{max} ou l'intensité intégrale : $I = \int I(2\theta)d(\theta)$. Elle dépend des positions atomiques et donc des plans diffractant,

♣ la largeur à mi hauteur : $\omega = 2\theta_2 - 2\theta_1$ et la largeur intégrale : $\beta = \int I(2\theta)d(2\theta) / I_{max}$ qui dépendent de la résolution instrumentale ainsi que de la microstructure de l'échantillon,

♣ le facteur de forme : $\phi = \omega / \beta$ qui dépend de la nature des raies :

$\phi < 0.6366$: la raie est de type Lorentzienne,

$0.6366 < \phi < 0.9394$: La raie est de type Voigt,

$\phi > 0.9394$: la raie est de type Gaussienne.

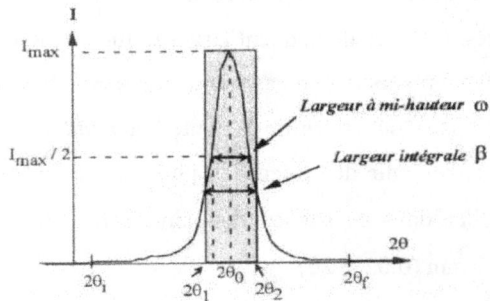

Figure II.2 : Les paramètres définissant les raies de diffraction [3]

Les paramètres définissant les raies de diffraction ont été déterminés en utilisant le programme de fit "profile" contenu dans le logiciel Socabim PC

344

DIFFRACT AT mis à disposition par Siemens. Les raies sont reconstituée grâce à des combinaisons de fonctions mathématiques prédéfinies.

2.2) Les méthodes de détermination du paramètre de maille

Le paramètre de maille est calculé grâce aux positions des raies de diffraction déterminées lors de la recherche des paramètres définissant ces raies.

De nombreux logiciels sont ensuite disponibles. L'intérêt de s'intéresser à plusieurs logiciels n'utilisant pas les mêmes méthodes de calcul, réside dans la capacité à comparer les résultats et ainsi de limiter les divergences de ceux-ci. Ces divergences ont lieu principalement lorsque l'on prend en compte le décalage de zéro.

Nous avons utilisé les quatre logiciels suivants :
♣ chid5

Il s'agit d'un programme d'affinement développé au laboratoire à partir de l'algorithme de Levenberg et Marquardt basé sur la méthode des moindres carrés. Pour plus de précision sur cette méthode, se reporter aux Numerical Recipes[*] [4]. Cet algorithme a été complété afin de pouvoir prendre en compte un décentrage et/ou un décalage de zéro éventuels. Le risque principal de ce programme réside dans le fait que les valeurs absolues de décentrages et décalages de zéro ne sont pas limitées et peuvent devenir aberrantes physiquement.

---

[*] http://www.nr.com

♣ Celref

Celref [5] est lui aussi un programme d'affinement basé sur la méthode des moindres carrés non linéaire. Les positions de raies peuvent être déterminées par le programme ou bien acquises à partir de fichiers provenant d'autres logiciels. Les raies observées sont figurées sur un diagramme de barres verticales, auquel on peut juxtaposer le diagramme calculé à partir des paramètres de départ. L'utilisateur peut ainsi choisir les raies sur lesquelles va s'effectuer l'affinement : si le diagramme observé provient d'un mélange de phases ou bien si certains groupes de raies sont difficiles à indexer, l'affinement pourra s'opérer au départ sur des raies non ambiguës, puis après affinement et simulation du diagramme recalculé, l'utilisateur choisira d'autres raies pour lesquelles l'ambiguïté a été levée et relancera l'affinement. De proche en proche, l'affinement converge sans risque d'erreur d'indexation.

♣ Unitcell

Dans ce programme d'affinement, Holland et Redfern [6] ont ajouté à la régression basée sur les moindres carrés, un système d'algorithmes de minimisation qui permettent de prendre en compte les observations sur chaque paramètre. Ces algorithmes sont nombreux et sont utilisés durant la régression. Ils permettent de fournir une information fiable sur l'influence de chaque paramètre sur le résultat de la régression et sur l'estimation des paramètres.

♣ Lapod

Ce programme, mis au point par J. I. Langford [7], utilise les affinements par les moindres carrés associé à la méthode de Cohen. Grâce à un test statistique, cette version peut détecter les erreurs systématiques les plus importantes et les corriger automatiquement (décalage de zéro, déplacement de l'échantillon...). Cependant, il peut aussi utiliser des corrections manuelles données par l'utilisateur.

2.3) Les causes d'élargissement des raies de diffraction

Les causes d'élargissement des raies de diffraction sont de trois types comme le montre la **figure II.3** : un effet propre à l'appareillage (élargissement instrumental) et deux effets propres au matériau :

♣ des effets de microdistorsions du réseau

Cet élargissement est dû à la présence de défauts (Défauts ponctuels, plans de macle, dislocations, fautes d'empilement,...) qui impliquent des variations de distances interréticulaires

♣ des effets de taille des grains monocristallins

Cet élargissement provient du fait que les cristaux ont des dimensions finies. Ainsi, la triple périodicité du réseau n'est plus respectée et la distribution en intensité s'élargit,

L'élargissement expérimental h est donc la convolution des différentes sources d'élargissement tel que :

$$h_{\text{expérimentale}} = f_{\text{taille}} * f_{\text{microdistorsions}} * g_{\text{instrument}}$$

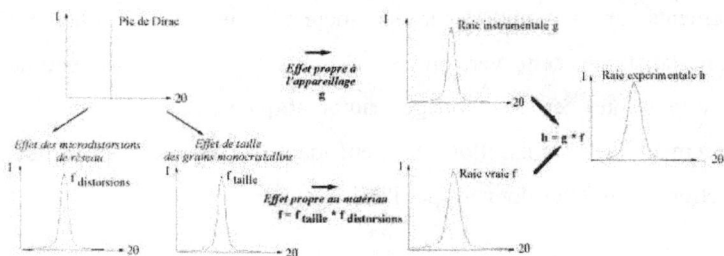

Figure II.3 : Représentation schématique des différentes contributions à l'élargissement d'une raie de diffraction [3]

2.4) Les méthodes de déconvolution

La largeur intégrale déterminée précédemment doit être décomposée. La figure II.4 montre un pseudo-algorithme de la démarche utilisée pour déterminer la microstructure à partir de la largeur intégrale mesurée.

Tout d'abord, la contribution de l'instrument est retirée grâce à la courbe de résolution de l'appareil dont l'une est présentée **figure II.5**. Cette courbe est enregistrée périodiquement sur des gros grains de BaF_2 exempts de microdistorsions. Ce type d'échantillon permet de s'affranchir des élargissements dû à l'échantillon et ainsi d'obtenir l'élargissement propre à l'instrument.

Cette contribution est retirée en utilisant une simple différence pour les profils de raie Lorentziens selon :

348

$$\beta_{VRAI} = \beta_{EXP} - \beta_{INST}$$

et Gaussiens :

$$\beta_{VRAI} = \sqrt{\beta_{EXP}^2 - \beta_{INST}^2}$$

et par l'approximation de Wagner [8] pour les profils de type Voigt :

$$\beta_{VRAI} = \sqrt{\beta_{EXP}^2 - \beta_{EXP}\beta_{INST}}$$

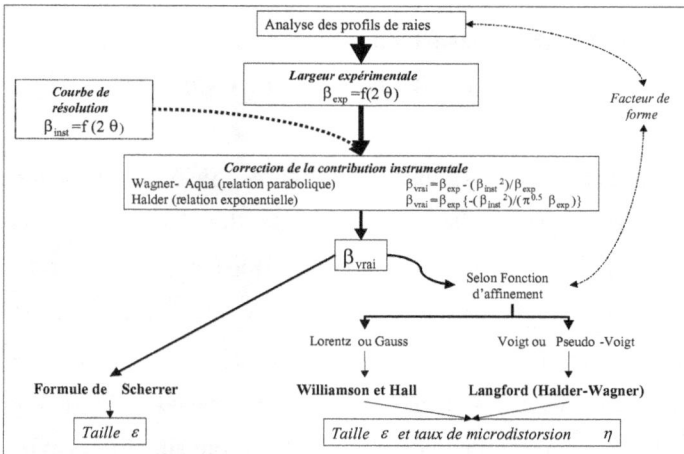

Figure II.4 : Pseudo-algorithme de la démarche utilisée pour déterminer la microstructure à partir de la largeur intégrale mesurée [9]

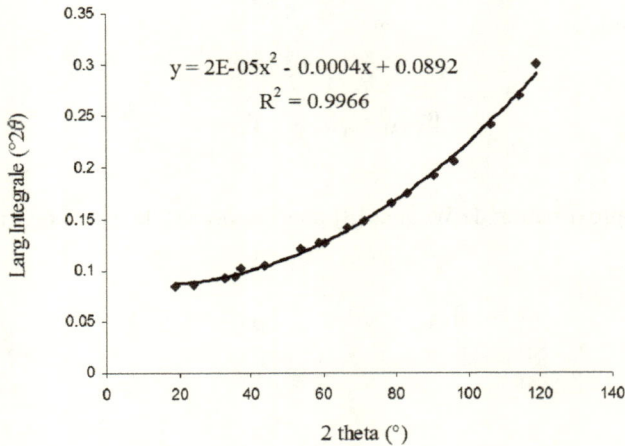

Figure II.5 : Courbe de résolution instrumentale déterminée sur un standard de BaF_2 pour le D5000 Siemens ($\lambda = 0.13922$ nm)

La contribution de l'instrument étant retirée, plusieurs méthodes peuvent être appliquées pour déterminer la taille des domaines cohérents de diffraction ainsi que le taux de microdistorsions. La méthode la plus rigoureuse est celle proposée par B. E. Warren et B. L. Averbach [10-11] qui consiste à utiliser les transformées de Fourier. Cependant, les calculs nécessaires, lourds et fastidieux, rendent cette méthode difficile à mettre en œuvre. Les méthodes utilisées ici (**figure II.4**) sont simplifiées et permettent de remonter directement à la microstructure à partir des largeurs intégrales.

Dans toute la suite, ε représentera la taille des domaines cohérents de diffraction et η la taux de microdistorsions du réseau.

♣ La méthode de Scherrer

$$\varepsilon = 0.9 \frac{\lambda}{\beta_{\text{VRAI}} \cos \theta}$$

Cette méthode permet de déterminer la taille des domaines cohérents de diffraction en ne tenant pas compte des effets de microdistorsions. Cette méthode est donc à utiliser prudemment.

♣ La méthode de Williamson et Hall

Cette méthode est applicable pour les profils de type lorentziens ou gaussiens. Les équations présentées ici sont valables pour des profils de type lorentziens. Pour retrouver ces équations dans le cas de profils Gaussiens, il suffit d'élever tous les termes au carré. Dans ce cas, la largeur intégrale vraie peut se décomposer sous la forme d'une somme directe :

$\beta_{\text{vrai}} = \beta_t + \beta_d$ β_t : largeur intégrale associée aux effets de dimensions

β_d : largeur intégrale associée aux effets de distorsions

β_t est lié à la dimension apparente moyenne ε des cristallites perpendiculairement à la famille de plans (hkl). Ces deux valeurs sont reliées grâce à la relation obtenue à partir de la différentiation de la loi de Bragg [3] :

$$\beta_t \approx \frac{\lambda}{\varepsilon \cos \theta}$$

351

β_d est lié au taux moyen apparent de microdistorsions du réseau κ perpendiculairement à la famille de plans (hkl). La relation qui relie ces deux valeurs est obtenue à partir de la dérivée de la loi de Bragg qui conduit à la relation suivante [3]:

$$\beta_d \approx 2\eta \tan \theta$$

La somme de ces deux contributions conduit à la relation de Williamson et Hall [12]:

$$\beta^*_{VRAI} = \beta_{VRAI} \frac{\cos\theta}{\lambda} = \frac{1}{\varepsilon} + 2\eta \frac{\sin\theta}{\lambda} = \frac{1}{\varepsilon} + \eta d^*$$

ε et η sont déterminés en traçant β^*_{vrai} en fonction de d^* pour différentes raies de diffraction harmoniques. Les ordonnées à l'origine conduisent aux inverses des tailles des domaines cohérents de diffraction perpendiculairement aux différentes familles de plans (hkl) et les pentes conduisent aux taux de distorsions du réseau perpendiculairement aux différentes familles de plans (hkl). Si les grains sont quasi sphériques, tous les points s'alignent et les paramètres sont identiques dans toutes les directions cristallines. Dans ce cas, la taille des domaines cohérents de diffraction peut être reliée à la taille réelle des cristallites ($4/3\varepsilon$) et le taux de défauts dans la structure est égal à η /5. Les incertitudes découlent du coefficient de régression linéaire de la droite.

♣ La méthode de Langford

Cette méthode est applicable pour les profils de type Voigt, c'est à dire résultants d'une convolution d'une Gaussienne et d'une Lorentzienne et pour les profils de type pseudo-Voigt, c'est à dire résultants d'une combinaison linéaire de ces mêmes fonctions. Dans ce cas, la largeur intégrale ne peut plus se décomposer en une somme directe. La formule utilisée pour cette déconvolution est celle proposée par N. C. Halder et C. N. J. Wagner [12-13]:

$$\beta_{VRAI}^2 = \beta_L \beta_{VRAI} + \beta_G^2 \qquad \beta_L : \text{largeur intégrale lorentzienne}$$

$$\beta_G : \text{largeur intégrale gaussienne}$$

La détermination de la taille des domaines cohérents de diffraction et du taux de distorsions du réseau perpendiculairement aux différentes familles de plans (hkl) sont déterminés grâce à la relation proposée par J.I. Langford :

$$\left(\frac{\beta_{VRAI}^*}{d^*}\right)^2 = \frac{1}{\varepsilon}\left(\frac{\beta_{VRAI}^*}{d^{*2}}\right) + \left(\frac{\eta}{2}\right)^2$$

A partir de cette équation, le diagramme d'Halder-Wagner ((β^*_{vrai} / d^*)^2 = f(β^*_{vrai} / d^{*2}) est tracé pour différentes familles de plans réticulaires harmoniques. Comme pour la méthode de Williamson et Hall, η et ε sont déduits des pentes et des l'ordonnées à l'origines. Si les grains sont quasi sphériques, tous les points s'alignent, les paramètres sont identiques dans toutes les directions cristallines et les paramètres réels sont obtenus de la même façon que dans la méthode de Williamson et Hall.

Rigoureusement, l'utilisation de la méthode de Langford est réservée aux profils de type Voigt ou pseudo-Voigt. Cependant, la pseudo-Voigt étant une combinaison linéaire d'une gaussienne et d'une lorentzienne, il est envisageable sans grandes erreurs d'utiliser cette méthode pour les profils de raie purement gaussiens ou lorentziens.

2.5) La détermination de la composition des poudres

Afin de remonter aux proportions de chaque phase dans les poudres contenant une phase métallique et une phase de type spinelle, la méthode de Rietveld [14] a été utilisée par l'intermédiaire du programme XND mis au point par J. F. Berar [15-16]. Il s'agit, en prenant en compte tous les paramètres physiques influençant l'intensité diffractée, de recalculer le diffractogramme complet tel que :

$$Y_{CAL,i} = X \sum_{hkl} I_{hkl} \Phi(2\theta_i - 2\theta_{hkl}) + Y_{fond,i}$$

$Y_{CAL,i}$: intensité calculée à la position i

$Y_{fond,\, i}$: valeur du bruit de fond à la position i

Φ : fonction de profil de raie

X : facteur multiplicatif

I_{hkl} : intensité de la raie

Cela permet d'éviter certaines erreurs commises lors d'un fit raie par raie où le bruit de fond, en particulier entre les raies, n'est pas pris en compte. Puis la différence entre le profil réel et le profil calculé est minimisée par la méthode standard des moindres carrés tel que :

$$S = \sum_i W_i (Y_{EXP,i} - Y_{CAL,i})^2$$

$Y_{EXP,i}$: intensité observée à la position i

W_i : Poids associé à l'intensité observée à la position i (2θ) : $Y_{EXP,i}$

Les indicateurs de la qualité de l'affinement sont les suivants :

♣ Les facteurs résiduels sur le profil R_p et R_{wp} qui doivent rester voisins et faibles (De 3 à 10%). Ces valeurs doivent rejoindre le facteur espéré R_{exp} qui correspond à la limite attendue pour les fluctuations purement statistiques du modèle,

♣ Le GoF ("Goodness of fit") qui est le rapport du facteur résiduel à l'espéré, sa limite attendue vaut 1,

♣ Le R. Bragg qui représente l'accord entre les intensités observées et calculées. Il doit être le plus faible possible.

Grâce à cet affinement, les paramètres des raies de diffraction sont déterminés. Ils peuvent donc être utilisés comme précédemment pour confirmer les valeurs définissant la microstructure. Les paramètres de maille sont, quant à eux , donné directement par le logiciel, ce qui permet de les comparer également aux valeurs trouvées par les méthodes dites classiques. De plus, cet affinement donne les facteurs d'échelle correspondant à chaque phase cristalline. Ainsi, il est possible, grâce à ces facteurs d'échelle, de remonter aux proportions de chaque phase dans les poudres à conditions que toutes les phases présentent soient prises en compte.

L'intensité corrigée pour chaque phase est calculée selon l'équation :

$$I_{cor} = \frac{32\pi^2 Scale\mu V_C^{\,2}}{180 r_e^2 \lambda^3 A\Omega}$$

Scale : facteur d'échelle r_e : grandeur caractéristique de l'électron

μ : coefficient d'absorption   A : efficacité du détecteur

V_c : volume de la maille considérée Ω : angle d'ouverture du détecteur

Il suffit ensuite de faire le rapport entre les intensités corrigées des deux phases pour obtenir la rapport molaire entre les deux phases. Par exemple, si l'on est en présence de deux phases x et y, on a :

$$\frac{I_x}{I_y} = \frac{Scale_x \mu_x V_x^2}{Scale_y \mu_y V_y^2}$$

Il est ensuite facile, à partir de ce rapport de remonter aux proportions molaires de chaque phase.

Les coefficients d'absorption sont déterminés grâce aux tables. Ils sont donnés généralement pour chaque élément en μ/ρ (ρ est la densité de l'atome). Il suffit donc de calculer le coefficient d'absorption de chaque phase tel que :

$$\mu = \frac{\sum n_i M_i \left(\dfrac{\mu}{\rho}\right)_i}{\sum n_i M_i} \times \rho$$

356

n_i : nombre d'atomes de type i

M_i : masse molaire de l'atome i

ρ : densité de la phase concernée

Bibliographie

[1] F. Charlot, Etude et compréhension des réactions auto-entretenues activées mécaniquement. Elaboration du composé FeAl nanostructuré, Thèse de doctorat, Université de Franche-comté : Dijon,1999.

[2] F. Urbaniak, Mise en œuvre de la technique d'affinement structural dite de "Rietveld" au seuil d'absorption des cations. Application à la caractérisation d'une distribution cationique dans un oxyde mixte de structure spinelle, DEA de chimie physique, Université de Bourgogne : Dijon.

[3] C. Valot, Diffraction des rayons X et microstructure en domaines ferroélectriques : cas de $BaTiO_3$, Thèse de doctorat, Université de Bourgogne : Dijon, 1996.

[4] Numerical Recipes in C : The art of scientific computing, Nonlinear models, Cambridge University Press, 15.5, p681, 1988-1992.

[5] J. Laugier et A. Filhol, programme Celref d'affinement des paramètres de maille, du décalage de zéro et de la longueur d'onde par la méthode des moindres carrés non linéaires, 1978.

[6] T. J. B. Holland et S; A.T Redfern, Unit cell refinement from powder diffraction data : the use of regression diagnostics, Mineralogical Magazine, 61, p65, 1997.

[7] J. I. Langford, The accuracy of cell dimensions determined by Cohen's method of least squares and the systematic indexing of powder data, J. Appl. Cryst., 6, p190, 1973.

[8] N. C. Halder et C. N. J. Wagner, Analysis of the broadening of powder pattern peaks using variance, integral breath and fourier coefficients of the line profile, Acta Cryst., 20, p91, 1966.

[9] C. Gras, Réactivité et thermodynamique dans le procédé MASHS (Mechanically Activated Self-propagating High Temperature Synthesis). Application aux systèmes Mo-Si et Fe-Si, Thèse de doctorat, Université de Bourgogne : Dijon, 2000.

[10] B. E. Warren et B. L. Averbach, The effect of cold-work distorsion on X-Ray patterns, J. Appl. Phys., 21, p595, 1950.

[11] A. Nonat, Etude de l'évolution des caractéristiques morphologiques et cristallographiques de solides minéraux soumis au broyage : (i) en l'absence de réaction mécanochimique (ii) dans le cas d'une décomposition mécanique, Thèse de doctorat, Université de Bourgogne : Dijon, 1981.

[12] G. K. K. Williamson et W. H. Hall, X-ray line broadening from filed aluminium and wolfram, Acta Metal., 1, p22, 1953.

[13] J.I. Langford, The use of the Voigt function in determining microstructural properties from diffraction data by means of pattern decomposition, Accuracy in Powder Diffraction II, E. Prince, J. K. Stalick eds, Nist Spec. Publ., Gaithersburg, 846, p110, 1992.

[14] H. M. Rietveld, A profile refinement method for nuclear and magnetic structure, J. Appl. Cryst., 2, p65, 1963.

[15] J. F. Bérar et G. Baldinozzi, XND code : from X-ray laboratory data to incommensurately modulated phases. Rietveld modelling of complex materials, IUCR-CPD Newsletter, 20, p3, 1998.

[16] J. Lorimier, Problématique des valences mixtes dans les ferrites nanométriques : possibilités offertes par la diffraction résonnante des rayons X, Thèse de doctorat, Université de Bourgogne : Dijon, 2001.

Annexe III : La microscopie électronique à transmission

1) Principe

L'intérêt d'un microscope est de fournir une image réelle agrandie de l'objet à observer à l'aide d'un objectif (lentille convergente à courte distance focale) et d'un oculaire. Les microscopes optiques sont limités dans leur résolution R car elle dépend entre autre de la longueur d'onde selon la relation :

$$R = \frac{0.61\lambda}{n\sin\alpha}$$

λ : longueur d'onde du rayonnement utilisé

α : angle d'ouverture de la lentille

n : indice de réfraction du milieu

Un faisceau d'électrons permet d'obtenir une résolution beaucoup plus petite car sa longueur d'onde est beaucoup plus faible que celle d'un faisceau de lumière. En pratique, la résolution peut être jusqu'à mille fois plus petite.

La **figure III.1** présente les composants d'un microscope électronique à transmission. Un vide poussé est effectué dans tout le tube du microscope. L'émission des électrons est produite par chauffage d'un filament de tungstène ou d'un cristal d'hexaborure de lanthane. Ces électrons sont accélérés à la vitesse voulue dans le canon à électrons. Des lentilles condenseurs magnétiques constituées d'une bobine et d'un noyau de fer focalisent le faisceau d'électrons et un diaphragme, dont on peut choisir le diamètre, détermine l'intensité du faisceau. Pratiquement, l'objet doit être de très petite épaisseur (10 à 100 nm) afin d'être le plus possible transparent aux électrons. L'objectif reconstitue alors une image intermédiaire de l'objet en combinant les faisceaux diffractés et transmis par l'échantillon. Le diaphragme objectif est placé dans le pan focal arrière de la lentille objectif et permet de choisir les groupes d'électrons qui vont contribuer à la formation de l'image finale. Les lentilles permettent d'agrandir jusqu'à 10^6 fois l'objet ou son image de diffraction. La dernière lentille (projecteur) projette les électrons sur un écran phosphorescent ou sur une plaque photographique ou sur une caméra.

Les observations peuvent être complétées par la microanalyse X qui permet une analyse élémentaire, qualitative et quantitative des éléments en présence grâce à l'analyse des rayons X caractéristiques émis. On distingue deux types d'analyseurs :

♣ les spectromètres à dispersion en longueur d'onde qui font un tri séquentiel en longueur d'onde selon la loi de Bragg,

♣ les spectromètres à dispersion en énergie où une diode classe les photons X en fonction de leur énergie.

361

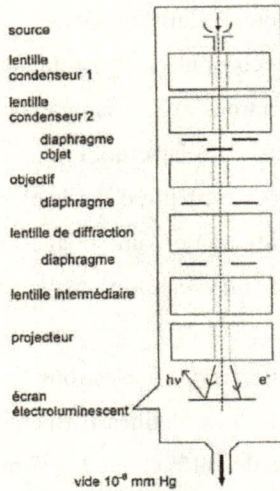

source

lentille
condenseur 1

lentille
condenseur 2

diaphragme
objet

objectif

diaphragme

lentille de diffraction

diaphragme

lentille intermédiaire

projecteur

hν   e⁻

écran
électroluminescent

vide 10⁻⁸ mm Hg

Figure III.1 : Composants d'un microscope électronique à transmission

2) Appareillage

Le microscope utilisé est un TOPCON-002B fonctionnant à 200 kV, ce qui correspond à une résolution de 0.18 nm. Ce microscope est couplé à une microsonde X qui utilise un spectromètre à dispersion d'énergie de type KEVEX. Cet équipement a été mis à notre disposition par l'Institut de Physique et de Chimie des Matériaux de Strasbourg (I.P.C.M.S).

3) Préparation des échantillons

La poudre à analyser a généralement été déposée sur la grille après dispersion dans l'éthanol. Cependant, de meilleures analyses ont été réalisées en incluant la poudre dans une résine (EPON 812). Après passage à l'étuve,

362

le solide obtenu est découpé en lamelles de 60 à 90 nm grâce à un ultramicrotone équipé d'un couteau en diamant. Ce sont ces lamelles qui sont ensuite déposées sur la grille. Les grilles utilisées dans les deux cas sont en cuivre recouvertes de carbone.

Annexe IV : L'analyse thermogravimétrique

1) Principe

L'analyse thermogravimétrique consiste à suivre la variation de masse d'une poudre en fonction de la température. Cette méthode nécessite de nombreuses précautions, en particulier un contrôle parfait de l'atmosphère de traitement. En effet, si les gaz environnants contiennent des impuretés, celles-ci vont venir se déposer sur l'échantillon et donc fausser les résultats. De plus, pour une bonne reproductibilité, l'atmosphère gazeuse doit toujours être exactement la même.

Par ailleurs, la poudre à traiter doit être la plus pure possible car les impuretés éventuelles peuvent subir des réactions chimiques ou s'évaporer et ainsi venir perturber la variation de masse. Les vitesses de montée en température doivent être assez lentes afin de découpler les différents phénomènes successifs. Dans ce cas, il est plus commode de tracer la courbe dérivée de la courbe de prise de masse (DTG) afin de mettre en évidence les différentes variations successives susceptibles de se produire [1].

2) Appareillage

Nous avons utilisé deux thermobalances : une setaram 92 non symétrique mise à notre disposition par l'Institut de Physique et de Chimie des Matériaux de Strasbourg (IPCMS). Cet appareillage présente l'avantage d'être équipée d'un système de vide primaire permettant de dégazer les poudres plus efficacement avant traitement. La deuxième thermobalance utilisée est une SETARAM TAG24 symétrique permettant de déceler des variations de masse de 0.2 µg. L'originalité de cette balance est son association à un dispositif de régulation de la pression d'oxygène entièrement informatisé [2] présenté **figure IV.1**.

Ce dispositif utilise les mélanges gazeux $N_2/H_2/H_2O$ car ils permettent d'obtenir des pressions partielles d'oxygène très faibles d'une part, et d'autre part car la cinétique d'établissement de l'équilibre est suffisante aux températures de traitement utilisées (200°C à 500°C). Deux voies (oxydation et réduction) permettent de faire circuler des mélanges gazeux contrôlés par des débitmètres et des électrovannes. Ce dispositif, entièrement informatisé, permet ainsi de déterminer les conditions (T, pO_2) conduisant à la bonne stœchiométrie grâce au suivi par thermogravimétrie. Ensuite, ces conditions sont reproduites dans un four de préparation pour synthétiser de plus grandes quantités de poudre.

Afin d'éliminer en grande partie les problèmes liés à la diffusion de l'oxygène dans la poudre et les problèmes d'homogénéisation en température dans la masse du réactif, très peu de poudre (environ 15 mg) est utilisée et répartie en une très fine couche au fond d'une nacelle en platine. Ainsi, tous les grains sont soumis aux mêmes conditions de température et pression et réagissent de la même façon.

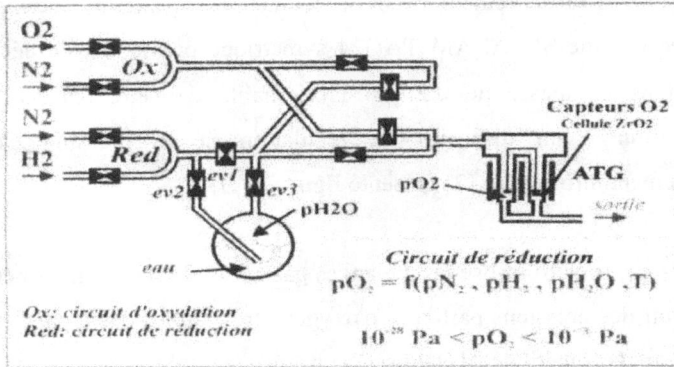

Figure IV.1 : Schéma du dispositif de régulation de la pression partielle d'oxygène [1]

Dans un premier temps, les poudres ont subis un traitement de 24 heures sous azote (Setaram TAG24) ou sous vide primaire (Setaram 92) à température ambiante afin d'éliminer d'éventuels résidus d'alcool et / ou de dioxyde de carbone adsorbés à la surface. Ce traitement permet, de plus, de stabiliser la balance. La montée linéaire en température (2°C par minute) est ensuite appliquée jusqu'à 800°C sous air reconstitué, c'est à dire exempt de vapeur d'eau.

3) Détermination de la relation entre la teneur en fer et la prise de masse

L'équation d'oxydation simultanée de x moles de fer métallique et d'une mole de magnétite s'écrit :

$$xFe + Fe_3O_4 + (\frac{1+3x}{4})O_2 \rightarrow (\frac{3+x}{2})Fe_2O_3$$

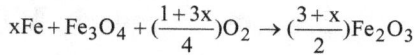

La prise de masse globale lors de l'oxydation m s'écrit :

$$m = \frac{m_{O_2}}{m_{départ}} = \frac{n_{O_2}M_{O_2}}{n_{Fe}M_{Fe} + n_{Fe_3O_4}M_{Fe_3O_4}}$$

$$\text{avec } n_{O_2} = \frac{1+3x}{4} \qquad n_{Fe} = x \qquad n_{Fe_3O_4} = 1$$

On obtient alors facilement :

$$x = \frac{232m - 8}{24 - 56m}$$

Bibliographie

[1] V. Nivoix, Spinelles nanométriques à valence mixte et à fort taux de lacunes cationiques : Transferts électroniques dans un ferrite de molybdène $Fe_{2,47}Mo_{0,53}O_4$. De la synthèse aux propriétés magnétiques dans le système fer-vanadium $Fe_{3-X}V_XO_4$ (0≤X≤2), Thèse de doctorat, Université de Bourgogne : Dijon,1997.

[2] D. Aymes, N. Millot, V. Nivoix, P. Perriat and B. Gillot, Experimental set up for determining the temperature-oxygen partial pressure conditions during synthesis of spinel oxide nanoparticles, Solid State Ionics, 101-103, p261, 1997.

Annexe V : La spectrométrie Mössbauer

1) Principe

La spectrométrie Mössbauer est basée sur l'émission et l'absorption résonante de photons gamma sans recul par les noyaux de certains atomes [1]. Elle a été découverte en 1958 par le prix Nobel de physique 1961, R. L. Mössbauer [2-3]. Elle apporte, entre autres, une contribution essentielle pour l'étude des effets de la taille des particules sur les écarts à l'ordre magnétique et structural [4] et sur la dynamique des moments mise en évidence par une évolution du profil des raies avec la période de relaxation [5].

Son principe est d'étudier la structure du niveau fondamental et du premier niveau excité au travers des transitions induites entre eux par un rayonnement électromagnétique. Grâce à la largeur naturelle de raie du rayonnement gamma, l'effet Mössbauer permet l'étude entre les noyaux et les électrons aussi bien du point de vue statique que dynamique [5]. L'effet Mössbauer est observable sur des échantillons solides dans la gamme d'énergie de quelques keV à 100 keV. Il est réservé à quelques dizaines de noyaux lourds de la classification périodique. Les plus utilisés sont ^{57}Fe, ^{119}Sn, ^{121}Sb, ^{125}Eu.

La dénomination sans recul signifie que la perte d'énergie par dissipation dans le réseau cristallin lors de l'émission gamma est nulle. Il s'agit du phénomène d'émission résonnante des rayons gamma sans recul des noyaux, observé pour une certaine proportion f de noyaux de certains atomes. Si les vibrations du réseau sont décrites à l'aide d'un modèle harmonique, la proportion f, appelée facteur de Lamb-Mössbauer s'écrit :

$$f = e^{(-k^2 <x^2>)} = e^{\dfrac{-4\pi<x^2>}{\lambda^2}}$$

λ : longueur d'onde du rayonnement γ,

$<x>^2$: déplacement quadratique moyen des atomes

k : nombre d'onde

Le facteur f, directement lié à $<x^2>$, dépend de la rigidité du réseau [6]. Ainsi, lorsque $<x^2>$ est grand (cas des liquides et des gaz), il n'y a pas d'effet Mössbauer. En revanche, dans le cas de solides possédant un réseau rigide, le facteur f est maximal. Dans le cas de petites particules, pour des tailles inférieures à un seuil critique, on observe une diminution d'absorption au sein même de la particule liée à la diminution de la cohésion structurale. De plus, les atomes de surface étant moins fortement liés que les atomes de cœur, leur capacité à contrecarrer l'absorption du rayonnement s'en trouve fortement affectée. Enfin, la faible taille de la particule provoque des changements dans les fréquences hautes et basses de coupure du spectre de phonon. Pour les particules de taille nanométrique, il en résulte une forte diminution du facteur f due aux phénomènes précédemment cités, mais aussi due au fait que l'ensemble de la particule recule sous l'effet de l'absorption du rayonnement γ du fait de sa trop faible inertie. Il est possible de définir, pour une particule isolée, une taille critique pour l'observation de l'effet

Mössbauer. La valeur du facteur f est aussi fortement dépendante du mode d'élaboration des nanoparticules ainsi que de leur conditionnement (nanograins compactés, nanoparticules précipitées dans une matrice ou immobilisées dans une résine).

La variation d'énergie des photons γ émis par la source est obtenue en déplaçant celle-ci à une vitesse relative v par rapport à l'absorbeur qui est l'échantillon. On obtient ainsi directement l'intensité après absorption en fonction de la vitesse sous la forme d'un spectre I(v) (**Figure V.1**). L'idée est d'obtenir la résonance entre la source et l'absorbeur. On utilise ainsi la modulation de l'énergie du photon incident par effet Doppler. Les interactions noyau - nuage électronique obtenues (quelques nanoélectron-volts) sont dites interactions hyperfines. Elles peuvent être de nature électrique et/ou magnétique et permettent de conclure d'une part à la valence, à la nature de la liaison chimique, de la symétrie de l'environnement de l'atome sonde, et d'autre part sur le nombre de sites de fer, sur la nature et la proportion des phases présentes, ainsi que sur les changements de phase éventuels, et le comportement magnétique.

En effet, le déplacement isomérique fournit des renseignements relatifs à la structure électronique tel que l'état de valence, la coordinence, la covalence. L'effet quadripolaire permet d'étudier la symétrie locale des sites occupés par un atome sonde. Le champ hyperfin reflète l'environnement magnétique du moment du fer associé à l'atome sonde alors que la variation de champ hyperfin en fonction de la température traduit celle de l'aimantation puisque le champ hyperfin est quasi-proportionnel à l'aimantation, et par conséquent à la température d'ordre magnétique. L'exploitation des spectres Mössbauer nécessite un dépouillement numérique par ordinateur à l'aide de programmes adaptés.

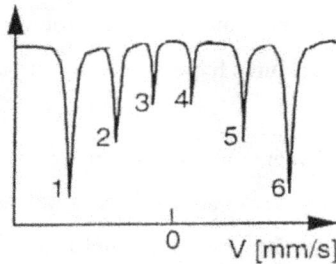

Figure V.1 : Représentation schématique d'un spectre ^{57}Fe Mössbauer magnétique.[7]

Les raies Mössbauer sont typiquement lorentziennes et fines alors que des élargissements inhomogènes conduisant à des profils non-lorentziens, peuvent être observés. Les interprétations en sont les suivantes : désordre chimique, désordre topologique ou présence de fluctuations superparamagnétiques dans le cas de nanoparticules magnétiques. Dans les deux premières situations, il est nécessaire de décrire les spectres à partir de distributions de paramètres hyperfins. La troisième situation est vérifiée par application d'un champ magnétique extérieur dont la présence tend à réduire les fluctuations d'aimantation. Différents modèles ont été proposés dans la littérature.

2) Appareillage et conditions expérimentales

Les échantillons résultent d'un mélange homogène de poudre avec du nitrure de bore (5 mg d'échantillon par cm^2) afin d'optimiser le signal de transmission (absorption Mössbauer) et de s'affranchir des effets d'orientation préférentielle. Le domaine de vitesse exploré s'étale de −10 à +10 mm.s^{-1} afin de pouvoir observer toutes les raies d'absorption correspondant à des structures hyperfines magnétiques.

Les spectres Mössbauer ^{57}Fe ont été enregistrés à 77 et 300 K dans un cryostat à bain. Les mesures sont effectuées par géométrie de transmission en utilisant un spectromètre conventionnel à accélération constante et une source au cobalt (^{57}Co) inclus dans une matrice de rhodium. Les valeurs de déplacement isomérique sont quantifiées par rapport au centre du spectre du Fer métallique α à température ambiante. Les spectres sont traités avec le programme Mosfit mis au point par J. Teillet et F. Varret (programme non publié).

Bibliographie

[1] C. Janot, L'effet Mössbauer et ses applications, Collection de Monographie de Physique, éditions Masson et Cie; Paris, 1972.

[2] R. L. Mössbauer, Z. Physik, 151, p124, 1958.

[3] R. L. Mössbauer, Naturwissenschaften, 45, p538, 1958.

[4] J. M. Grenèche, Interfaces, Surfaces and grain boundaries in nanophase materials evidenced by Mössbauer spectrometry, Mat. Sci. Forum, 307, p159, 1999.

[5] S. Morup, Mössbauer spectroscopy applied to inorganic chemistry, editions G. J. Long, Plenum Press, New York, 2, 1987.

[6] H. Guérault, Propriétés structurales et magnétiques de poudres de fluorures nanostructurés MF_3 (M = FE, Ga) obtenues par broyage mécanique, Thèse de doctorat, Université de Maine : Le Mans,2000.

[7] C. Gras, Réactivité et thermodynamique dans le procédé MASHS (Mechanically Activated Self-propagating High Temperature Synthesis). Application aux systèmes Mo-Si et Fe-Si, Thèse de doctorat, Université de Bourgogne : Dijon, 2000.

Annexe VI : Les mesures magnétiques

1) Principe

Le fer métallique de structure cubique centrée est ferromagnétique et les ferrites de structure spinelle sont ferrimagnétiques. Ils présentent tous deux un cycle d'hystérésis (**figure VI.1**) traduisant l'irréversibilité des mécanismes d'aimantation par :

- ♣ un champ coercitif Hc
- ♣ une aimantation rémanente Mr
- ♣ une aimantation à saturation Ms

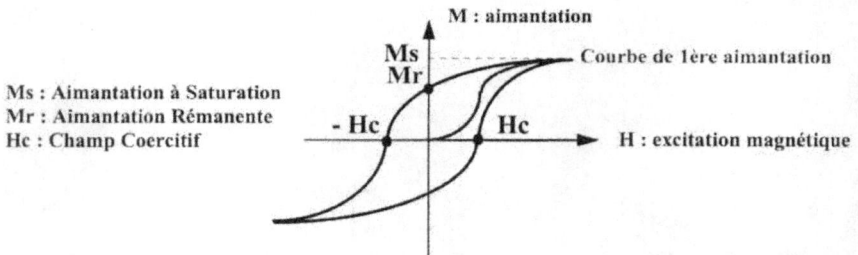

Figure VI.1 : Cycle d'hystérésis d'un composé ferro ou ferrimagnétique [1]

Les propriétés magnétiques des ferrites sont généralement décrites par la théorie du ferrimagnétisme de Néel basée sur les interactions magnétiques entre les cations placés dans les sites octaédriques et tétraédriques [2]. Un

374

composé ferrimagnétique a ses moments magnétiques opposés d'un sous réseau à l'autre. Les interactions au sein de chaque sous réseau (A-A et B-B) sont négligeables par rapport aux interactions entre ces réseaux (A-B). Le moment magnétique à saturation s'écrit donc sous la forme :

$$\mu_S = \Sigma \text{ moments des cations en sites B} - \Sigma \text{ moments des cations en sites A}$$

Lorsque la taille des particules ferro ou ferrimagnétique est supérieure à une dimension critique, les particules sont polydomaines et la variation d'aimantation procède par déplacement de parois de domaines, ce qui demande peu d'énergie et correspond à un champ coercitif faible. Pour les particules les plus fines (quelques nanomètres), les forces maintenant les spins alignés selon une direction cristallographique peuvent être inférieures aux forces dues à l'agitation thermique. Les particules sont dites superparamagnétiques : l'aimantation résultante est nulle en l'absence de champ appliqué et la coercivité disparaît. Les particules de taille intermédiaire sont quand à elle monodomaines, c'est à dire dans un état magnétique dit bloqué. L'aimantation se fait par rotation des moments magnétiques des ions et le champ coercitif est maximum.

2) Appareillage

Les cycles d'hystérésis ont été tracés pour des valeurs de champ comprises entre −18000 et +18000 Gauss et des températures comprises entre 4 et 300 K sur un magnétomètre vibrant de type Foner EG&G modèle 155 mis à notre disposition par le Groupe des Matériaux Inorganiques de l'Institut de Physique et de Chimie des Matériaux de Strasbourg (G.M.I/I.P.C.M.S). L'échantillon est placé au bout d'une tige de quartz entre deux bobines de mesure, bobinées en sens inverse, et est soumis à un champ magnétique uniforme. L'échantillon vibre dans une direction perpendiculaire au champ grâce à un système électromagnétique type membrane de haut parleur. Le signal alternatif induit dans les deux bobines de mesure est amplifié et comparé à un signal de référence de même fréquence. Son amplitude et son signe dépendent de l'aimantation et de son sens.

Bibliographie

[1] N. Guigue-Millot, Synthèse et propriétés de ferrites nanométriques : influence de la taille des grains et de la nature de la surface sur les propriétés structurales et magnétiques de ferrites de titane synthétisés par chimie douce et mécanosynthèse, thèse de doctorat, Université de Bourgogne : Dijon, 1998.

[2] L. Néel, Comptes Rendus, 239, p1613, 1954.

Annexe VII : Les mesures électriques

1) Principe

La méthode consiste à mesurer les coefficients de réflexion et de transmission de l'échantillon inséré dans la ligne aux fréquences de résonance dimensionnelles de l'échantillon (**figure VII.1**).

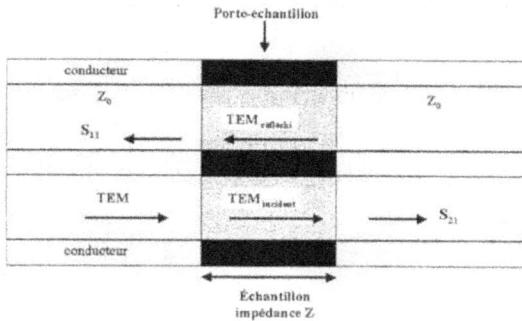

Figure VII.1 : Ligne coaxiale remplie d'un échantillon [1]

Expérimentalement, l'analyseur de réseau vectoriel permet de mesurer les paramètres S de la matrice de répartition; S_{11} correspond au coefficient de l'onde réfléchie tandis que S_{21} correspond au coefficient de l'onde transmise. Les équations qui relient ces paramètres aux coefficients de réflexion (Γ) et de transmission (T) sont les suivantes :

$$S_{11} = \frac{(1 - T^2)\Gamma}{1 - T^2\Gamma^2} \qquad \text{et} \qquad S_{21} = \frac{(1 - \Gamma^2)T}{1 - T^2\Gamma^2}$$

Dans le cas d'une ligne infinie, le coefficient de réflexion peut aussi être exprimé à partir des impédances réduites (Z) et des valeurs complexes de la permittivité diélectrique (ε_r) et de la perméabilité magnétique (μ_r) par :

$$\Gamma = \frac{Z - Z_0}{Z + Z_0} = \frac{\sqrt{\dfrac{\mu_r}{\varepsilon_r}} - 1}{\sqrt{\dfrac{\mu_r}{\varepsilon_r}} + 1}$$

Quant au coefficient de transmission, il s'exprime par :

$$T = e^{(-j(\omega c) \times \sqrt{\mu_r \varepsilon_r} \times d)}$$

ω : pulsation

c : vitesse de la lumière

d : diamètre de l'échantillon

Connaissant expérimentalement Γ et T, on détermine μ_r et ε_r.

2) Appareillage

L'échantillon à analyser est dispersé dans une résine de type époxy. La polymérisation se déroule pendant 24 heures à 25°C. Les mesures sont réalisées en ligne coaxiale sur tore usiné.

le montage expérimental est présenté **figure VII.2**. Il se compose de :

♣ D'un analyseur de réseau vectoriel Wiltron modèle 3611A commercialisé par Anritsu.

♣ De câbles avec une connectique APC7,

♣ D'une bague de montage, de façon à pouvoir insérer des échantillons de différentes épaisseurs dans la ligne. Le porte-échantillon, muni du matériau à caractériser, est inséré dans la bague sur laquelle les deux connecteurs APC7 sont fixés.

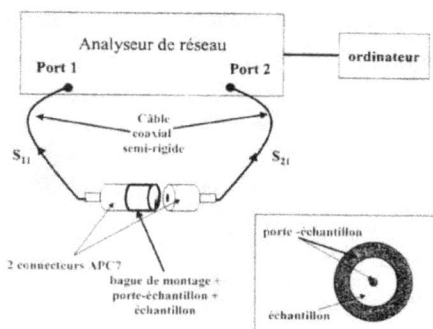

Figure VII.2 : Montage expérimental de la mesure en ligne coaxiale [1]

Le matériau à caractériser est inséré dans un tronçon de la ligne coaxiale circulaire. L'échantillon, monté sur son porte échantillon, rempli la section droite du guide et est limité par deux faces parallèles, perpendiculaires à l'axe coaxial. Une attention particulière doit être apportée au montage de l'échantillon. En effet, les formules utilisées pour cette technique ne sont valables que si le mode fondamental (TEM) se propage dans la ligne. Si l'échantillon est uniquement inséré dans la ligne, un gap d'air se forme entre l'échantillon et la ligne et les formules ne sont plus valables. Pour éviter ce problème, chaque face du porte échantillon et de l'échantillon, qui seront en contact, est métallisée avec un mélange indium gallium.

Bibliographie

[1] S. Nenez, Céramiques diélectriques commandables pour applications micro-ondes : composites à base de titanate de baryum-strontium et d'un oxyde non ferroélectrique, thèse de doctorat, Université de Bourgogne : Dijon, 2001.

Annexe VIII : Proposition du projet de recherche n° 154 (thème 11a)

MATERIAUX MAGNETIQUES DOUX NANOSTRUCTURES

*Le présent projet vise à la compréhension du **magnétisme à l'échelle nanométrique** et à **l'invention de matériaux innovants** dans le domaine du génie électrique mais aussi celui du traitement des signaux. Il s'inscrit dans une logique **intégrée** comprenant les aspects relatifs à l'élaboration, l'analyse de la microstructure et des propriétés ainsi que les applications. Il est basé sur un ensemble **interdisciplinaire et interdépartemental** d'unités propres et associées au CNRS et dont les complémentarités entreront en synergie dans l'étude de **matériaux magnétiques nanostructurés entièrement nouveaux** de type nanocomposites métal-ferrite et verres métalliques nanocristallisés .*

De nos jours, le champ d'application des matériaux magnétiques *doux* est très vaste. Il couvre le **domaine de l'électrotechnique** impliquant en général des niveaux d'excitation proches de la saturation magnétique, et par conséquent donnant lieu à des effets non linéaires importants ; les matériaux concernés sont essentiellement métalliques. Il couvre également le domaine de l'électronique impliqué par le régime linéaire ou tout au moins quasi linéaire des petits signaux ce qui, le plus souvent, nécessite de faire appel aux ferrites doux. Afin de suivre le formidable essor des technologies électriques et électroniques, tous ces matériaux ont dû et doivent s'adapter, notamment à l'augmentation des fréquences d'utilisation tout en gardant une induction à saturation relativement élevée (> 1 T).

En électronique de puissance, la diminution de la masse des composants passe par l'utilisation de matériaux pouvant travailler à des inductions élevées avec de faibles pertes dans une gamme de fréquence allant de 50 kHz à 10 MHz. Cette réduction de volume est motivée par des impératifs de **confort de l'utilisateur**, de **mobilité des équipements**, de **sauvegarde des ressources naturelles** (métaux et combustibles) et de **protection de l'environnement** (par la réduction de la consommation énergétique). EDF estime qu'en France 1TWh/an (1/400° de la production française) est consommé par le fonctionnement à vide des seuls adaptateurs de courants domestiques (230 V~/5-10 V=) de moins de 50 W. La presque totalité de cette énergie, représentant **10 millions d'Euro par an** d'achat de pétrole brut, pourrait être économisée par une mutation technologique rendue possible par l'utilisation de nouveaux matériaux magnétiques. L'extension de ces technologies innovantes à l'ensemble des matériels domestiques et industriels de moins de 10 kW aurait un **impact économique et écologique** non négligeable.

Cependant, il est important pour l'avenir de disposer de composants spécifiques avec des propriétés adaptées à une application donnée. A cet effet, les nanocristallins obtenus par dévitrification peuvent être limités en raison de leur difficulté de mise en forme. C'est pourquoi il convient de s'intéresser dès aujourd'hui à des composants qui apporteraient une innovation tant sur le plan du matériau lui-même que sur le plan des applications qu'il permettrait. Il serait notamment utile de disposer de composants magnétiques mieux adaptés à l'**intégration de puissance** et aux **microsystèmes**, c'est-à-dire des matériaux dotés d'une résistivité élevée afin de rester performants jusqu'aux fréquences élevées. Pour ce type d'application, la fabrication de composites **métal-ferrite nanostructurés** magnétiquement doux pourrait permettre la réalisation de transformateurs et inductances plans, de volume réduit. Un autre domaine d'application des ferrites doux est celui des « signaux » qui utilise les matériaux dans la zone de la perméabilité initiale pour réaliser des composants inductifs, des filtres, des antennes self-ajustables ...

Les matériaux nanocristallins obtenus après dévitrification privilégient l'induction à saturation : ils font l'objet de la partie I du projet.

Les nanocomposites métal-ferrite privilégient la résistivité électrique : ils font l'objet de la partie II du projet.

I Alliages nanocristallisés obtenus par dévitrification

Les alliages dits *Finemet* **FeCuNbBSi** possèdent des performances magnétiques (J_{sat} = 1,2 T) intéressantes pour des applications dans le domaine des hautes fréquences alors que les *Nanoperm* **FeZr(Cu)B** (J_{sat} = 1,4 -1,7 T) sont plutôt destinés au domaine des basses fréquences. Ces alliages sont **structuralement et magnétiquement biphasés** puisqu'ils sont composés de nanograins ferromagnétiques individuellement durs FeSi ou Fe dispersés de manière homogène dans une matrice amorphe résiduelle ferromagnétique douce. Ces matériaux sont opérationnels sur le plan industriel, mais ils restent des systèmes très intéressants sur le plan fondamental car ils ont des propriétés particulières liées à leur caractère biphasé et nanostructuré et parce qu'ils présentent une microstructure régulière qui se prête bien à la modélisation. Peu étudiés en France, ils ont fait l'objet de nombreux travaux au niveau international, portant notamment sur les mécanismes thermodynamiques liés à la nanocristallisation.

Les propriétés magnétiques très douces de ces matériaux sont expliquées par le modèle de l'anisotropie aléatoire : si les grains sont plus petits que l'épaisseur de paroi, l'anisotropie effective est réduite par la racine carrée du nombre de cristaux compris dans le volume d'échange. Les théories actuelles ne mettent pas suffisamment en évidence le rôle de la phase résiduelle amorphe dans la transmission d'échange, alors que c'est elle qui évite des champs démagnétisants internes qui détruiraient l'échange entre grains. Il est donc probablement important d'avoir des matériaux sans porosité magnétique pour remplir la condition nécessaire à la réduction de l'anisotropie magnétocristalline. L'étude des nanocomposites métal-ferrite pourra montrer si la coexistence des phases ferri et ferro-magnétiques permet la transmission intergranulaire d'échange et quelle est l'influence de la nanoporosité.

I.1 Objectifs de l'étude :

Concevoir de nouveaux matériaux magnétiques doux par la technique de dévitrification mieux adaptés à la HF. La recherche de nouvelles compositions et l'optimisation de leurs traitements thermiques s'appuiera sur l'expérience des différents groupes dans les domaines des Finemet et Nanoperm. Les propriétés physiques des nanocristallins ne sont pas encore bien comprises. Les paramètres importants caractéristiques des alliages nanocristallins sont d'ordre :

* microstructural (taille et forme des nanocristaux et homogénéité, la fraction cristallisée et fraction transformée),

* structural (caractérisation chimique et topologique des deux phases, existence et nature de la région interfaciale),

* magnétique (aimantation, cycles d'hystérésis, magnétostriction, températures de transition magnétique),

* mécanique (limite élastique, résistance à la rupture, comportement en traction, en flexion).

Ainsi, une meilleure compréhension fondamentale des processus d'aimantation (évolution du modèle d'anisotropie aléatoire) est nécessaire. Des efforts doivent être faits pour décrire le comportement anisotrope et hystérétique de ces matériaux. L'obtention d'une meilleure description des effets magnéto-élastiques et des comportements thermomagnétiques est également à rechercher. Par conséquent, la caractérisation de ces alliages nanocristallisés requiert le support de différentes techniques complémentaires faisant appel aux compétences variées de plusieurs laboratoires, qui seront détaillées dans la suite de ce projet.

385

I.2 Elaboration des nouveaux alliages

Comme nous l'avons montré, les matériaux magnétiques doux doivent évoluer vers des applications à plus haute fréquence ce qui implique une augmentation de la résistivité des alliages. On peut distinguer deux types d'applications à la conversion statique à haute fréquence.

- de type transformateur (alimentation « forward ») : la perméabilité doit être élevée afin d'obtenir un forte induction avec un courant magnétisant minimal. Les nanocristallins existant se voient limités à environ 50 kHz (à faible niveau de champ), fréquence à laquelle l'épaisseur de peau égale celle du ruban ;
- de type stockage magnétique (alimentations « fly-back », inductances de lissage) : il faut une perméabilité effective faible (de l'ordre de 100) afin d'optimiser la densité d'énergie stockée. Dans ce cas, les composants à entrefer réparti fabriqué à partir de Finemet broyé (20-500 µm) sont les plus efficaces bien qu'étant limités à environ 5 MHz [1].

Une augmentation de 120 à 250 µΩ.cm dans la résistivité des alliages nanocristallins permettrait d'augmenter de 40% la fréquence de travail et de diminuer le volume d'autant.

Récemment, les japonais ont mis au point une nouvelle famille d'alliages amorphes à forte résistivité. Les différents alliages de type $(Fe,Co,Ni)_{62}Nb_8B_{30}$ présentent d'excellentes propriétés fréquentielles grâce à la résistivité qui atteint 230 µΩ.cm [2].

Il convient donc d'étudier dans quelle mesure des verres métalliques comprenant 30% de bore peuvent voir leurs propriétés améliorées par la nanocristallisation contrôlée. On s'intéressera à deux familles d'alliages à forte résistivité : une qui favorise la résistivité et l'autre la stabilité thermique. Les types d'alliages qui seront étudiés et les **propriétés attendues** sont résumées dans le tableau ci-dessous.

composition	Polarisation à saturation	point de Curie phase amorphe	point de Curie phase cristalline	résistivité	phase
$Fe_{60}B_{30}Si$ NbCu	1 T	200° C	600° C	250 µΩcm	αFeSi
$Fe_{30}Co_{30}B_{30}$ VNbCu	1.5 T	400° C	980/ 1150° C*	150 µΩcm	αFeCo

* transformation α–γ (la phase γ étant para)/point de Curie virtuel de la phase α

I.3. Caractérisation de la microstructure et mécanismes de cristallisation : la caractérisation des paramètres microstructuraux reste encore délicate. Par exemple, l'évaluation de la fraction cristallisée est aujourd'hui incertaine. Aussi, on se propose d'affiner la mesure, d'une part, par le croisement de différentes techniques complémentaires : diffraction de rayons X, microscopie (MET et AFM), sonde tomographique, spectrométrie Mössbauer et mesures calorimétriques et magnétiques et, d'autre part, par un savoir-faire et un approfondissement du traitement des données.

La sonde atomique tomographique (SAT) qui est basée sur l'émission par effet de champ et la spectrométrie de masse à temps de vol, permet la reconstruction 3D du petit volume analysé, atome par atome. Ainsi on peut accéder localement au profil de concentration quantitatif des différents éléments chimiques à l'échelle du plan atomique, en particulier aux interfaces et en déduire la composition des différentes phases [3].

La spectrométrie Mössbauer apportera des informations quant aux processus de cristallisation (germination et croissance de grains) et à la nature des interactions magnétiques. Une cartographie hyperfine de ces matériaux sera établie en fonction de la température et en fonction de la fraction cristalline. En effet, la spectrométrie Mössbauer du Fe^{57} permet de préciser la nature de la phase cristalline, de quantifier les atomes de Fe appartenant à la matrice d'une part et aux grains d'autre part, et dans le cas des alliages contenant des grains de **Fe** bcc, de mettre en évidence une zone interfaciale entre grains et matrice qui joue un rôle important dans le transfert des interactions grains-grains et grains-matrice [4, 5].

I.4 Etudes et modélisation du comportement thermomagnétique des nanocristallins

La modélisation des interactions magnétiques est une priorité actuelle que nous proposons de développer. Un modèle développé au LESiR décrit la courbe de l'aimantation à saturation en fonction de la température en tenant compte de la fluctuation d'échange dans la phase amorphe et du champ d'échange interphase. Le modèle devra s'affiner pour mieux décrire le comportement des phases amorphes. Une large validation sera apportée, notamment en corrélant les mesures thermomagnétiques et les études Mössbauer en température qui permettent de suivre les évolutions de chacun des comportements magnétiques. Il faudra s'attacher à définir l'influence de la fraction cristallisée sur l'échange (densité et taille de grains) et sur les températures de transition magnétique (de Curie, ferro-superparamagnétique...). De plus, des études Mössbauer sous champ magnétique intense nous ont récemment permis de mettre en évidence un comportement de type verre de spin à l'interface [6, 7].

I.5 Simulation des propriétés magnétiques des interfaces

Nous proposons de simuler numériquement le comportement magnétique des alliages nanocristallins en fonction de la fraction cristalline. En effet, nous disposons d'un grand nombre de données expérimentales dont l'analyse a contribué de manière significative à la compréhension qualitative des processus d'interactions. Récemment nous avons adapté un algorithme au traitement d'objets magnétiques nanométriques.

La taille des objets dont on veut comprendre le magnétisme étant très inférieure à la taille d'un monodomaine magnétique, nous ne pouvons utiliser les outils du micromagnétisme. Les simulations de type recuit-simulé s'avèrent aujourd'hui un outil permettant de jouer un rôle décisif quant à la modélisation des propriétés magnétiques sur des systèmes modèles et à leur prédiction sur de nouveaux systèmes, aussi bien pour des nanoparticules ferromagnétiques, antiferromagnétiques, ferrimagnétiques que pour des alliages nanocristallins ferromagnétiques.

Il est envisageable de simuler le comportement magnétique d'un système de 10^6 spins confinés au sein d'un réseau dont la structure est modulable. Un tel échantillonnage rend compte d'objets réels, tels des particules de diamètre compris entre 3 et 10 nm. La souplesse de l'algorithme nous permet de traiter le cas d'une particule isolée, immergée dans un champ magnétique moyen, et/ou en interaction avec une autre particule. Cette première approche doit permettre de corréler la structure magnétique de cœur et celle de la surface (caractérisée par une brisure de symétrie) avec l'épaisseur de la couche superficielle, en fonction des différents paramètres structuraux et magnétiques. Ces *paramètres structuraux* sont : la taille, la forme, la distance entre particules et les *paramètres magnétiques* sont : les termes d'échange intra-grain, d'échange intra-phase intergranulaire, d'échange grain-phase intergranulaire, les termes d'anisotropie de volume, les effets dipolaires et thermiques, la nature du champ caractéristique de la phase intergranulaire et éventuellement d'un champ magnétique extérieur et enfin l'anisotropie de surface et d'interface.

II Composites à base de nanopoudres magnétiques

En complément des nanocristallins dont il est question dans la partie I, on se propose d'élaborer des matériaux à base de ferrites, plus faciles à mettre en forme. Par ailleurs, du fait de leur résistivité très élevée, ils sont avantageusement utilisés dès que la fréquence de l'excitation magnétique devient importante. Cependant, ils se trouvent souvent limités à cause de leur faible induction, de leur perméabilité modeste et de leur manque de stabilité thermique. Aussi, souvent, le choix du matériau pour une application donnée, implique-t-il un compromis entre des propriétés magnétiques très moyennes et une tenue en fréquence juste acceptable. Concernant les applications liées à des circuits électroniques, il est important de pouvoir disposer de matériaux offrant à la fois une induction à saturation plus élevée ($\approx 0,8$ T) que celle des ferrites traditionnelles et une gamme de fréquences d'utilisation pouvant aller jusqu'à 10 MHz.

II. 1 Objectifs de l'étude

Nous nous proposons d'élaborer et de caractériser des composites métal-ferrite nanostructurés capables d'être utilisés en " électronique de puissance " ou en " signaux ". Quatre méthodes d'élaboration complémentaires seront utilisées. Elles permettront d'obtenir une large palette de compositions et de microstructures. Les composites visés sont des composites à base de **Fe**, d'alliages **Fe-Co**, **Fe-Ni**, **Fe-Cr** et des phases spinelles, magnétite, **ferrite Ni-Zn** ou **Mn-Zn**. La formule générale peut s'écrire $(M^0_x Fe^0_{1-x})_a$ $[M'_y Fe_{3-y}O_4]_{1-a}$ avec **M = Ni, Co, Cr** et **M' = Mn, Co, Zn**. Les compositions obtenues dépendront en premier lieu des potentiels rédox de chacun des éléments. Nous ferons varier la composition de la phase nanocristalline pour contrôler l'anisotropie et celle de la phase ferrite pour contrôler la résistivité.

Il convient de noter que cette partie du projet est pour une grande part exploratoire puisque, à notre connaissance, soit les types de matériaux proposés sont originaux, soit les procédés d'élaboration retenus seront utilisés pour la première fois pour obtenir des matériaux magnétiques nanostructurés. C'est dire toute l'importance qu'il conviendra de donner, d'abord, à leur élaboration.

Il est très difficile de prévoir leurs propriétés car les composites et les composites nanostructurés en particulier ont des propriétés qui ne s'expliquent pas par des lois de mélanges mais qui découlent de couplages complexes entre les différentes phases dans lesquels les interfaces jouent probablement un rôle fondamental mais encore obscur. A titre d'exemple, outre l'anisotropie aléatoire, des études sur les cermets nanocristallins ont montré qu'une faible proportion de métal (10% de fer) peut profondément modifier les propriétés de transport de l'alumine et en particulier, inverser le signe du coefficient de résistivité thermique ce qui serait très intéressant dans le cas des nanocomposites **fer-spinelle**.

Pour une grande part, l'étude des propriétés de ces matériaux s'appuiera notamment sur l'expérience acquise dans le domaine du nanomagnétisme biphasé, à partir des amorphes dévitrifiés.

II. 2 Elaboration des composites nanostructurés

Les quatre méthodes d'élaboration suivantes seront utilisées :

II.2.1 Par voie liquide : la dismutation de $Fe(OH)_2$ en milieu liquide conduit au composite Fe^0/Fe_3O_4. La précipitation simultanée d'hydroxydes de $Co(II)$ ou $Ni(II)$ permet d'obtenir des composites métal -ferrite de formule générale $(M^0_x Fe^0_{1-x})_a [M_y Fe_{3-y} O_4]_{1-a}$ avec M = Co, Ni [8]. Les particules contenant à la fois la phase oxyde et la phase métallique ont des tailles qui peuvent être comprises entre 0,1 et 2 µm selon les conditions de préparation. Les grains de la phase métallique ont des tailles comprises entre 10 nm et 150 nm et sont imbriqués dans la phase spinelle. De plus, bien que les tailles soient faibles, ces matériaux sont protégés de l'oxydation et sont facilement manipulables à l'air. La méthode sera optimisée de manière à obtenir des composites $Fe^0_a [Mn_y Fe_{3-y} O_4]_{1-a}$ et $(Co^0_x Fe^0_{1-x})_a [Mn_y Co_z Fe_{3-y-z} O_4]_{1-a}$ avec une valeur de **a** la plus proche possible de 0.5. Cette méthode sera ensuite étendue à des composés au chrome. Il s'agira d'obtenir en présence d'ions $Fe(II)$, un composite dont la partie métallique sera soit **Fe**, soit un alliage **Fe-Co** et la partie oxyde un **ferrite de chrome**.

Des systèmes plus simples tels que **Co/CoO**, **Ni/NiO** seront élaborés par précipitation d'hydroxide ou d'oxyde autour de particules métalliques.

II.2.2 Par mélange de poudres : les poudres nanocristallines fer, de cobalt, de nickel et leurs alliages peuvent être fabriquées directement par fusion en milieu cryogénique (brevet CECM). Cette méthode à l'avantage d'être très productive (200 g de poudre par heure pour un réacteur expérimental) sachant qu'elle permet la production continue et que les nanopoudres de fer sont vendues dans le commerce à peu près au prix de l'or !

A l'heure actuelle des nanopoudres de fer ont été fabriquées pour l'exécution de ce programme. Les poudres sont sphériques et ont une granulométrie assez dispersée avec un diamètre moyen de 30 nm [9]. Elles sont passivées grâce à la formation d'une couche d'oxyde de Fe dont la proportion moyenne a été évaluée 14% par spectrométrie Mössbauer. Des essais de compaction ont été menés et ont donné lieu aux premières mesures magnétiques. Il apparaît que la perméabilité est très faible (25) ce qui correspond à la susceptibilité rotationnelle. L'échange entre grains paraît donc bloqué par l'oxyde de surface qui semble être une phase magnétiquement dure (type magnétite). De plus la couche d'oxyde ne semble pas assurer l'isolement entre grains (la fréquence de coupure due aux courants de Foucault est de 30 kHz au lieu de 1 GHz en théorie).

Ces travaux préliminaires montre donc la nécessité d'introduire une phase douce et isolante. Les poudres nanocristallines de ferrite sont en cours de fabrication par broyage. Pour que la fonction d'isolation et de transmission d'échange par l'interface ferrite soit réalisé, il faut que les particules de ferrite enrobent les particules de fer et donc qu'elles soient plus petites. Cette séparation a été réalisée sur un mélange cobalt alumine nanocristallins au CECM grâce à un mixage énergique (en broyeur). *A priori*, cela devrait être plus simple dans le cas présent car les forces de cohésion fer-fer sont du même ordre que les forces fer-ferrite (les forces magnétiques dominent les forces de Van der Walls)

II.2.3 Par mécanosynthèse de mélanges réactifs : les synthèses sont réalisées directement dans un broyeur haute énergie et permettent d'obtenir des poudres **nanométriques de granulométrie contrôlée**. Il s'agit en partant d'un mélange réactif d'oxydes et de métal, d'obtenir les composites précédents [10]. Un travail préliminaire a montré que le broyage du mélange fer métal - oxyde de cuivre conduit à un composite Cu^0-Fe_3O_4 ou Fe_2O_3. Compte tenu des réactions d'oxydo-réduction possibles, le broyage d'un mélange de fer métal et d'oxyde de cobalt ou de nickel devrait conduire à des composites de formule générale $(M^0_x Fe^0_{1-x})_a$ $[M_y Fe_{3-y}O_4]_{1-a}$ avec M = Co, Ni. Leur microstructure et en particulier la répartition des phases métal et oxyde sera comparée à celle des composites obtenus par voie liquide ou mélange.

Les composites fer métal/ ferrite de **Mn-Zn** ne peuvent pas être obtenus en milieu liquide car l'hydroxyde de zinc se redissout en milieu basique. Nous les synthétiserons par deux voies différentes:
* par mécanosynthèse directe de mélanges d'oxydes (de **Zn**, **Mn**, **Fe**), puis dispersion dans une matrice de fer par broyage/ mélange
* par mécanosynthèse réactive de mélanges de poudres métalliques (**Zn**, **Mn**, éventuellement **Fe** et des oxydes de fer).

II.2.4 Par synthèse flash par micro ondes : la conception et le développement à Dijon d'un réacteur autoclave micro onde a permis de prouver l'intérêt de ce nouveau mode d'élaboration de **poudres nanométriques**. En effet, le chauffage micro onde résulte de la conversion thermique *in situ* de l'énergie électromagnétique. Ce caractère volumique du chauffage micro onde associé aux mouvements de convection induits permet d'assurer un chauffage volumique homogène des liquides réactifs. Le réacteur permet de travailler sous pression (12 Bars) avec des vitesses de chauffage comprises entre $5°Cs^{-1}$ et $15°Cs^{-1}$ [11].

On peut donc par ce moyen de chauffage volumique contrôler par **thermohydrolyse** la naissance d'une nouvelle phase solide à partir d'une solution. L'induction à grande vitesse et dans tout le volume de la naissance de la nouvelle phase permet de **découpler germination et croissance** assurant ainsi le contrôle de la distribution en taille des nanoparticules produites. Cette méthode de synthèse plus récente que les autres sera d'abord développée pour les compositions les plus simples.

II.3 Caractérisation des matériaux élaborés

Les composites seront caractérisés par diffraction de RX, MET, MEB, AFM et spectroscopie Mössbauer. Les cycles d'hystérésis seront mesurés avec un magnétomètre Foner et un Squid de 4,2K à 300K et un magnétomètre susceptomètre de 300K à 800K. La comparaison entre les cycles d'hystérésis des composites et des ferrites ainsi que l'effet de la présence d'une couche d'oxyde sur des nanograins métalliques pourront permettre la mise en évidence d'un couplage métal-oxyde. Les propriétés magnétiques en régime dynamique seront étudiées :

* en grands signaux (cycle d'hystérésis), en fonction de la fréquence (0-500 kHz) et de la température (77-1000 K),

* en petits signaux (perméabilité complexe), jusqu'à 400 MHz.

Prenant en compte la composition et les paramètres de l'élaboration, elle sera suivie d'essais de traction afin de suivre l'évolution de la tenue mécanique.

On se propose également d'étudier la thermohydrolyse d'une part de solution de **Fe**(II) conduisant par dismutation au Fer métal, magnétite, maghémite, et d'autre part de solution de **Fe**(II) et/ou **Co**(II), **Ni**(II), **Mn**(II) afin d'obtenir des composites de tailles nanométriques. Une attention particulière sera accordée aux mesures magnétiques en raison de l'environnement électromagnétique dans lequel sont faites les synthèses.

III Complémentarité des équipes : la répartition des tâches entre les partenaires du projet

III.1 Elaboration :

III.1.1 Rubans amorphes : *Centre d'Etude de Chimie Métallurgique de Vitry (CECM) UPR 2801 (Y. Champion) et Laboratoire de Physique de la Matière Condensée (LPMC) UMR5830-CNRS, Toulouse (J. Degauque).* Les rubans de composition courantes seront fournis par les fabricants. Des alliages à forte résistivité seront élaborés de manière à pouvoir contrôler la nanocristallisation de phases à faible anisotropie dans une matrice amorphe à forte résistivité.

III.1.2 Poudres et nanocomposites : *Centre d'Etude de Chimie Métallurgique de Vitry (CECM) UPR 2801 (D. Michel, Y. Champion).* Les nanopoudres de fer et de ferrite seront respectivement fabriquées par fusion en milieu cryogénique et par broyage. La composition des deux phases variera de manière à contrôler les propriétés des composites. Celle de la phase métallique permettra d'ajuster l'induction à saturation et l'anisotropie, celle de la phase ferrite réglera la résistivité. La granulométrie sera également un paramètre important dans le contrôle des propriétés magnétiques.

III.1.3 Synthèse en milieu liquide de nanocomposites métal-spinelle : *Institut de Physique et Chimie de Strasbourg (IPCMS) UMR046 (G. Pourroy).* En précipitant un mélange d'hydroxyde de **Fe**(II) et **Mn**(II), nous obtiendrons un composite $Fe^0_a [Mn_y Fe_{3-y}O_4]_{1-a}$. La méthode sera optimisée de manière à obtenir une valeur de a la plus proche possible de 0.5. En introduisant aussi du cobalt, nous obtiendrons alors un alliage fer- cobalt et un spinelle au manganèse et au cobalt de formule générale $(Co^0_x Fe^0_{1-x})_a$ $[Mn_y Co_z Fe_{3-y}O_4]_{1-a}$. Nous essaierons d'étendre cette méthode à des composés au chrome.

III.1.4 Mécanosynthèse de mélanges réactifs : *Laboratoire de Science et Génie des Matériaux de Nancy (LSG2M) UMR 7584 (Mocellin).* L'évolution des poudres au cours de la mécanosynthèse sera suivie par spectroscopie Mössbauer du 57Fe et diffractométrie de RX. Enfin dans la mesure du possible, on pourra faire quelques essais de frittage sur des

397

poudres ou mélanges apparaissant les plus prometteurs au regard des applications.

III.1.5 Synthèse flash par micro-ondes : *Groupe d'Etudes et de Recherche sur les Micro-ondes ; Laboratoire de Recherche sur la Réactivité des Solides de Dijon (LRRS) MUR 5613 (Stuerga).* On étudiera dans un premier temps la thermohydrolyse d'une solution de Fe(II) conduisant par dismutation au fer métal, magnétite, maghémite et d'autre part de solution de **Fe**(II) et/ou **Co**(II), **Ni**(II), **Mn**(II) afin d'obtenir des composites de tailles nanométriques. La modification du caractère réducteur du milieu (milieu alcoolique par exemple) permettra de faire varier la quantité de métal dans le matériau.

III.2 Microscopie électronique en transmission (MET), microscopie à force atomique (AFM) : *IPCMS, GMP et LESIR..* Ces techniques seront utilisées afin de caractériser la microstructure des matériaux élaborés.

III.3 Spectroscopie Mössbauer : *Laboratoire de Physique de l'Etat Condensé (LPEC) UPRESA-CNRS 6087, Le Mans (J.M. Grenèche).* Cette technique est commune à 3 laboratoires du projet. Compte tenu de la spécificité de chaque groupe, l'ensemble de la spectrométrie sous champ intense se fera au Mans et la spectrométrie par électrons de conversion (CEMS) à Rouen. La spectrométrie Mössbauer standard sera distribuée dans les différents laboratoires en fonction de leur implication et leurs compétences sur les différents matériaux : finemets (Rouen), nanoperms (Le Mans), amorphes épais (CEMS, Rouen), nanocomposites par voie chimique ou synthèse flash (Le Mans), nanocomposites par mécanosynthèse (Nancy). L'ensemble des méthodes d'ajustements de spectres et des résultats sera confronté et discuté.

III.4 Analyses avec la sonde tomographique : *Groupe de Métallurgie Physique (GMP), UMR 6634, Rouen (J. Teillet, D. Blavette).* Compte tenu du principe de cette technique (émission par effet de champ), elle nécessite de préparer des échantillons sous formes de pointes de rayon de courbure 50 nm. Pour les rubans métalliques, la technique de préparation est maîtrisée au laboratoire. Pour les poudres composites, il n'existe pas à l'heure actuelle de méthode de préparation de pointes à partir de nanopoudres, certainement à cause de la difficulté de préparer des pointes ayant une tenue mécanique suffisante vis à vis de champs électriques élevés. Nous proposons de tester différentes méthodes de compaction de poudres pour fabrication de pointes (faisabilité, influence de la méthode sur le résultat obtenu)

III.5 Mesures magnétiques dynamiques : *LESiR (F. Mazaleyrat, F. Alvès), IPCMS et Laboratoire de Physique de la Matière Condensée (LPMC) UMR5830-CNRS, Toulouse (J. Degauque).* Concernant les nanocristallins obtenus par dévitrification, il sera procédé à l'étude des pertes statiques et dynamiques dans des conditions assurant des variations sinusoïdales du champ magnétique mais également de l'induction, dans de larges domaines de fréquences (0,5 Hz à 500 kHz) et de températures (77 à 1100 K). Concernant les nanocomposites avec une résistivité élevée, la caractérisation magnétique sera poursuivie jusqu'à 400 MHz.

III.6 Mesures de la magnétostriction : *LPMC (J. Degauque, B. Astié).* La détermination de la magnétostriction des alliages amorphes, nanocristallins ainsi que de composites se fera en mesurant, en fonction du champ magnétique et jusqu'à la saturation, les évolutions des coefficients de magnétostriction longitudinale $\lambda_{//}$ et perpendiculaire $\lambda_\perp$. Le principe de la mesure repose sur un capteur de déplacement de type capacitif dont la grande sensibilité est particulièrement adaptée à la caractérisation de matériaux ayant une très faible magnétostriction, condition impérative pour avoir des propriétés magnétiquement très douces.

III.7 Essais mécaniques : *LPMC (J. Degauque,B. Astié).* Les matériaux nanocristallins obtenus à partir de rubans rapidement solidifiés, feront l'objet d'essais comparatifs en flexion. Concernant les nanocomposites, des essais en traction sur une machine INSTRON pourront être effectués, dans la mesure où la tenue mécanique au serrage des éprouvettes frittées le permettra.

III.8 Modélisation : *LESIR, LPEC.* Le modèle développé au LESIR est basé sur la théorie du champ moyen. C'est donc un modèle analytique. Les moyens de calcul numérique permettent de tenir compte de l'effet du champ d'échange issu des cristaux sur le magnétisme de la phase amorphe via un coefficient de couplage. Il permet notamment d'expliquer le déplacement du point de Curie de la phase amorphe. Ce modèle évoluera sur la base de la théorie du ferrimagnétisme de Louis Néel pour être adapté aux nanocomposites métal-ferrite.

400

III.9 Applications : *LESiR (F. Forest, F. Costa)*. A terme, des composants seront réalisés et testés dans des dispositifs innovant dans les domaines de l'électronique de puissance et de la compatibilité électromagnétique et de l'électrotechnique. Les amorphes épais sont destinés aux transformateurs basse fréquence embarqués et aux machines tournantes à grande vitesse. Les nanocristallins dévitrifiés sont intéressant pour les disjoncteurs différentiels et le filtrage de mode commun RF.

Les nanocomposites pourraient être utilisés dans les convertisseurs à commutation douce, convertisseurs AC/DC compacts à usage domestique, transformateurs plan intégrés, filtres de mode différentiel, de mode commun en CEM et qualité de conversion, inductances de lissage ... La composition et la microstructure des nanocomposites devront être optimisées pour chaque application selon que l'on désire utiliser un composant à haute induction, à forte perméabilité ou à forte anisotropie et selon la bande de fréquences dans laquelle il devra fonctionner.

Références :

[1] V. Léger, C. Ramiarinjaona, R. Barrué, R. Lebougeois, J. Magn. Magn. Mat. 191, (1998) 169.

[2] T. Itoi, A. Inoue, Appl. Phys. Lett. 74 (1999) 2510.

[3] Images de la Physique 1997 , p103, CNRS.

[4] O. Crisan, J.M. Le Breton, G. Filoti, A. Jianu, J. Teillet, J. Alloys and Compounds, 262-263 (1997) 381.

[5] N. Randrianantoandro, A. Slawska-Waniewska and J.M. Greneche, Phys. Rev. B 56 (1997) 10797.

[6] A. Slawska-Waniewska, and J.M. Greneche, Phys. Rev. B 56 (1997) R 8491.

[7] F. Mazaleyrat, J.F. Rialland, Mat. Sci. Forum 269-272 (1998) 559.

[8] S. Läkamp and G. Pourroy, Eur. J. of Solid State and Inorg. Chem. 34, (1997) 295.

[9] J. Bigot, Ann. Chim. Fr. 18 (1993) 369.

[10] P. Matteazi, G. Le Caer, J. Am. Ceram. Soc. 75 (1992) 2749-55

[11] D. Stuerga, and P. Gaillard, Tetrahedron, 52, 15, (1996) 5505.

IV Justification des financements

CECM *(D. Michel, Y. Champion)* : fluides, cryogénie, métaux purs, produits chimique : 95 kF ; missions : 15kF.

Moyens en personnels : 1 CR et 2 ITA.

Equipements spécifiques du laboratoire : four HF, trempe rapide, dispositif de production de poudres nano Fe-Cu, presse hydrostatique 10 kbar, DSC, MET, MEB, DRX.

LESIR *(R. Barrué, F. Mazaleyrat)* : amplificateur RF : 25 kF; pointes AFM : 5 kF; développement des applications : 15 kF; missions : 15 kF

Moyens en personnels : 1+3×0.5 permanents enseignant chercheur, 1 thésard.

Equipements spécifiques du laboratoire : hystérésimètre 0-500 kHz, 77-1000 K, hystérésimètre statique type Föner, analyseur d'impédance 500 MHz, four de traitement thermique 1300°C, banc de mesures magnétoélastiques, mesure indirecte du coefficient de magnétostriction à saturation, microscope à force atomique, logiciels de simulation magnétothermique et magnétoélastique.

LPEC *(J.M. Grenèche)* : source Mössbauer de ^{57}Co : 35 kF ; fluides (hélium, azote) : 15 kF ; missions : 20 kF

Moyens en personnels : 0.5 permanent CNRS ; 1 permanent enseignant chercheur ; 1 DEA.

Equipements spécifiques du laboratoire : spectrométrie Mössbauer Cryostats (2-300K), four (300K-1000K), cryofour (77K-400C), système cryomagnétique (5-300K ; Happ 0-9T) ; programmes « maison » de traitements des spectres, simulation des propriétés magnétiques des interfaces.

GMP *(J. Teillet, D. Blavette)* : préparation d'échantillons pour sonde atomique :   40 kF ; missions : 20 kF

Moyens en personnels : 2x 0,5 permanent enseignant-chercheur et 1 doctorant.

Equipements spécifiques du laboratoire : diffraction de rayons X grands angles (détecteur multicanaux) ; spectrométrie Mössbauer en réflexion et transmission, sonde atomique tomographique ; microscopies (MEB, MET) ; mesures magnétiques (hystérésimètre, VSM, susceptomètre).

LPMC *(J. Degauque, B. Astié)* : élaboration : 15 kF ; mesures magnétiques et essais mécaniques : 10 kF ; mesure de la magnétostriction (préparations échantillons, temps d'utilisation du microscope) : 20 kF ; missions : 15 kF.

Moyens en personnels : 2x 0,5 permanent enseignant-chercheur + 1 DEA.

Equipements spécifiques du laboratoire : trempe rapide sur roue, traitements thermiques sous atmosphères contrôlées, mesures magnétiques à basses et moyennes fréquences, machine de traction INSTRON, mesure directe du coefficient magnétostriction.

IPCMS *(G. Pourroy-N. Viart)* : produits chimiques : 25 kF, MET : 10 kF, hélium : 25 kF, missions : 20 kF.
Moyens en personnels : 0,5 enseignant chercheur + 0,5 permanent CNRS
Equipements spécifiques du laboratoire : matériels de synthèse, diffraction de RX, SQUID et magnétomètre FONER (4,2 K - 300 K), magnétomètre-susceptomètre (4,2 K-800 K), MET 200 kV, MEB.

LSGMM *(G. LeCaer- A. Mocellin)* : produits chimiques 30 kF, jarres et corps broyants : 30 kF,
missions : 20 kF.
Moyens en personnels : 0,5 enseignant chercheur + 0,5 permanent CNRS + 1 DEA
Equipements spécifiques du laboratoire : broyeur haute énergie, diffraction de RX (300 K-1100 K), spectroscopie Mössbauer.

LRRS *(D. Stuerga)* : produits minéraux et organiques : 37 kF, capteurs de pression : 10 kF, petites fournitures (manomètres, vannes) :13 kF, missions : 10 kF.
Moyens en personnels : 1 enseignant chercheur + 1 thésard + 0,5 thésard.
Equipement spécifique du laboratoire : réacteur micro-ondes.

Financement total demandé : 600 kF

V Plan de travail et calendrier

Les laboratoires précités ont tous déjà acquis une expérience sur les problèmes scientifiques exposés dans le programme de recherche qui vient d'être énoncé. Les équipes de recherche concernées par le projet ont pratiquement toutes déjà collaboré avec au moins une autre équipe de ce même projet.

Le programme de recherche proposé ci-après a été déterminé en concertation avec toutes les équipes du projet.

Ce programme de recherche s'étend sur **deux années**. Il débutera le 01/10/1999.

Plusieurs réunions auront lieu entre différentes équipes de recherche. Toutefois, la totalité des membres des équipes concernée par le projet se réunira au minimum deux fois pendant la durée totale de l'étude, en :

- avril - mai 2000,
- décembre - janvier 2000-01,

et davantage si nécessaire. Bien entendu, il sera fait une utilisation maximale du Mél pour échanger des informations, des renseignements, des résultats ...

Annexe IX : Rapport final du projet de recherche n° 154 (thème 11a)

MATERIAUX MAGNETIQUES DOUX NANOSTRUCTURES

Laboratoires :

- **CECM Vitry – UPR 2801 – SC** : D. Michel, Y. Champion, P. Ochin, J.L. Bonnentien, A. Dezellus, Ph. Plaindoux.
- **GMP Rouen – UMR 6634 – SPM** : J. Teillet, C. Bordel, F. Danoix, J.M. Le Breton.
- **IPCMS Strasbourg – UMR 7504 - SPM** : G. Pourroy, N. Viart
- **LESIR Cachan – ESA – 8029 – SPI** : R. Barrué, F. Mazaleyrat, Y. Moulin.
- **LPEC Le Mans – UPRESA 6085 – SPM** : J.M. Grenêche.
- **LPMC Toulouse – UMR 5830 – SPM** : J. Degauque, G. Debart, B. Astié.
- **LRRS Dijon – UMR 5613 – SC** : D. Stuerga, T. Caillot.
- **LSG2M Nancy – UMR 7584 – SC** : G. Le Caer, E. Barraud, S. Bégin-Colin, P. Delcroix.

et les deux *Groupes Industriels*, non prévus dans la proposition initiale mais qui ont été invités en raison d'activités et de compétences qui sont en étroites liaisons avec les thèmes de recherche du projet :

- **Centre de Recherche d'IMPHY-UGINE-PRECISION** : Th. Waeckerlé.

- **Laboratoire Central de Recherche de THOMSON-CSF – ORSAY** : R. Lebourgeois.

Rapport final du projet de recherche n° 154 (Thème 11a) : MATERIAUX MAGNETIQUES DOUX NANOSTRUCTURES

Débuté en septembre 1999, le projet a donné lieu à **trois journées de travail** : *le 22 octobre 1999 à l'ENS de Cachan, le 12 mai 2000 au CECM de Vitry* et *le 22 mars 2001 à l'ENS de Cachan*. Lors de ces journées, chaque Laboratoire était représenté par au moins un de ses membres, concerné par le projet. Les résultats obtenus à mi-parcours ont été présentés dans un rapport (10 octobre 2000) et au cours du colloque "Matériaux" (Bordeaux, 13-15 décembre 01).

Rappelons que l'objectif premier de l'étude consistait à élaborer et à caractériser des *composites "métal-ferrite" nanostructurés*. Au cours du déroulement du programme, s'est ajoutée l'étude de *l'alliage nanocristallisé FINEMET*, élaboré et fourni par IUP-IMPHY. Ces deux types de matériaux magnétiques doux ont en commun d'être potentiellement intéressants pour des applications à moyennes et hautes fréquences. Les principaux résultats obtenus sont résumés ci-dessous.

I – COMPOSITES METAL-FERRITE NANOSTRUCTURES

L'objectif de ce projet était d'élaborer et de caractériser des matériaux innovants constitués de ferrite et de métal nanométriques. L'architecture, basée sur la dispersion de particules métalliques dans une matrice constituée d'un matériau résistif, profite de la résistivité du ferrite pour des applications à haute fréquence, de la forte induction à saturation du fer ou du FeNi, et de l'échelle nanométrique des poudres. Plusieurs méthodes de synthèse ont été utilisées :

- le mélange de poudres de fer issues de la fusion cryogénique et de ferrite broyée (**CECM-LESIR**)

- le broyage réactif : le ferrite doux est obtenu à partir du broyage du mélange $MnO+ZnO+Fe_2O_3$ sous argon. Il est ensuite broyé avec du fer métal (**LSG2M**)

- la dismutation de l'hydroxyde ferreux en milieu aqueux chauffé par méthode classique(**IPCMS**) et en milieu alcoolique par synthèse flash micro-onde (**LRRS**)

1. Synthèse de composites fer-ferrite nanostructurés (CECM-LESIR)

Les poudres nanocristallines de Fe et FeNi sont élaborées par le procédé de fusion cryogénique en lévitation (condensation dans l'azote liquide de la vapeur du métal fondu et surchauffé) (CECM). On obtient des particules isolées de 50 nm environ. Le ferrite nanométrique est obtenu par broyage.

La dispersion des particules métalliques nanométriques dans le ferrite est obtenue par mélange dans un broyeur planétaire. Le mélange final est compacté à 1 GPa et le frittage se fait sous hélium à 500°C. La densité finale avoisine 80%.

Les particules métalliques sont bien dispersées. L'induction à saturation du matériau augmente grâce au métal, mais les propriétés douces ne sont pas obtenues, particulièrement avec le fer. La perméabilité est alors limitée et le champ coercitif élevé (environ 10000 Am^{-1}) à cause de la porosité résiduelle et de contraintes internes introduites par le broyage. La spectrométrie Mössbauer (LPEC) et les mesures d'aimantation à saturation ou d'aimantation en température ont montré qu'une réaction d'oxydoréduction a lieu entre le fer et le ferrite. Celle-ci dégrade l'aimantation à saturation et est préjudiciable aux propriétés douces du matériau. Avec la poudre FeNi, l'oxydoréduction est limitée entre le ferrite et les particules FeNi.

Le composite obtenu a alors de bien meilleures propriétés magnétiques (Hc = 2300 Am^{-1}, μ_r = 14). L'étude du ferrite seul a permis de montrer que le joint de grain amagnétique est relativement important (entre 3 et 4 nm), particularité que l'on attribue au mode d'élaboration par broyage.

2. Mécanosynthèse de nanocomposites ferrite Mn0.53Zn0.4Fe2.07O4 – fer (0, 10, 20, 30 % en volume) (LSG2M)

Les composites $Mn_{0.7}Zn_{0.2}Fe_{2.1}O_4$–Fe et $Mn_{0.53}Zn_{0.4}Fe_{2.07}O_4$– fer (teneurs nominales de 0, 10, 20, 30 % en volume) ont été élaborés en deux étapes. Le mélange MnO+ZnO+ Fe_2O_3 est broyé pendant 12h sous atmosphère d'argon dans un broyeur planétaire Fritsch Pulvérisette 7. Le ferrite obtenu est chimiquement homogène et les cristallites sont de taille nanométrique (MET-IPCMS). Ensuite, du fer est ajouté et l'ensemble est broyé pendant 2h. Les pics obtenus par diffraction des rayons X sont larges en accord avec la taille nanométrique des composites. Les spectres Mössbauer (57Fe) à la température ambiante montrent qu'une faible fraction de l'hématite n'est pas dissoute dans le ferrite. Les fractions du fer total qui se trouvent sous la forme de fer alpha sont respectivement de 24%, 29 % et 32 % pour les échantillons '10%', '20%' et '30%'. Une composante centrale des spectres est observée sauf pour l'échantillon à 0 % et est associée à des effets de relaxation magnétique ou(/et) à une phase amorphe. Les champs coercitifs sont élevés, de 20000 A/m (10%) et 14000 A/m (20%), mais diminuent quand le temps de broyage est augmenté (IPCMS).

3. Synthèse en milieu aqueux KOH concentré-chauffage par convection (IPCMS)

Des composites fer métal/magnétite au chrome de formule générale Fe0/Fe3-xCrxO4 ont été obtenus par précipitation à partir des chlorures métalliques dans une solution de KOH 14N chauffée sous reflux[1]. Plus le rapport Cr/Fe est élevé, plus le paramètre de maille est diminué et la quantité de métal faible. Pour Cr/Fe>0.1, des hydroxydes sont présents. Les deux phases, le métal et la phase spinelle sont intimement liées. Les champs coercitifs sont compris entre 8000 et 16000 A/m pour des aimantations de 70-80 Am^2/kg.

4. Synthèse en milieu aqueux et alcoolique (éthanol) par synthèse flash micro-onde (LRRS)

Le chauffage microondes de solutions de chlorure ferreux (0.2 à 0.4 M) dans l'éthanol en présence d'hydroxyde ou d'éthanoate de sodium (0.4 à 1 M) a permis d'élaborer en des temps courts (inférieurs à la minute) des mélanges de particules de tailles nanométriques de fer alpha et de spinelle. Des nanocomposites constitués de fer métal et d'une phase intermédiaire entre la maghémite et la magnétite (a=0.8375nm) sont obtenus dès 5s de traitement. La teneur en fer métallique augmente avec le temps de chauffage pour approcher la valeur théorique du rendement de dismutation pour 2 minutes (22%). Ensuite, on observe une légère diminution de cette dernière jusqu'à 30 minutes. Les tailles des particules sont comprises entre 10 et 20 nm (estimation par MET et DRX-Langford). Au delà de 2 minutes de traitement, des cristaux de magnétite (paramètre de maille 0.8390nm) de tailles comprises entre 100 et 200 nm selon le temps de chauffage apparaissent. L'aimantation à saturation augmente jusqu'à 2 min de traitement et passe par un maximum (92 Am^2/kg). Les champs coercitifs sont de l'ordre de 10000 A/m. Les nanoparticules de fer métallique élaborées sont parfaitement protégées de l'oxydation puisque les échantillons n'évoluent pas après de multiples lavages à l'eau et un stockage à l'air.

L'ajout d'autres cations (Co^{2+}, Ni^{2+}, Mn^{2+}, Zn^{2+}) au milieu réactionnel permet l'accès aux mélanges spinelles substituées et intermétalliques. Les composites Fe ou $FeNi/Fe_2NiO_4$; Fe/Fe_2MnO_4, $Fe/Fe_2Mn_{0.5}Zn_{0.5}O4$ ont été élaborés et sont en cours d'étude.

5. Complémentarité entre l'analyse chimique, la diffraction des RX, l'analyse thermogravimétrique et la spectroscopie Mössbauer pour déterminer la formule chimique des composites (FeaM1-a)□ [MxFe1-xO4] (IPCMS-LPEC)

La complémentarité entre la spectroscopie Mössbauer, la diffraction de Rayons X et l'analyse thermogravimétrique dans la détermination de la composition et de l'occupation des sites du ferrite a été montrée.

Le rapport M/Fe dans les composites est tout d'abord déterminé par analyse chimique. La diffraction des Rayons X donne la composition de l'alliage. L'analyse thermogravimétrique (ATG) donne une bonne approximation de la quantité de métal, alors que la spectrométrie Mössbauer à basse température et sous champ magnétique permet de déterminer sans ambiguïté l'occupation des sites A et B de la phase spinelle, ainsi que les degrés d'oxydation des ions de fer. Le paramétrage des spectres Mössbauer n'étant pas unique, la confrontation avec les résultats de l'ATG permet de choisir la bonne formule.

Fe0/Fe3-x CrxO4 : On met en évidence la présence soit de chrome, soit de lacunes (le plus probable) en site A. Cet arrangement structural particulier provient probablement de la méthode de synthèse utilisée, qui est une méthode basse température (130°C-150°C).

(Fe_aCo_{1-a}) $[Co_xFe_{1-x}O_4]$: Co^{2+} est présent en sites tétraédriques ainsi que des lacunes en sites octaédriques.

II - ALLIAGES NANOCRISTALLISES FeCuNbSiB

1. Position et motivation de l'étude

Les nanocristallins FeCuSiBNb constituent un alliage magnétique industriellement nouveau, attractif dans nombre d'applications exigeant miniaturisation et haut rendement de puissance transmise. Il s'agit d'améliorer les connaissances relatives à leur comportement magnétique afin d'accroître encore leurs performances dans des applications de l'électronique de puissance et de la sécurité électrique.

Ces alliages magnétiques, obtenus par la technologie du « planar flow casting » donnant des rubans métalliques amorphes, outre une bonne résistivité, présentent des performances très élevées : une très faible coercitivité, une très haute perméabilité, de faibles pertes magnétiques, une grande stabilité thermique ..., ce qui les rendent très attractifs pour nombre d'applications pour lesquelles ils sont utilisés sous forme de tores, tels que ceux de disjoncteurs différentiels à haute sensibilité, de régulation de tension, de transformateurs et inductances pour alimentation à découpage et, de manière générale, dans nombre d'applications où la miniaturisation des composants (via les limitations thermiques de fonctionnement) permet d'envisager des solutions plus coûteuses que les ferrites ou les poudres de fer. Ces alliages inventés par Hitachi dans les années 80, ont connu un essor industriel rapide au Japon et en Allemagne, beaucoup plus lent en France (industriel = IUP/Groupe Usinor), tandis qu'en parallèle on continuait dans de nombreux laboratoires à étudier leur comportement magnétique, en contradiction avec certaines idées admises en magnétisme.

Bien que le premier brevet Hitachi date déjà de 14 ans, la compréhension du comportement de ces alliages est encore loin d'être établie, alors que cette connaissance est de première importance pour adapter le matériau à l'application ; on citera à titre d'exemple le compromis performances/insensibilité aux contraintes d'enrobage des composants magnétiques passifs, les relations précises entre fluctuation de composants et stabilité en température et/ou en aimantation de tores de détection de champ magnétique, les relations entre condition de recuit procurant la nanocristallisation et minima de pertes magnétiques volumiques des noyaux magnétiques utilisés en électronique de puissance (EP).

2. Objectif général de l'étude

Il s'agit d'approfondir la compréhension des alliages $Fe_{74}Cu_1Nb_3Si_{15}B_7$ nanocristallins, préalable à la définition précise des voies de progrès de réduction des pertes volumiques (composants de l'EP) ou de limitation des dégradations des performances sous enrobage des tores. Pour cela, l'étude présente (2000-01) avait deux objectifs scientifiques principaux :

* Utiliser les différents moyens de caractérisation à disposition dans le pool de laboratoires universitaires et industriels pour tracer un schéma cohérent de comportement des nanocristallins, à la différence du modèle de Herzer très généralement admis dans la communauté scientifique pour relier les grandeurs magnétiques basse fréquence à la taille des nanocristaux et souffrant notamment de la non prise en compte du phénomène majeur de magnétostriction.

* Initier une collaboration entre différentes équipes françaises permettant, à partir d'un alliage modèle unique (ruban industriel IUP), de comparer différentes techniques et méthodes d'exploitation du pool, de mettre en commun les connaissances pour accroître l'efficacité de la recherche,

d'associer étroitement les besoins applicatifs pour orienter les voies de progrès dégagés par les connaissances acquises.

3. Principaux résultats et avancées scientifiques

A partir d'une coulée haute performance sélectionnée et fournie par IUP, des mesures de magnétostriction réalisées par deux méthodes différentes au LPMC et au LESIR, de caractérisation microstructurale et magnétique réalisées au Centre de Recherche IUP, de spectrométrie Mössbauer au LEPC, de mesure thermomagnétique (SQUID) où l'IPCMS, d'analyse à la sonde tomographique au GMP, une caractérisation approfondie du matériau a été réalisée pour plusieurs stades de cristallisation différents. En évaluant pour chacun (par un modèle phénoménologique dédié) de ces stades, les énergies d'anisotropie magnétocristalline et magnétoélastique, nous avons montré que le champ coercitif Hc de l'alliage avait un comportement elliptique simple.

Ce résultat est d'importance car il donne un nouveau fil conducteur au comportement des alliages nanocristallins à haute performance, et est cohérent avec le modèle de Herzer pour les performances moindres.Il donne en particulier une explication à la contradiction apparente suivante : des niveaux de performances ''basse fréquence'' équivalentes peuvent être obtenus sur un même alliage avec différents traitements thermiques alors que les comportements en ''moyenne fréquence'' (pertes volumiques) ou sous contrainte (liée au packaging) peuvent être très différents ; en effet l'énergie de paroi de Bloch est proportionnelle à   et conditionne au premier ordre le mécanisme de multiplication de parois, lequel est déterminant pour limiter les pertes magnétiques dans toutes les applications de l'électronique de puissance.

III - CONCLUSIONS ET PERSPECTIVES

Nanocomposites métal-ferrite : l'objectif de ce projet était d'élaborer par différentes voies des matériaux innovants constitués de ferrite et de métal nanométriques. Que ce soit en milieu liquide, par chauffage conventionnel ou par micro-onde, ou par broyage, nous avons obtenu des nanocomposites métal-ferrite. L'induction à saturation des ferrites a été augmentée grâce à l'introduction de métal. Cependant, il n'a pas été possible d'obtenir des matériaux doux, les champs coercitifs s'élevant à 10000 A/m environ. En effet, des contraintes internes sont introduites lors du broyage ou de la précipitation en milieu liquide. Elles ne sont pas éliminées par le frittage. Cependant, une nette amélioration est obtenue avec le composite à base de FeNi. Si les propriétés magnétiques recherchées n'ont pas forcément été obtenues, ce travail a permis de dégager des éléments essentiels à l'élaboration de composite métal-céramique, ce qui offre des perspectives très prometteuses. La poursuite de ce travail est entreprise actuellement par les laboratoires impliqués dans le programme.

L'élaboration de composites de structure similaire composé de Fe50Ni50 et d'un ferrite à basse température de frittage, doit être entreprise dès cette année. L'accent est tout d'abord mis sur la densification de la phase spinelle, en grande partie responsable de la faible valeur de la perméabilité et du fort champ coercitif des composites. Pour obtenir une température de frittage de 500°C (la température maximale pour limiter la croissance des grains métalliques), nous comptons utiliser un ferrite de NiZnCu, qui sera broyé afin d'obtenir une surface spécifique importante. L'expérience de THALES R&T, qui élabore ce type de ferrite, sera profitable, tant sur le plan humain que scientifique. Lorsque la diminution de la température de frittage aura été validée, des poudres élaborées par chimie douce (LRRS de Dijon) seront utilisées, en raison de leur surface spécifique que l'on ne peut atteindre par broyage.

L'introduction de particules de permalloy 50/50 dans la matrice de ferrite permettra, en outre, un accroissement optimal de l'aimantation spécifique à saturation, tout en conservant des propriétés douces. D'autre part, l'utilisation de particules de ferrite ultra-fines et bien dispersées permettra une augmentation du taux de charge de métal.

Ces poudres, ainsi que les composites, seront élaborées au CECM de Vitry. Les propriétés structurales et fonctionnelles seront effectuées dans trois laboratoires ayant participé au programme : le LESiR de Cachan, le LPEC du Mans et le LPMC de Toulouse

Parallèlement, le groupe de l'IPCMS commence l'élaboration de ces mêmes matériaux par greffage de métaux carbonyls sur des grains de ferrite en milieu liquide ou en milieu gazeux. Il s'agit de déterminer les conditions de greffage, puis celle de décomposition des métaux carbonyls. Cette méthode permettra d'obtenir des particules métalliques nanométriques bien dispersées. Les caractéristiques de la poudre de ferrite seront plus faciles à conserver que lors de broyages. La granulométrie des poudres pourra être choisie.

Enfin, les nanocomposites qui ont été élaborés par chauffage micro-onde n'ont pas tous été caractérisés, notamment les phases obtenues après des temps très courts de traitement thermique, ainsi que les nanocomposites à base de ferrite de manganèse ou de zinc. Une étude approfondie de la structure par spectroscopie Mössbauer sous champ est en cours.

Nanocristallins FeCuNbSiB : l'un des objectifs atteints, est d'avoir pu évaluer la participation des phénomènes magnétoélastiques dans des alliages de type de type FINEMET à très haute perméabilité et très faible coercitivité (Hc =1 A/m). La description de ces comportements magnétiques remarquables nécessite de prendre en compte au premier ordre, non seulement le terme de fluctuation de l'énergie d'anisotropie (K1), mais aussi l'énergie magnétoélastique, ces deux composantes étant d'amplitudes très variables selon l'état structural du matériau. Le comportement de Hc est alors bien approché par un modèle elliptique dans le diagramme de ces énergies.

Il est important de constater que ces deux années de collaboration ont été étonnamment fructueuses par la connaissance acquise et les retombées industrielles et applicatives attendues, alors que seulement une partie des moyens et résultats à disposition a été utilisée du fait de certaines difficultés techniques (sonde tomographique, modèles de corrélation entre techniques, exploitation/interprétation de certains résultats) et du faible budget à disposition. La poursuite de cette étude nous paraît être riche de potentialités et est primordiale.

L'ensemble de ce programme "matériaux" a résulté de la fusion de deux propositions complémentaires, une 'physique', l'autre 'chimie'. Cette fusion a été positive, puisque des collaborations entre laboratoires de physique et de chimie se sont développées et doivent continuer.

La mise au point de matériaux magnétiques doux, à la fois dotés d'une aimantation élevée et d'une grande résistivité, permettant d'être utilisés avantageusement pour les applications à moyennes et hautes fréquences, constitue aujourd'hui un véritable verrou technologique. La France se doit d'être présente et de participer à ces recherches, aujourd'hui rendues indispensables, notamment du fait de la miniaturisation de plus en plus poussée de systèmes électriques et électroniques. L'importance des enjeux scientifiques et industriels plaide pour la poursuite de ce programme, voire pour son ancrage plus fort dans le paysage de la R&D française.

Publications relatives aux études menées :

- Thèse J. MOULIN. Elaboration et caractérisation de composites métal-ferrite nanostructurés pour application en hautes et moyennes fréquence Soutenue le 15/11/2001 à Cachan
- Microstructural and Magnetic properties of Fe/Cr-substituted ferrite composites N. VIART, G. POURROY, J.M. GRENECHE, D. NIZNANSKY and J. HOMMET Eur. Phys. J Applied Physics 12, 37-46 (2000)
- Thèse T. CAILLOT Université de Bourgogne (soutenance prévue 2002)
- Microwave flash synthesis of iron and magnetite particles by disproportionation of ferrous alcoholic solutions T. CAILLOT, D. AYMES, D. STUERGA, N. VIART and G. POURROY J. Material Science (accepté)
- Study of metal/ferrite composites : complementary use of 57Fe Mössbauer spectrometry, X-ray diffraction and TG analysis N. VIART, G. POURROY, J.M. GRENECHE, J Applied Physics (accepté)

419

Annexe X : Valorisation de ces travaux

1) Publications

"Novel metallic iron/manganese-zinc ferrite nanocomposites prepared by hydrothermal microwave flash synthesis"

T. Caillot, G. Pourroy et D. Stuerga

Journal of Alloys and Compounds, 509, 2011, 3493.

"Hematite / nickel oxide multilayers characterizations"

T. Caillot, B. Domenichini, P. Dufour, P. Perriat et S. Bourgeois

Journal of Materials Science, 40, 2005, 2717.

"Microwave hydrothermal flash synthesis of nanocomposites Fe-Co alloy/Cobalt ferrite"

T. Caillot, G. Pourroy et D. Stuerga

Journal of Solid State Chemistry, 177, 2004, 3843.

"Sintering of Fe2NiO4 with an internal binder : A way to obtain a very dense material"

T. Caillot, B. Domenichini

Acta Materialia, 51, 2003, 4815-4821.

"Influence of grain size and oxygen stoichiometry on ☐Fe2O3 lattice parameter"
T.Belin, N. Guigue-Millot, T. Caillot, D. Aymes et J.C. Niepce
Journal of Solid State Chemistry, 163, 2002, 459.

"Microwave flash synthesis of iron and magnetite particles by disproportionation of ferrous alcoholic solutions"
T. Caillot, D. Aymes, D. Stuerga, N. Viart et G. Pourroy
Journal of Materials Science, 37, 2002, 5153.

"The magnetic properties of magnetic nanoparticles producted by microwave flash synthesis of ferrous alcoholic solutions"
J. C. Niepce, D. Stuerga, T. Caillot, J. P. Clerk, A. Granovsky, M. Inoue, N. Perov, G. Pourroy, et A. Radkovskaya,
IEEE Transactions on Magnetics, 38, 2002, 2622.

"Fe2O3 / NiO multilayer characterizations"
T. Caillot, B. Domenichini, P. Perriat, N. Keller et S. Bourgeois
Ceramics, 61, 2000, 173.

2) Communications orales

"Elaboration de nanocomposites métaux-oxydes par microonde"

T. Caillot, D. Stuerga et J. Rossignol

Matériaux 2010, Nantes, 18-22 Octobre 2010.

"New metallic iron / manganese-zinc ferrite nanocomposites prepared by hydrothermal microwave synthesis"

T. Caillot, G. Pourroy et D. Stuerga

Microwaves in Italy and France: State of the Art (MISA 2008), 1ère Rencontre Bilatérale sur les micro-ondes utilisées en génie et sciences appliquées, Salerne, Italie, 21-23 Mai 2008.

"Flash synthesis and characterization of nanocomposite metal-oxide"

E. Michel-Gressel, T. Caillot, G. Pourroy, D. Aymes et D. Stuerga

International Symposium on Microwave Science and Its Application to Related Fields (Takamatsu, 27-30 juillet 2004).

"Titanium (IV) Oxide : from Microwave Flash Synthesis to Thin Film Deposition"

E.Michel, T. Caillot, D.Chaumont et D.Stuerga

Third World Congress on Microwave & Radio Frequency Applications (Sydney, 22-26 septembre 2002).

"Caractérisation de nanocomposites fer-magnétite élaborés par synthèses flash sous microondes"

T. Caillot

2ème journées des écoles doctorales Carnot et Louis Pasteur (Dijon, 15-16 Mai 2001).

"Analyse structurale et magnétique de nanocomposites fer-magnétite obtenus par synthèses flash microondes"

T. Caillot, D. Aymes, D. Stuerga, N. Viart and G. Pourroy

Bilan du projet incitatif CNRS (Cachan, 23 Mars 2001).

"Obtention de nanocomposites Fe / Fe3O4 par procédé flash sous microondes"

T.Caillot, D.Aymes, N.Viart, G.Pourroy, J.C.Niepce et D.Stuerga

Journées Oxydes Magnétiques (Dijon, 15-17 Novembre 2000).

"Elaboration de nanoparticules d'hématite par thermohydrolyse microondes"

T.Caillot, K. Bellon et D.Stuerga

Journées Oxydes Magnétiques (Dijon, 15-17 Novembre 2000).

"Influence de la taille des grains, de la stoechiométrie en oxygène et des conditions de synthèse sur le paramètre de maille du ferrite☐-Fe2O3 "

T.Belin, N. Guigue-Millot, T. Caillot, D. Aymes et J.C. Niepce

Journées Oxydes Magnétiques (Dijon, 15-17 Novembre 2000).

"How to take advantage of microwave core heating in nanoparticles growing"
K.Bellon, T.Caillot, G.Pourroy, and D.Stuerga
Microwave and Chemistry (Antibes/Juan les pins, 4-7 Septembre 2000).

"Fe2O3 / NiO multilayer characterizations"
T. Caillot, B. Domenichini, P. Perriat, N. Keller and S. Bourgeois
Congrès Franco-polonais (Cracovie, 19-21 Juin 2000).

"Elaboration de nanocomposites fer-magnétite par procédé flash sous microondes"
T. Caillot, D. Aymes, D. Stuerga, N. Viart and G. Pourroy
Bilan du projet incitatif CNRS (Vitry, 12 Mai 2000)

3) Communications par voie d'affiche
"The magnetic properties of magnetic nanoparticles produced by microwave flash synthesis of ferrous alcoholic solutions"
J.C.Niepce, D. Stuerga, T. Caillot, J. P. Clerk, A. Granovsky, M. Inoue, N. Perov, G. Pourroy et A. Radkovskaya,
Intermag (Amsterdam, 28 Avril-2 Mai 2002).

"Caractérisation de nanocomposites métal/oxyde élaborés par procédé flash sous microondes"
T. Caillot, D. Aymes, G. Pourroy et D. Stuerga,
Journées du Groupe Français de la Céramique (Le Creusot, 20-22 Mars 2002).

"Elaboration de nanocomposites fer / magnétite par procédé flash sous microondes"

T.Caillot, D.Aymes, N.Viart, G.Pourroy, J.C.Niepce et D.Stuerga

Colloque sur les innovations dans les matériaux frittés (Poitiers, 3-5 Juillet 2001).

"Matériaux magnétiques doux nanostructurés"

T. Caillot, J. M. Grenèche, N. Viart, G. Pourroy, R. Lebourgeois et D. Stuerga

Journées du programme matériaux (Bordeaux, 13-15 Décembre 2000).

"Caractérisation de nanocomposites fer-magnétite élaborés par synthèses flash sous microondes"

T. Caillot

1ère journées des écoles doctorales Carnot et Louis Pasteur (Besançon, 11-12 Mai 2000).

"Obtention d'étalons de ferrite de nickel frittés, purs, denses et présentant une surface la plus plane possible"

T. Caillot

Journées de l'école doctorale Louis Pasteur / Bourgogne – Franche Comté (Dijon, 17-18 Mai 1999).

9783838170121